Nuestro cerebro no está hecho para este mundo

Dr. Paul Goldsmith

Nuestro cerebro no está hecho para este mundo

Neurociencia para entender el estrés,
la ansiedad y el agotamiento como
síntomas de un desajuste evolutivo

Pinolia

Título original: *The Evolving Brain: How to Thrive in a World We Weren't Made For*

Colección: Divulgación científica
Primera edición: marzo de 2026

Depósito legal: M-3696-2026
ISBN: 979-13-88075-04-9

Corrección y maquetación: Palabra de apache
Ilustración de la página 138 © Robin Dunbar, 2021. Todas las demás ilustraciones © Dr. Paul Goldsmith.
Diseño de cubierta: Óscar Álvarez
Impresión y encuadernación: Liberdúplex, S.L.
Printed in Spain - Impreso en España

Los estudios de caso de este libro son relatos ficcionalizados, construidos a partir de un compuesto de experiencias reales de pacientes a lo largo de mi carrera. Cualquier parecido con personas reales, vivas o fallecidas, es pura coincidencia. La única excepción es el inspirador caso de Bob, incluido con su permiso expreso.

ÍNDICE

Introducción. Un cerebro primitivo en un mundo moderno 11

Capítulo 1. El cerebro de la continuidad 15

Capítulo 2. El cerebro motivador 29

Capítulo 3. El cerebro melancólico 49

Capítulo 4. El cerebro primitivo 71

Capítulo 5. El cerebro imitador 99

Capítulo 6. El cerebro de la validación 119

Capítulo 7. El cerebro de la influencia 135

Capítulo 8. El cerebro extendido 159

Capítulo 9. El cerebro diferenciador 175

Capítulo 10. El cerebro adaptable 189

Capítulo 11. El cerebro secuenciador 207

Capítulo 12. El cerebro calibrador 235

Capítulo 13. El cerebro equitativo 269

Capítulo 14. El cerebro sin ego 283

Conclusión. El cerebro de alto rendimiento 297

Apéndice. Más allá del cerebro 313

Lecturas recomendadas 319

Notas 323

Índice orientado a situaciones 327

Introducción
UN CEREBRO PRIMITIVO EN UN MUNDO MODERNO

V ivimos en una era paradójica. Nunca antes la humanidad había tenido acceso a tanto conocimiento, a tantas herramientas y a tal abundancia material. Podemos editar genes, aprovechar la inteligencia artificial y comunicarnos al instante con cualquier lugar del planeta. Y, sin embargo, pese a estos avances asombrosos, el estrés, la ansiedad y la depresión alcanzan cifras récord. El *burnout* es habitual, la soledad va en aumento e, incluso quienes triunfan de puertas afuera, a menudo sienten una insatisfacción difusa. ¿Por qué, pese a todo nuestro progreso, tanta gente tiene la sensación de que algo no termina de encajar?

Este libro ofrece una respuesta. Como neurólogo y neurocientífico, observo a diario cómo nuestros cerebros —perfeccionados durante millones de años para sobrevivir en un mundo antiguo— luchan por funcionar de forma óptima en un entorno moderno que cambia a gran velocidad. El mundo se ha transformado a un ritmo vertiginoso, pero las estructuras fundamentales de nuestro cerebro han permanecido en gran medida inalteradas. Este libro explora cómo ese desajuste entre un cableado ancestral y la vida moderna moldea desde nuestras emociones y la toma de decisiones hasta nuestras relaciones, nuestra salud mental e incluso nuestras estructuras sociales.

En esencia, nuestro cerebro es una herramienta para la persistencia: su función principal es asegurar que sobrevivamos lo suficiente como para transmitir nuestros genes. Todo lo demás —nuestras emociones, nuestros impulsos, nuestro sentido del propósito— emerge de esta función fundamental. Este principio fundacional explica por qué nos comportamos como lo hacemos, por qué nos atraen ciertos patrones de pensamiento y acción, y por qué a menudo nos cuesta tanto lidiar con la vida moderna.

La mayoría de los libros de psicología y neurociencia se centran o bien en la complejidad del cerebro o bien en consejos prácticos para mejorar el bienestar mental. Este libro tiende un puente entre ambos. Partimos de los procesos fundamentales afinados por la evolución —los que rigen la emoción y la motivación— y avanzamos hacia las capacidades sofisticadas que nos hacen singularmente humanos. En el camino, no solo descubriremos por qué las cosas salen mal, sino también qué podemos hacer al respecto.

La idea clave de este libro es que muchas de nuestras luchas contemporáneas —desde el estrés crónico hasta la ansiedad social o la dificultad para mantener la concentración— no son fallos personales, sino el reflejo de un desajuste fundamental entre el entorno para el que evolucionó nuestro cerebro y el mundo en que vivimos hoy. Al reconocerlo, podemos dejar de culparnos por nuestras supuestas carencias y empezar a realizar cambios significativos: ya sea adaptando nuestros comportamientos o remodelando nuestros entornos para que se ajusten mejor al cerebro que realmente tenemos.

El libro sigue un enfoque de dentro hacia fuera: parte de las estructuras más profundas y antiguas del cerebro —los circuitos fundamentales que regulan la supervivencia y dirigen nuestras motivaciones básicas— y avanza de manera progresiva hacia las áreas de evolución más reciente, responsables del pensamiento complejo, la interacción social y el razonamiento abstracto. Cada capítulo se centra en una función clave del cerebro: sus orígenes evolutivos, cómo se manifiesta en la vida moderna y qué sucede cuando alcanza sus límites.

Por el camino, recorreremos la consulta de neurología. Aprenderemos de pacientes cuyas afecciones revelan los principios subyacentes del cerebro cuando algo se tuerce, pero también de quienes, sin ninguna patología, ilustran con sus dificultades y logros las consecuencias cotidianas de nuestra herencia evolutiva.*

A lo largo del libro, compartiré lo que he llamado «principios de la condición humana», es decir, claves de nuestro acervo evolutivo que configuran nuestra experiencia humana. Exploraremos los avances más recientes en neurociencia y consideraremos formas prácticas de trabajar con nuestro cerebro ancestral, y no contra él, para vivir de forma más feliz y saludable. También examinaremos la evolución de nuestra sociedad, aunque con sistemas no siempre adaptados a los cerebros que tenemos. Entre nosotros y nuestro entorno media una influencia recíproca: comprenderla puede ayudarnos a navegar por la vida moderna con mayor eficacia.

Espero que, al final de este viaje, comprendas tu cerebro —y tus dificultades— de otra manera. No es un libro de autoayuda al uso, pero confío en que arroje luz sobre las fuerzas que dan forma a nuestros pensamientos y acciones, y sobre cómo podemos tomar mejores decisiones, no solo como individuos, sino como sociedad. Si queremos prosperar en el mundo moderno, debemos empezar por entender la máquina ancestral que llevamos dentro de la cabeza.

---

* Es importante señalar que la neurología no solo se ocupa del estudio del cerebro, sino también de la médula espinal, los nervios y los músculos.

Capítulo 1

EL CEREBRO DE LA CONTINUIDAD

Recibí en consulta a John, un profesor jubilado de 67 años y juez de paz en activo. Lo habían remitido por unas contracciones musculares y una debilidad que iban en aumento. Estaba delgado. Tal vez tuviera atrofia muscular, aún no podía saberlo. Su cuerpo quedaba oculto tras un pesado traje de tweed y una corbata con nudo Windsor, un atuendo que proyectaba seguridad, aunque sus peores temores empezaban a socavarla. ¿Sería una enfermedad de la motoneurona, una afección que paraliza de manera progresiva y deja a la persona encerrada en un cuerpo inerte?*

A medida que lo exploraba, los signos característicos empezaron a acumularse. La lengua atrófica y temblorosa, los músculos atrofiados alrededor de los omóplatos, los bíceps y la mano izquierda. Al percutir el tendón del bíceps, el brazo dio un salto, lo que le provocó un acceso de risa inesperado. Su mujer comentó que últimamente se reía por nimiedades, para romper a llorar al momento siguiente. Esta labilidad emocional formaba parte del rompecabezas diagnóstico y sugería degeneración no solo de los nervios motores periféricos, sino también de sus conexiones en los lóbulos frontales, con el consiguiente deterioro del control emocional. Tuve que decirle que sus peores temores eran ciertos.

---

* También conocida como esclerosis lateral amiotrófica (ELA) o enfermedad de Lou Gehrig en Estados Unidos, por el jugador de béisbol que perdió sus facultades a mitad de una temporada y murió, con 38 años, dos años después.

Pese al sombrío pronóstico, John se negó a aceptar que no hubiera tratamientos modificadores de la enfermedad. Buscó terapias alternativas en el extranjero, sin perder la esperanza incluso mientras su situación evolucionaba del bastón al andador, y de la silla de ruedas manual a la eléctrica. Cuando su deglución empeoró y perdió el habla, optó por una sonda de alimentación y ventilación domiciliaria; desde entonces se comunicaba mediante movimientos oculares. Su familia, reacia a rendirse, insistió en tratar con todos los medios cualquier neumonía que apareciera.

¿Qué nos impulsa a seguir luchando, a seguir adelante, ante semejante adversidad? Ese deseo innato de continuidad, esa voluntad de vivir, es inmensamente poderoso. Es un instinto primario, más acusado cuando se trata de nuestros hijos, como evidencian las desgarradoras historias de padres que luchan por mantener con vida a sus bebés pese a una degeneración cerebral catastrófica. Sin embargo, como demuestra John, está presente a todas las edades, a veces hasta el final.

Comprender estos impulsos y cómo evolucionó nuestro cerebro para generarlos es vital si aspiramos a prosperar en el mundo moderno. Como observó el filósofo griego Heráclito: «La única constante en la vida es el cambio».[1] Esta paradoja está en el corazón de nuestra existencia biológica: para lograr la continuidad, la vida debe adaptarse y evolucionar constantemente. Empezaremos por el principio, para entender, desde la base, cómo este principio de cambio hace posible la continuidad misma de la vida.

Persistencia

Para dar sentido a las complejas emociones y motivaciones que experimentamos cada día debemos empezar por despojar a nuestro cerebro de sus adornos y fijarnos en los circuitos básicos —las funciones fundamentales— que determinan nuestro estado de ánimo y nuestras motivaciones. Cuando somos embriones y el cerebro se está formando, estos circuitos básicos del cerebro primitivo se establecen primero porque están conservados evolutivamente —es decir, han permanecido en gran medida inalterados durante millones de años y están presentes en muchas otras especies, no solo en la humana—. La complejidad se añade después.

Si estos «adornos» orientan muchas de nuestras interacciones con el mundo, cabe preguntarse: ¿por qué necesitamos estas funciones básicas? ¿Para qué están ahí? ¿Qué tratan de lograr? ¿Por qué, en definitiva, tenemos un cerebro? Si ahondamos en las raíces evolutivas de por qué pensamos y nos comportamos como lo hacemos, resulta más fácil entender por qué muchas prácticas psicológicas y de autoayuda son eficaces —y por qué otras, aunque bienintencionadas, pueden errar el tiro—. Comprender estos principios subyacentes no solo nos muestra las prácticas útiles, sino que además aumenta la probabilidad de que las apliquemos en nuestra propia vida.

El motor último de toda nuestra conducta es la propagación de nuestros genes. Todo está supeditado a ello. Esa es la razón de que John y su familia siguieran aferrados a un clavo ardiendo pese a la abrumadora futilidad, y de que el Tribunal Superior de Justicia celebre con regularidad vistas para decidir sobre casos de padres desesperados. Pero también explica que persigamos las pasiones —y las rutinas— de la vida diaria, que nos disgusten ciertas cosas y que otras, aparentemente pequeñas o triviales, nos proporcionen alegría. Todos estos impulsos, sensaciones, emociones y experiencias se pueden rastrear, en última instancia, hasta las mismas raíces.

Empecemos por considerar nuestra herencia evolutiva: de dónde venimos y qué fuerzas nos impulsan hacia delante. Debemos explorar nuestro pasado, presente y futuro como especie.

Si los seres humanos no tuvieran el impulso innato de reproducirse, no existiríamos en absoluto. La mayoría conocerá el darwinismo y la «supervivencia del más apto», entendida como que los rasgos mejor adaptados al entorno son los que se transmiten con mayor probabilidad. Pero ¿qué significa realmente «aptitud» para el cerebro? Para comprender por qué el impulso reproductivo es necesario para la vida y para qué ha evolucionado nuestro cerebro, primero debemos entender los principios fundamentales de la «supervivencia» o, en términos más amplios, la continuidad o persistencia. Estos principios lo gobiernan todo, desde el objeto inanimado más simple hasta el organismo vivo más complejo. Al partir de los objetos más básicos y explorar cómo perduran en el tiempo, sentamos las bases para descubrir los mecanismos, cada vez más sofisticados, con los que la vida humana, impulsada por el cerebro, asegura su propia continuidad.

Es probable que alguna vez, al caminar junto a unos acantilados o un desfiladero, te haya llamado la atención el destello de un cristal incrustado en la roca, o las capas de distintos estratos apiladas unas sobre otras. Tal vez te hayas preguntado cuánto tiempo llevan ahí y qué habrán «visto» desde el nacimiento de la biología hasta hoy.

Las rocas siguen aquí porque sus estructuras son estables. Si están sometidas a enormes presiones y calor por cataclismos planetarios, pueden llegar a desmoronarse, pero hasta entonces persisten. ¿Qué relación hay, entonces, entre la estabilidad y la continuidad? Para responder, debemos explorar cómo se manifiestan de manera distinta en sistemas inanimados y biológicos y, así, comprender los orígenes de la vida.

En los albores de la vida, cuando se formaban los componentes básicos de la biología, un caldero de moléculas simples se alojaba en rocas porosas cargadas de minerales en los mares de la Tierra. La inmensa mayoría de esas moléculas se desintegraba con rapidez o permanecía aislada, observadora solitaria de la evolución planetaria. Sin embargo, algunas reaccionaron al azar y formaron estructuras más complejas. Entre esas reacciones —aunque rara vez—, alguna molécula adquiría una estructura que le confería una propiedad muy especial: la capacidad de actuar como plantilla: las moléculas cercanas podían replicar su estructura y encajarse a su lado, como una pareja abrazada en la cama. Si varias moléculas se apilaban ordenadamente, formaban una estructura cristalina —más estable y, por tanto, más propensa a persistir—. Las rocas son, esencialmente, grandes estructuras cristalinas: moléculas compactadas en una forma tan estable que sobreviven. Por eso nos gusta construir casas de piedra.

Pero ¿qué distingue a los organismos vivos de esas rocas aparentemente eternas? La diferencia clave está en la escala y la naturaleza del proceso de replicación. Lo decisivo es que las moléculas biológicas pueden separarse de sus estructuras progenitoras, transmitir información e incorporar variaciones por el camino. Esta movilidad y flexibilidad permite que los sistemas vivos evolucionen. En cambio, las moléculas de una roca están bloqueadas en su sitio, unidas rígidamente a sus vecinas en una estructura de gran escala. Esto hace a las rocas muy estables, sí, pero incapaces de adaptarse y evolucionar. Es cierto que, en pura durabilidad, las rocas nos ganan a todos, pero no pueden volar a la Luna.

En cambio, la replicación biológica, iterativa y a pequeña escala, permite que los sistemas vivos se transformen en un amplio abanico de estructuras con funciones nuevas, hasta llegar a la aparición de la inteligencia. La contrapartida de esta falta de estabilidad «rocosa» es que las estructuras biológicas son intrínsecamente «débiles», proclives a ser destruidas por las fuerzas de la naturaleza o por otra estructura biológica que haya adquirido características ligeramente mejores.

LA EVOLUCIÓN DE LA VIDA

La vida surgió de la sopa primordial de sustancias químicas básicas cuando aparecieron diversas moléculas con capacidad para crear copias de sí mismas: las biomoléculas de las que nace la vida. Cabe sostener que aquí se produce el punto de inflexión entre lo inanimado y lo vivo. De hecho, ¿qué es la vida? A efectos de este debate, propongo definirla como una estructura que desaparece (muere), pero logra persistir por haber generado una copia. Por el contrario, estructuras moleculares como las rocas, cuando son destruidas por cataclismos geológicos o planetarios, se desvanecen sin legado, al carecer de capacidad de réplica.

En aquellas moléculas con capacidad de copiarse, pero no tan «exitosamente» como para que las copias cristalizaran en estructuras superestables —como las rocas—, la réplica no siempre producía resultados idénticos. En ocasiones surgían diferencias de forma adquiridas al azar y, muy de tarde en tarde, alguna de estas modificaciones se traducía en una diferencia de función. Si esa función confería una ventaja de réplica respecto al resto del conjunto molecular, dicha forma predominaba y se convertía en la más extendida: el darwinismo en acción.

A partir de ahí se sucedieron ciclos repetidos de complejidad progresiva. Las moléculas llegaron a combinarse con otras; su forma y carga eléctrica permitían que encajaran entre sí, como un enorme montón de piezas de puzle de formas aleatorias que van ensamblándose hasta dar con la combinación que compone la mejor imagen. Un conjunto de moléculas podía desencadenar la formación de otras, lo que acabó desembocando en la cascada ADN→ARN→proteína. Este es el fundamento de la biología molecular: el ADN almacena información genética que luego se copia en moléculas de ARN, las cuales, a su vez, proporcionan las instrucciones para construir y organizar proteínas, los ladrillos de la célula.

El proceso siguió creciendo en escala, con proteínas que adquirían aleatoriamente diferencias de forma y se combinaban en superestructuras, reconocibles finalmente como células. Algunas células sobrevivían más que otras. A esas las llamamos las «mejores», entendiendo por ello simplemente las «más capaces de sobrevivir». A medida que evolucionaron, las células empezaron a formar estructuras pluricelulares. Algunas resultaron más ventajosas para la supervivencia que otras.

En última instancia, toda la vida tal como la conocemos está supeditada al proceso de selección natural, que asegura la persistencia de los rasgos que mejoran la supervivencia y la reproducción. Aunque pueda parecer lejano a nuestra realidad cotidiana, nuestra herencia última combina una exigencia de persistencia —no estaríamos aquí si no hubiera habido un ladrillo antes que nosotros— con la naturaleza frágil y efímera de la biología. En otras palabras: para existir necesitábamos algo capaz de transmitir instrucciones de replicación, pero con la suficiente fragilidad como para permitir la iteración. Ese algo es nuestro acervo genético, junto con los procesos que evolucionaron para aumentar la probabilidad de que nuestros genes se replicaran y se transmitieran a futuras generaciones. Nuestras penas y preocupaciones son producto de esta marcha: las dificultades en el trabajo, las discusiones con los colegas, las pasiones que se traslucen en nuestros historiales de búsquedas en internet: todo se puede rastrear hasta llegar a este impulso a persistir. De las moléculas a la mente, nuestra forma no existe por sí misma, sino para transmitir lo que vino antes.

**Principio de la condición humana:
«La vida no persiste en nosotros,
sino a través de nosotros».**

Las cuatro épocas de la evolución

Este proceso de evolución biológica, de selección natural, ha sido extraordinariamente sofisticado, con cambios graduales durante miles de millones de años que han ido optimizando la función para el entorno. Pero ¿cómo pasamos de esos paquetes pluricelulares a formas que caminan y hablan y que se atrevieron a llamarse a sí mismas, en un alarde de modestia, *sapiens?* Cuatro épocas han contribuido al diseño del ser humano.

La primera época —la fase formativa ya descrita— duró la asombrosa cifra de 3000 millones de años. Durante ese tiempo, las células optimizaron sus procesos para extraer energía del medio marino y utilizarla para generar más células. Al final de esta fase, las células habían alcanzado una perfección casi total.

En la segunda época, las células se conectaron para formar organismos pluricelulares, con la aparición de tejidos y órganos: masas de células diferenciadas, cada una especializada en una función concreta. El aprendizaje y la memoria, así como la coordinación de los órganos, se volvieron decisivos. Para ello, algunas células se alargaron y se convirtieron en células nerviosas —neuronas: las mensajeras encargadas de transmitir información por todo el cuerpo—. Dado que los animales presentan una estructura simétrica, el cableado más eficaz funcionaba con un haz central de neuronas de conexión y un racimo de neuronas de procesamiento en la cabina de mando, orientada hacia el entorno. Con el tiempo, los animales desarrollaron una cabeza que albergaba en su interior un cerebro, es decir, un conjunto de neuronas. Las mejoras sucesivas nos llevan de los gusanos a los peces y de estos a los reptiles.

En la tercera época, los mamíferos evolucionaron a partir de los reptiles y apareció la lactancia, que permite alimentar a las crías y así prolongar su desarrollo. No necesitar salir al mundo plenamente formado y listo para sobrevivir desde el nacimiento ofrece un mayor margen para mejoras posnatales, como la expansión del cerebro, que, de producirse intraútero, no pasaría por la pelvis de la madre sin quedar aplastado como un flan. Este periodo prolongado de desarrollo posnatal permite que el crecimiento y el cableado del cerebro estén mucho más influidos por el entorno, en lugar de depender exclusivamente de instintos innatos: un factor clave que permitió la evolución de los primates, pero también una gran vulnerabilidad para nosotros en la vida moderna.

En la cuarta época, hace entre dos y tres millones de años, emergió el género *Homo*, mamíferos evolucionados con cerebros enormemente expandidos. *Homo sapiens*, nuestra especie, apareció primero en África unos 300 000 años atrás. Probablemente las poblaciones tempranas perecieron, hasta que una ola posterior migró a Eurasia —entre 70 000 y 50 000 años atrás— y acabó por extenderse por todo el planeta. *Homo sapiens* es una de las numerosas especies del género *Homo* que han existido, a menudo al mismo tiempo. Las especies dentro de un mismo género comparten muchas características, pero siguen siendo distintas entre sí, como los leones y los tigres, ambos parte del género *Panthera*, aunque con rasgos propios. Volviendo a nuestro género, para no pecar de autocomplacencia, conviene saber que nuestros cerebros son de tamaño similar o incluso menor que los de *Homo neanderthalensis*, un grupo humano que se extinguió en torno a 40 000 años atrás.[*] ¿Por qué, entonces, sobrevivimos nosotros y ellos no?

---

[*] Los neandertales, que habitaban latitudes más septentrionales, tenían cerebros más grandes, tal vez por un córtex visual de mayor tamaño. La inteligencia depende de cómo la definamos. Un futbolista tiene más capacidad de cálculo espacial con los pies que un físico nuclear.

Aunque nuestra capacidad de procesamiento individual pudiera ser menor que la de los neandertales, la fuerza de *Homo sapiens* residía en su capacidad para compartir conocimiento y colaborar. Ningún ser humano por sí solo podría completar tareas complejas de las que ahora dependemos muchos: fabricar un iPhone, un coche o incluso una camisa. Podría discutirse que esto último sí sería posible, pero recuerda que esa tarea implica cultivar algodón, construir telares y fabricar botones. Crear artilugios ingeniosos exige cooperación y toda una serie de mecanismos de control neurológico que, como veremos en capítulos posteriores, nos equipan para el mundo moderno pero también pueden entorpecernos en la vida diaria.

Estas cuatro épocas nos han hecho, paradójicamente, tan complejos como elementales. Un óvulo fecundado, que contiene toda la información necesaria para crear a un ser humano, alberga apenas 1,6 gigabytes de información, menos de un 1 % de la memoria de un iPhone. Esta densidad de información puede resultar desconcertante, pero, a menudo, la complejidad emerge de procesos muy simples.

Piensa en un lago en el que se deja caer una piedra. Desde el punto de impacto, se expanden círculos concéntricos. Ahora deja caer dos piedras en lugares distintos: las ondas interactúan de forma predecible. Ahora deja caer diez piedras en diferentes ubicaciones. Si no vemos caer las piedras y solo observamos el dibujo sobre el agua, parece ininterpretable y sumamente complejo. Ahora deja caer miles de piedras —no todas a la vez, sino en una secuencia temporal concreta—. El patrón en el agua es ahora enormemente complejo. Pero si se repite la caída de piedras con exactamente el mismo patrón, el mismo número y la misma secuencia temporal, el cambio resultante en la superficie del agua será idéntico. Las piedras no tienen como propósito generar complejidad, pero es lo que ocurre. La evolución es similar, transmitida a través de nuestro pequeñísimo número de genes. No tiene propósito, *per se*. No hay plan de diseño ni intención. La complejidad emerge de un conjunto de instrucciones muy compacto, como en nuestra analogía de las piedras.

Conviene considerar el tiempo que llevó lograr esto: 2000 millones de años para la aparición de una célula básica; 1000 millones de años para células especializadas; y otros 500 millones de años para conectar esas células formando un gusano básico, con un plano cerebral que hemos heredado. A partir de ahí, las variaciones posteriores fueron meros adornos sobre el diseño fundamental: los mamíferos aparecieron 300 millones de años más tarde, los primates tras otros 60 millones y los primeros antepasados humanos (homininos) hace apenas cinco millones de años. Los humanos modernos (*Homo sapiens*) existen solo desde hace 300 000 años. Para situarlo en perspectiva: los humanos han existido apenas el 0,01 % del tiempo transcurrido desde que surgió la vida en la Tierra.

Lo difícil, lo que más tiempo costó resolver, fue esa primera etapa: que una sola célula realizara reacciones químicas eficientes, con procesos de señalización, detección y ejecución de acciones. A partir de ahí, apenas hizo falta un salto para producir la inteligencia humana. De hecho, solo en los últimos 12 000 años, tras la revolución agrícola, las civilizaciones humanas han empezado a remodelar significativamente el entorno, un proceso que se ha acelerado de forma drástica en los últimos siglos con el rápido desarrollo tecnológico. Apenas han pasado 200 años desde la Revolución Industrial y unas pocas décadas desde la revolución digital.

La velocidad a la que se ha transformado nuestro entorno supera con creces el ritmo de adaptación evolutiva, lo que conduce a un desajuste entre nuestros instintos ancestrales y las exigencias del mundo moderno. Nos quedamos anclados, nos guste o no, con mecanismos de control diseñados para el viejo mundo. Es como tratar de ejecutar el *software* más reciente y complejo en un ordenador viejo y obsoleto: puede funcionar, pero le cuesta seguir el ritmo. Procesamos toda la información que nos llega del exterior mediante sistemas heredados que operan de un modo particular, perfeccionados para desafíos ancestrales. Ese procesamiento, a su vez, se traduce en acciones, conductas y pensamientos que impactan en el mundo que nos rodea.

Más adelante analizaremos qué son realmente los impulsos y las emociones. En última instancia, en términos evolutivos, la felicidad, la tristeza, la ira, la envidia, el miedo —o cualquiera de las demás emociones que colorean nuestra vida diaria— no son más que fenómenos que nos dan —o nos dieron en el pasado— una ventaja frente a otros organismos. Así, la tristeza o la envidia no son intrínsecamente negativas: surgieron porque —al menos en un entorno histórico— cumplían una función útil.

Principio de la condición humana:
«A la evolución no le interesa nuestra felicidad,
pero aun así podemos cultivarla».

La naturaleza humana, si bien adaptable, está programada de serie. La manera en que estructuremos la sociedad será deficiente si obviamos esto, y la manera en que organicemos nuestra vida personal y afrontemos el día a día estará innecesariamente llena de tropiezos. Es importante entender cuáles son nuestros impulsos básicos, para qué evolucionaron y por qué ahora suelen estar desajustados. Hacerlo nos permite encauzar mejor su expresión.

¿QUÉ SIGNIFICA ESTO PARA NOSOTROS?

Recordemos que estamos aquí únicamente por una exigencia de persistencia. Esta es nuestra naturaleza. A la evolución no le interesa la amabilidad. La inclinación a ser amables no es más que una herramienta que surgió porque resultaba útil para lograr la supervivencia. Conviene subrayar, además, que no necesariamente queremos abrazar todo lo que es «natural». Tendencias «útiles» desde una perspectiva evolutiva pueden ser desagradables o abiertamente dañinas, como ese gran truco publicitario de etiquetar algo como «natural» para insinuar que es bueno. ¿Gas natural? Solo recientemente se han hecho patentes sus perjuicios. ¿O la respuesta natural al dolor, que nos empuja a apartarnos o a quedarnos muy quietos cuando estamos lesionados? Si nos encontramos en una mesa de operaciones, la mayoría optaríamos por la anestesia antes que por el dolor «natural».

En muchos sentidos, nacemos como antigüedades: nuestros cerebros y cuerpos son reliquias evolutivas, diseñadas para un mundo que ya no existe. Y, sin embargo, debemos navegar por las complejidades de la vida moderna con estas herramientas ancestrales. A lo largo del libro veremos cómo este desajuste entre el diseño del cerebro y la realidad moderna moldea desde la salud mental hasta las interacciones sociales. Entender esta brecha es clave, no solo para sobrevivir, sino para prosperar.

Principio de la condición humana: «Estamos diseñados para un entorno ancestral».

John, nuestro paciente con ELA, murió en paz en su casa, arropado por un magnífico equipo de cuidados paliativos. Su historia nos recuerda que, aunque no siempre podemos controlar lo que nos ocurre, sí podemos elegir cómo respondemos. También que nunca estamos del todo solos. Ojalá quienes afronten en el futuro un trance semejante —o cualquiera de los desafíos que la vida nos plantea— lo hagan con una comprensión más honda, capaces de encarar lo bueno y lo malo con ecuanimidad y serenidad.

En esta primera incursión en la base evolutiva de nuestro cerebro, hemos esbozado algunos principios clave que deberíamos llevar con nosotros a lo largo del libro. En el corazón de todo lo que hacemos está el concepto de persistencia. Los circuitos fundamentales que rigen nuestras emociones, motivaciones y decisiones evolucionaron hace millones de años y han permanecido en gran medida inalterados. La evolución nunca ha priorizado la felicidad, solo la supervivencia. El miedo, el deseo y la necesidad de conexión social existen porque antaño ayudaron a nuestros antepasados a sobrevivir en entornos duros e imprevisibles. Sin embargo, en el mundo moderno estos instintos no siempre juegan a nuestro favor. Si comprendemos las fuerzas que moldearon nuestra mente, podemos aprender a adaptarnos de formas que nos ayuden no solo a sobrevivir, sino a prosperar.

IMPLICACIONES PRÁCTICAS

Cuando las emociones nos desborden o nos sorprendamos actuando de formas que parecen contraproducentes, conviene recordar que esas respuestas no son defectos ni caprichos: son herencia de mecanismos de supervivencia ancestrales que quizá ya no encajen en el mundo moderno. Reconocerlo es un primer paso crucial para aprender a trabajar con nuestra herencia evolutiva, y no contra ella. A partir de ahí se abren dos caminos: ajustar nuestro entorno para favorecer el bienestar y aprender a encauzar nuestras propias respuestas. Exploraremos ambos en los capítulos siguientes.

En el siguiente capítulo, examinaremos los mecanismos mediante los cuales el sistema interno de recompensa del cerebro moldea cada acción que emprendemos y cada sentimiento que tenemos.

Capítulo 2

EL CEREBRO MOTIVADOR

Me apasiona la carrera de orientación. Correr con astucia. Tomar decisiones sobre cuál es la mejor ruta por un bosque sin caminos. ¿La más directa? ¿O seguir una curva de nivel? ¿O quizá sea mejor seguir elementos lineales como arroyos y senderos? Esa opción es más larga y lenta, salvo que me pierda por la ruta directa. A veces me imagino corriendo por el bosque hace 50 000 años, tal vez huyendo o persiguiendo algo, lanza en mano. Entonces no había senderos ni vallas, solo mi mapa y mi brújula internos. En esos momentos siento una conexión con los árboles y también con lo que significa ser un animal.

¿Cuál dirías que es la diferencia fundamental entre una planta y un animal? Podrías pensar en la formación de grupos y la comunicación. Pero los árboles forman estructuras sociales y se «hablan» a través de complejas redes neuronales, con diminutas hebras de hongos subterráneos como sistema de telefonía.* ¿O quizá la fotosíntesis, esa capacidad de las plantas para transformar la luz en energía? En realidad, los humanos también «fotosintetizamos»: aprovechamos la energía

---

* Los árboles forman estructuras sociales y se comunican mediante redes micorrícicas: filamentos fúngicos que permiten compartir recursos y enviar señales. Aunque estas redes carecen de la señalización eléctrica de las neuronas, funcionan como una suerte de «red neuronal» y facilitan la comunicación y la interdependencia entre los árboles.

del sol para sintetizar vitamina D en la piel. ¿O será el movimiento? Aunque las plantas crecen de forma selectiva hacia los nutrientes.

La diferencia clave es que los animales se desplazan, es decir, cambian de ubicación. Todo se reduce a esto.

A los fisioterapeutas les gusta decir: «El movimiento es la mejor medicina». El movimiento —o, en un sentido más amplio, «hacer cosas»— es la vida para los animales. Nuestra herencia genética nos impulsa a movernos para asegurar la supervivencia, la reproducción y, por tanto, la persistencia. Esto se traduce en las innumerables decisiones que los animales deben tomar a diario para sobrevivir y prosperar. ¿Perseguir esta presa o huir de aquel depredador? ¿Quedarse quieto y conservar energía? ¿Activar los músculos para moverse hacia un árbol con fruta o hacia una posible pareja? Todos los animales están continuamente calculando si deben moverse y qué movimiento será mejor. Sin ese movimiento, moriríamos. A diferencia de las plantas, no podemos crecer sin movernos del sitio. Sin movimiento no podemos reproducirnos y, por tanto, perdurar como entidades biológicas, que, como hemos visto, es la razón última por la que estamos aquí y podemos contar esta historia. Pero ¿cómo afecta este requisito fundamental de moverse a la vida cotidiana de los humanos en el mundo moderno? Eso es lo que veremos a continuación.

Principio de la condición humana: «Muévete o muere».

El motor del movimiento en el cerebro

La mayor ayuda para hacer un diagnóstico neurológico es la historia clínica que aporta el paciente; la exploración posterior y las pruebas sirven sobre todo para confirmarlo o descartarlo. Por eso, en un turno ajetreado de neurología, me alegró leer en la carta de derivación que el paciente era un cardiólogo recién jubilado. Tratar a colegas puede ser incómodo y parece aumentar la probabilidad de que algo salga mal, pero a cambio la historia clínica suele ser más elocuente y precisa. Lamentablemente no fue el caso del Dr. Winston, el cardiólogo jubilado en cuestión, a quien su esposa había encontrado inmóvil. Al entrar en el box de valoración, lo vi sentado en la típica silla de hospital, con sus fundas fáciles de limpiar. Normalmente, los pacientes ven la televisión, leen una revista o charlan con sus familiares o con los pacientes de al lado. Pero el Dr. Winston estaba simplemente sentado. Me presenté y me saludó, pero poco más. Cuando empecé a preguntarle qué había pasado, solo respondía si se le insistía y aun así de forma escueta. También era capaz de realizar tareas motoras sencillas, con estímulo. Pero, en ausencia de mis indicaciones, se quedaba ahí en silencio. Pasivo. Apatía extrema. Sin ayuda, se habría quedado en su silla hasta consumirse.

Mi exploración reveló una pista importante. Al moverle las articulaciones, noté una resistencia con un patrón característico conocido como rigidez, indicativo de disfunción de los ganglios basales, una parte del cerebro importante para la motivación y el movimiento. Una resonancia magnética confirmó un ictus bastante inusual que afectaba a esa zona.

La incapacidad del Dr. Winston para iniciar el movimiento por sí mismo, su pasividad hasta que alguien lo instaba a actuar, ilustra el rasgo distintivo clave de los animales: el impulso y la capacidad de desplazarse con propósito. Las plantas y los animales tienen estructuras complejas y sistemas nerviosos. Las plantas, de hecho, pueden responder a estímulos: se inclinan hacia la luz o se alejan de la gravedad. Pero lo singular de los animales es que cambiamos de ubicación con rapidez —movimiento—, y ese movimiento nos lleva a una meta. Tenemos sistemas de control que identifican objetivos útiles y luego seleccionan, inician y ejecutan movimientos con velocidad y en el momento oportuno.

El movimiento, en su forma más básica, implica contracción muscular. Por ejemplo, mover la mano hacia una pieza de fruta requiere una amplia secuencia de contracciones en los músculos del tronco, el brazo y la mano. Del mismo modo, comunicarnos con el mundo exterior requiere contraer los músculos de la laringe para producir vocalizaciones.

Los generadores de patrones para estas secuencias complejas de movimiento son en parte innatos, preprogramados, y en parte aprendidos. Ahí están los primeros pasos vacilantes del bebé, aferrado a los dedos de su padre o su madre, con las piernas moviéndose de forma rudimentaria. O el potrillo recién nacido, que se tambalea pero madura mucho más deprisa.

Estos ladrillos básicos permiten luego actividades más complejas y dirigidas a objetivos. No solo dar un paso, sino correr con la manada, trepar a un árbol, atacar a un enemigo o negociar con los congéneres mediante la voz y el gesto.

Toda actividad requiere energía, así que nuestros cuerpos y cerebros evolucionaron para ser selectivos sobre cuándo y cómo gastarla. Para guiarnos hacia conductas que favorezcan la supervivencia y la reproducción, el cerebro utiliza un sistema de incentivos propio que recompensa las acciones que pueden resultarnos beneficiosas. En el centro de este proceso está la dopamina —un mensajero químico que modula la motivación y el aprendizaje—. Cuando se libera, la dopamina genera una sensación de placer o satisfacción que refuerza la conducta que la desencadenó. De este modo, orienta nuestras acciones como parte del sistema más amplio de recompensa y motivación del cerebro.

El caso del Dr. Winston nos da una pista sobre los mecanismos implicados y las sensaciones asociadas. No es que quisiera moverse y se frustrara por su incapacidad: con estímulo suficiente se movía. Tampoco sufría por hambre, sed o escaras: los cuidados de enfermería lo evitaban. Más bien, su cerebro tenía mermada la capacidad de procesar dopamina para motivarlo a actuar. Había perdido el impulso y el placer asociado al incentivo y a la acción. Sin ese incentivo, ninguno de nosotros se movería, ni siquiera para huir de algo doloroso —pisar una espina, la presencia de un depredador— y ponernos a salvo.

Otra pista sobre los mecanismos que controlan el movimiento procede del párkinson, enfermedad neurodegenerativa que afecta sobre todo al movimiento, con síntomas de temblores, rigidez, lentitud motora y dificultades para caminar y mantener el equilibrio. En efecto, lo del Dr. Winston podría describirse como un parkinsonismo súbito y muy severo, término genérico para cualquier proceso que produce signos similares a los del párkinson. Pero, mientras que el problema del Dr. Winston se debía al bloqueo de un vaso que irrigaba los ganglios basales, la enfermedad de Parkinson degenerativa se produce por la pérdida de ciertas neuronas en la sustancia negra, en pleno centro del cerebro.

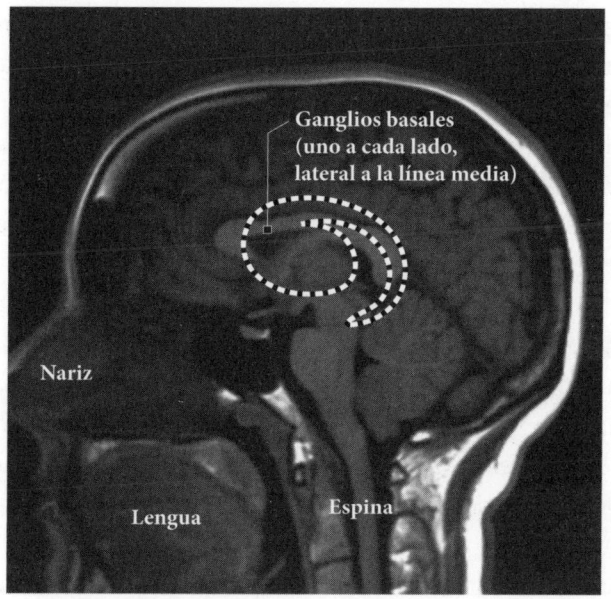

Resonancia magnética de un cerebro humano
que muestra la localización de los ganglios basales.

A veces basta con unos segundos, al llamar a un paciente en la sala de espera, para sospechar un párkinson. Esa llamada es un disparador de la acción, de empezar a caminar hacia mí y la consulta. Pero, en el párkinson, el agotamiento dopaminérgico dificulta ese primer paso. Y cada paso posterior es más corto y más lento: la característica marcha festinante (de pasos cortos y arrastrados). Al explorar al Dr. Winston observé hallazgos similares, pero la aparición rápida de los síntomas me indicó que no era párkinson, sino un proceso que lo imitaba.

Podría haber demostrado que su problema era la falta de motivación para moverse, y no un fallo del aparato motor, con un experimento temerario: prender fuego a las cortinas de su cubículo. Hay casos bien documentados de pacientes con párkinson grave, casi inmóviles la mayor parte del tiempo, que echan a correr para salir de una habitación en llamas o ante una alarma estridente. Algo parecido ocurre en ratas a las que se les ha depletado artificialmente la dopamina, lo que las deja en gran medida inmóviles, al menos hasta que se las coloca en agua fría: la potencia de ese estímulo basta para activar el movimiento, lo que demuestra que el problema era de motivación y no de capacidad motora.[2] El Dr. Winston, cuando las enfermeras le daban de comer, seguía percibiendo el aroma a ajo y el sabor umami de la cena; lo que le faltaba era la motivación para acercar el plato y utilizar los cubiertos. Su cerebro no procesaba la dopamina que dispararía el movimiento necesario para comer.

La implicación de la dopamina en los procesos de recompensa se demostró con una serie de experimentos: se implantaron electrodos en distintas zonas del cerebro de ratas y se aplicó estimulación eléctrica. Cuando una rata recibía un estímulo en su núcleo accumbens —nodo clave de la red de recompensa del cerebro, a veces llamado su «centro del placer»—, era más probable que volviera al lugar donde recibió el estímulo. En 1954, los neurocientíficos James Olds y Peter Milner demostraron que, si se dejaba que la rata presionara una palanca para autoestimularse, la presionaba repetidamente, a razón de miles de veces por hora.[3] Observaciones similares se realizaron en humanos a finales de los años cincuenta y principios de los sesenta.[4] Investigaciones posteriores identificaron la dopamina como el neurotransmisor clave: los fármacos que la bloquean anulaban el efecto. Esto sugiere que activar esta región del cerebro señala una actividad deseable y refuerza la conducta asociada.

LAS VÍAS DOPAMINÉRGICAS: MOVIMIENTO Y RECOMPENSA

La naturaleza reutiliza a menudo los mismos componentes. Es mucho más fácil copiar una estructura compleja y modificarla para un fin similar que empezar de cero. Si sabes cómo hacer cuatro patas, para hacer ocho, basta con repetir la receta dos veces, quizá duplicando un conjunto de genes o activando los mismos de manera repetida. Después pueden introducirse modificaciones sobre la estructura básica, lo que genera diferencias entre las patas delanteras y traseras y, en última instancia, entre brazos y piernas. O bien una estructura puede dividirse en dos y cada mitad seguir su propio camino. Probablemente, esto fue lo que ocurrió con las vías dopaminérgicas, muy antiguas en términos evolutivos y situadas en lo profundo del cerebro, que divergieron en dos. Una conecta la sustancia negra del mesencéfalo con la parte posterior de los ganglios basales, conocida como estriado posterior. Este circuito interviene en el control y la ejecución del movimiento. La otra discurre desde el área tegmental ventral (VTA), por delante de la sustancia negra (SN) en el mesencéfalo, y conecta con la parte anterior de los ganglios basales, el estriado anterior. Este circuito «de vanguardia» contribuye a procesos de planificación más complejos y a conductas relacionadas con la recompensa.*

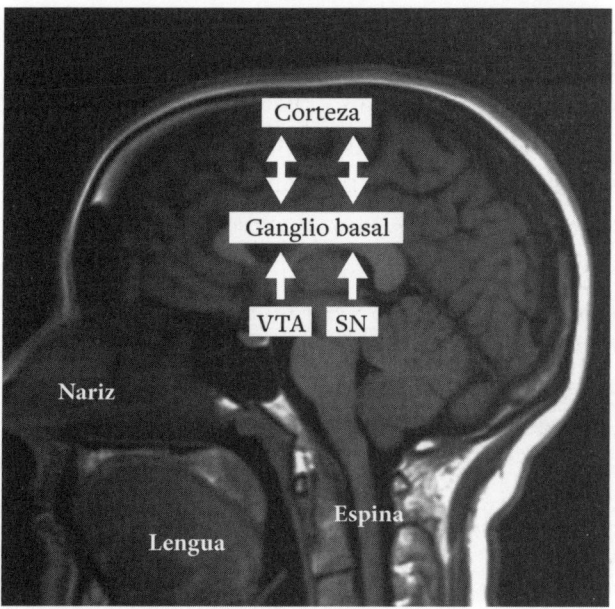

Resonancia magnética de un cerebro humano
que muestra las dos principales vías dopaminérgicas.

---

* Aunque estas vías se consideran habitualmente circuitos paralelos, existe un solapamiento funcional considerable.

En la enfermedad de Parkinson, la vía «trasera» es la más afectada. Las neuronas de la sustancia negra que proporcionan dopamina al estriado posterior degeneran, lo que provoca las dificultades motoras características: la lentitud al llevar la mano a una taza o la dificultad para dar el primer paso. Nuestro paciente con párkinson tiene claro el movimiento que quiere hacer, pero le cuesta iniciarlo y ejecutarlo.

Si el párkinson ilustra la dificultad con movimientos básicos, en la vida cotidiana, rara vez nos enfrentamos a opciones tan simples. Lo habitual es estar escogiendo constantemente entre una infinidad de movimientos posibles y secuencias complejas de acciones. En el teatro feroz del darwinismo, cada movimiento tiene un coste y el éxito depende de elegir con mayor tino que el competidor. Esto exige una cognición compleja: evaluar opciones, asignar valor y ponderarlas a la luz de las necesidades corporales del momento. Aquí entran en juego las neuronas del VTA, cruciales para evaluar el valor de una acción.

¿Cómo lo hacen? Detectan señales sensoriales y comparan la deseabilidad —o utilidad percibida— de esas señales con nuestras expectativas. Este proceso, conocido como detección de errores de predicción de recompensa, implica que el VTA compare de forma constante el resultado real de una acción con el previsto. Si el resultado real supera las expectativas, el VTA señala un error de predicción positivo: libera más dopamina. A la inversa, si el resultado es peor de lo esperado, señala un error de predicción negativo: libera menos. Con el tiempo, esto afina nuestras predicciones y nos permite evaluar con mayor precisión las posibles recompensas. Así es como aprendemos qué acciones nos convienen.

Conviene precisar que *error* aquí no implica fallo ni mal funcionamiento; remite simplemente a la diferencia entre lo previsto y lo real. Tal vez *calibración* sería un término más ajustado. Cuando se detecta una diferencia, el pico de dopamina reajusta la fuerza de las conexiones neuronales que están activas en ese momento, y eso sustenta el aprendizaje y la formación de memoria. Veamos un ejemplo: imagina una rata ante cinco palancas. Si presiona cualquiera, cae una alubia. Pero, si, al accionar una palanca concreta, cae chocolate, se produce una desviación positiva de la expectativa —un error de predicción de recompensa, en la jerga—, y la rata aprende que esa palanca es más valiosa. Si, en cambio, al presionarla, cayera media alubia, habría un error de predicción negativo: esa palanca vale menos que antes. La acción que finalmente elija dependerá de su estado interno y de los valores esperados de cada opción. Si, por ejemplo, estuviera extremadamente deshidratada, el impulso de la sed combinado con la expectativa de encontrar líquido haría más deseable buscar agua que obtener chocolate.

Recapitulando: la dopamina es un neurotransmisor central en la motivación, el aprendizaje y la búsqueda de recompensas. Se libera cuando anticipamos o experimentamos algo placentero y refuerza la conducta que nos llevó a ese resultado. El sistema dopaminérgico actualiza continuamente sus predicciones a partir de la retroalimentación que recibe, lo que nos permite adaptar nuestra conducta para maximizar las recompensas. Con esta base, podemos explorar ahora algunos matices de este sistema y cómo influye en nuestras decisiones cotidianas.

Hasta ahora hemos hablado de la dopamina de forma algo simplista, como si tuviera un único efecto general en todo el cerebro, con niveles que suben y bajan. Pero recuerda: la naturaleza reutiliza los mismos componentes básicos en la mayor medida posible y los adapta para sacarles el máximo partido. Con la dopamina, esto se refleja en las variaciones de sus patrones de liberación, que permiten una señalización más compleja y sutil. Igual que el código Morse transmite más información que una simple señal de encendido y apagado, los patrones de liberación de dopamina codifican mensajes más sofisticados sobre la naturaleza y el contexto de las recompensas, lo que permite conductas más adaptativas.

Por ejemplo, mientras la detección de errores de predicción de recompensa se basa en cambios rápidos en la frecuencia de disparo, los cambios más lentos en los niveles de dopamina se correlacionan con el movimiento y la motivación general. Esto sugiere que la dopamina no solo rastrea las recompensas inmediatas, sino también nuestro esfuerzo sostenido y nuestra constancia hacia los objetivos.

En esencia, la dopamina es como una navaja suiza del control del movimiento: versátil y presente en todas las fases de la actividad orientada a metas. La sustancia negra y sus conexiones con el estriado posterior funcionan como un explorador que escanea el horizonte y dirige el movimiento. El área tegmental ventral y sus conexiones con el estriado anterior actúan como un auditor que comprueba si nuestras acciones se alinean con nuestros planes y obtienen las recompensas esperadas. Juntas, estas redes nos mantienen en el buen camino, equilibrando acciones inmediatas con objetivos a largo plazo.

Este elegante sistema nos mantiene activos y motivados, ya se trate de algo tan simple como alcanzar una pieza de fruta o tan complejo como completar un gran proyecto.

En el laboratorio, los experimentos clásicos consisten en presionar una palanca y recibir una recompensa. Estudios más sofisticados introducen un retraso entre una señal y la acción requerida, pero se resuelven en intervalos muy breves y son simples. En la naturaleza, un animal explora a distancia, navega por un terreno complejo y cambiante, con un exterior que varía sin cesar y un estado interno igualmente dinámico. Además de los cálculos de recompensa, el cerebro realiza cálculos energéticos, y ambos se actualizan continuamente a medida que avanza hacia la meta. ¿Sigue compensando el esfuerzo energético? ¿Debe el animal continuar hasta el siguiente punto de su recorrido o cambiar de plan, quizá dar marcha atrás? De hecho, ¿debe siquiera dar un paso más? Si el organismo evalúa que el gasto energético supera la recompensa potencial, reducirá la producción de dopamina, lo que amortiguará la motivación y el impulso de continuar. Exploraremos este sistema de «desmotivación» y sus implicaciones en el siguiente capítulo.

La naturaleza continua de este proceso puede ilustrarse con un paciente con párkinson. Aunque la mayor dificultad es iniciar el movimiento, cada paso puede ser un reto, sobre todo cuando hay algún cambio —de dirección o de entorno, por ejemplo—. Usamos esto en la práctica clínica: le pedimos al paciente que camine por el pasillo de la consulta, dé la vuelta y regrese. Aunque el objetivo es uno solo —ir diez metros y volver—, el tramo más problemático es el giro, que suele poner de manifiesto la vacilación, la lentitud y la pérdida de fluidez. Del mismo modo, al aproximarse a una puerta, pueden quedarse bloqueados. Todo esto ilustra cómo incluso las metas más simples se componen —en este caso, muy literalmente— de múltiples pasos, cada uno reforzado por la dopamina.

Victorias cotidianas: cómo los pequeños triunfos alimentan nuestra motivación

Veamos ahora cómo se manifiesta todo esto en la vida moderna. Un aspecto clave es la complejidad y la gradación de nuestros objetivos. Igual que nuestro paciente con párkinson no solo debe iniciar la marcha, sino también gestionar la complejidad de girar y franquear puertas, nosotros también debemos dividir nuestras metas complejas en partes manejables. Además de objetivos de alto nivel, tenemos subobjetivos que los sustentan. Por ejemplo, un objetivo superior puede ser mantener la forma física. Un subobjetivo sería salir a correr con un club (que también encaja con otra meta relacionada con la vida social). Un subobjetivo de ese subobjetivo será correr un día concreto, una distancia concreta y en un tiempo determinado. Los subobjetivos de esto serían llegar al siguiente farol del recorrido, y los de esos, ejecutar cada zancada. Cada acción muscular y su resultado conllevan una pequeña liberación de dopamina, con descargas mayores cuando se progresa hacia objetivos más relevantes. Este hacer —este moverse— va acompañado de una sensación positiva, de bienestar. Te sientes bien, o pletórico, según la cantidad de dopamina liberada. Es la manera que tiene la naturaleza de premiarte por hacer lo que quiere que hagas.

Recordemos el famoso experimento con los perros de Pavlov: aprendieron que cuando sonaba una campana aparecía una salchicha. La vista y el olor de las salchichas desencadenan toda una cascada de respuestas motoras: las glándulas salivales se contraen y vierten saliva en la boca, el cuerpo se abalanza hacia la comida, y la lengua y la mandíbula entran en acción. Este experimento, por muy informativo que sea, es artificial desde un punto de vista evolutivo. Las salchichas no aparecen milagrosamente para los perros. Las metas reales exigen acción y, incluso para los animales no humanos, son mucho más prolongadas y de múltiples etapas. Los perros de Pavlov recibían la salchicha sin esfuerzo y, aunque sin duda el premio les resultaba placentero a corto plazo, acabarían volviéndose locos si no se les diera la oportunidad de salir a correr, de perseguir cosas. Si se mantiene a un perro dentro de casa y se le lanzan filetes, se le priva de la persecución de metas. Un dueño que lo obsequia con chuletas pero le niega la actividad al aire libre también le está negando la oportunidad de liberar más dopamina. Si al perro se le entrega sin más un premio, sin conducta asociada, no experimentará la misma descarga de placer que si tuviera que hacer algo para ganárselo. Avanzar con éxito por las etapas hacia una meta dispara liberaciones repetidas de dopamina, y cada logro contribuye a la sensación de satisfacción. Esto ayuda a explicar por qué, a menudo, que nos entreguen algo que deseamos resulta menos gratificante que trabajar para conseguirlo: el propio trayecto, con su serie de pequeñas victorias, crea múltiples oportunidades de señalización de recompensa en nuestro cerebro.

En términos de bienestar general, lo decisivo es el proceso de alcanzar la meta. Piénsalo como el tiempo que llevamos el acelerador pisado y las vueltas que da el motor. La naturaleza nunca contempló una situación en la que la meta final apareciera de golpe; hemos evolucionado para trabajar hacia nuestros objetivos. La dopamina que se libera al avanzar hacia una meta —superando subobjetivos y más subobjetivos— es mayor que la que resultaría de alcanzarla sin esfuerzo.* Como se atribuye a menudo a Ralph Waldo Emerson: «No es el destino, es el camino».

Principio de la condición humana: «La felicidad administrada a cuentagotas funciona mejor».

Una versión farmacológica más brutal de esto ocurre al esnifar cocaína. La cocaína provoca una descarga masiva de dopamina; de ahí que enganche. Si pensamos en nuestra necesidad evolucionada de esforzarnos para obtener una recompensa —como el perro de Pavlov al que

---

* Esta progresión dinámica refleja un proceso similar a la ecuación de Bellman en el aprendizaje por refuerzo utilizado en inteligencia artificial. De modo análogo, el cerebro estima continuamente el valor total de una secuencia de acciones para maximizar la recompensa a largo plazo.

se le dan salchichas pero no palos que perseguir—, el problema de la cocaína se ve enseguida (estrictamente en términos biológicos): corto-circuita el sistema que la naturaleza diseñó. La recompensa llega en un único fogonazo. El cerebro recalibra sus circuitos y entonces necesita más dopamina que antes para lograr un efecto similar. Sin esa concentración extra, lograda mediante una dosis mayor, aparece el bajón: malestar y agotamiento, compañeros de una dopamina en mínimos.

Volviendo a la analogía del coche: si la suma de felicidad equivale a los kilómetros recorridos mientras conducimos hacia nuestro destino, despertar de repente y descubrir que ya hemos llegado nos arrebata ese recorrido. Conviene insistir: avanzar de forma exitosa y continua hacia el objetivo importa más que recibir pasivamente la meta final.

De hecho, alcanzar una meta puede, paradójicamente, dejarte vacío. Se debe a que cada meta es siempre un escalón dentro de la gran meta vital, que es continua. Si la historia que estamos viviendo llega a un callejón sin salida, no habrá nuevos objetivos que alimenten la liberación de dopamina. Los psicólogos Charles Carver y Michael Scheier, retomando el trabajo de Lawrence Pervin, observaron: «[...] si el afecto positivo se deriva únicamente del proceso de luchar por la meta, entonces estamos siempre al borde de la decepción cuando logramos aquello que más queríamos».[5] Como el tiburón, que debe nadar sin cesar para sobrevivir, los humanos necesitamos una sensación continua de progreso, de inercia hacia delante. Alcanzar una meta no satisface si no conduce sin tropiezos a la búsqueda de la siguiente. De lo contrario, corremos el riesgo de dar la razón a la exagerada pero reveladora frase del periodista Ran Henry: «El peor momento de tu vida es cuando alcanzas tu objetivo».

Principio de la condición humana: «Recibir nuestras metas sin esfuerzo satisface menos; lo que de verdad llena es el camino».

Que nos coloquen en el destino sin más, en lugar de tener que llegar por nuestros propios medios, es como una pequeña dosis de cocaína: un subidón breve seguido rápidamente de una sensación de vacío. La cocaína empuja el sistema mucho más allá de sus parámetros normales, con consecuencias destructivas. Pero, cuando las recompensas llegan de forma más cotidiana —un aumento de sueldo, un coche nuevo—, el placer también es fugaz. Es el efecto de la «cinta hedónica»: tendemos a regresar pronto a un nivel basal de felicidad, con independencia de lo bueno o lo malo que nos ocurra. En el contexto de la búsqueda de metas, esto significa que la satisfacción de alcanzarlas suele durar poco: ajustamos enseguida nuestras expectativas y pasamos al siguiente objetivo.

Otro reto de las metas únicas y grandes es que pueden quedar lejanas en el tiempo. Esto plantea un problema adicional: hay pruebas sólidas de que el sistema dopaminérgico atribuye menor valor a los eventos más distantes. En el entorno natural en el que evolucionó nuestro cerebro, las acciones necesarias para obtener una recompensa solían desplegarse en escalas temporales cortas —minutos u horas—. Las persecuciones más largas —días, semanas o meses— se descomponían por lo general en una secuencia de subobjetivos, cada uno con su propio ciclo de recompensa: acumular reservas de frutos secos para pasar el invierno, por ejemplo, o migrar hacia una fuente de alimento estacional. El salmón, al regresar a su lugar de nacimiento, no sentiría solo la recompensa por alcanzar el destino final, sino por cada salto logrado y cada hito del trayecto superado. Obtener la meta de golpe sería algo inusual; lo normal era que se requirieran orientación y constancia.

Los primeros trabajos fundamentales sobre fijación de metas y retroalimentación corren a cargo, en los años setenta, de Eric Klinger, profesor emérito de la Universidad de Minnesota.[6] Él hablaba de «preocupaciones actuales», mientras que Brian R. Little, otro académico importante en esta área, se refiere a «proyectos personales».[7] Ambos señalan cómo las metas amplias esconden debajo todo un entramado de conductas. Estas metas reflejan cómo nos vemos a nosotros mismos y cómo queremos que nos vean los demás. Dan forma a nuestra dirección vital y a aspiraciones de largo alcance que van más allá de las tareas diarias y definen nuestra identidad y nuestro propósito. A menudo son objetivos en curso, no entidades discretas:

no «ejecutamos» la honestidad o la responsabilidad directamente, sino que son los subobjetivos los que cumplen con esas metas superiores. Hay una transición gradual en la jerarquía de la acción, desde las grandes metas hasta la acción motora simple. Aunque las metas modernas sean complejas, al final —por muy abstractas que sean—, deben ejecutarse mediante movimientos físicos y comparten el mismo sistema de control subyacente. Bowlby, otro psicólogo, concebía la mente como una jerarquía de mecanismos de evaluación y control que operan con principios de retroalimentación, con el fin de crear y mantener las condiciones deseadas.[8]

A medida que el cerebro evolucionó y se sofisticó, ya no bastaba con controlar el movimiento: había que decidir también cómo asignar los recursos cerebrales implicados en todo ese procesamiento que, al final, se ejecuta a través del movimiento. Los distintos tipos de procesamiento cognitivo recurren a circuitos compartidos, como la memoria de trabajo —el espacio mental temporal para mantener y manipular información sobre la marcha—, del mismo modo que la RAM de un ordenador la pueden usar distintos programas. En el cerebro, la asignación de memoria de trabajo implica un proceso dopaminérgico similar al ya descrito.[*] Mientras que el aumento de dopamina favorece la concentración en una tarea concreta, el cambio flexible a otra puede requerir un descenso de dopamina. En esencia, el cerebro —a través del sistema dopaminérgico— estima si merece la pena dedicar un recurso interno limitado a una actividad determinada, qué valor tiene y qué grado de recompensa conviene asignarle.[9] Para el estriado posterior motor, el recurso limitado es el

---

* El papel de la dopamina en el movimiento está bien documentado, y su implicación en tareas cognitivas —como la atención, la memoria de trabajo y la toma de decisiones— probablemente opera mediante mecanismos similares basados en el valor. Los procesos cognitivos pueden entenderse como extensiones del mismo sistema, que asigna recursos mentales y promueve determinadas cogniciones en función del valor anticipado de los resultados futuros. Cabe destacar que la cognición en sí misma sirve, en última instancia, como andamiaje para determinar el valor de acciones o movimientos futuros, alineando todos los procesos cerebrales con la necesidad fundamental del organismo de actuar de modo que maximice la supervivencia y la recompensa.

movimiento: decidir si moverse —lo que consume energía— y, en caso afirmativo, qué movimiento elegir. No puedes caminar en dos direcciones a la vez. Más dopamina nos acerca al umbral de la acción.

Como hemos visto, cuando las metas no son inmediatas el cerebro debe seguir el progreso de forma continua y reevaluar si el esfuerzo futuro previsto se justifica por la recompensa esperada. Una región profunda del lóbulo frontal, la corteza cingulada anterior, desempeña un papel crucial en este proceso: evalúa el esfuerzo requerido e influye en la toma de decisiones, probablemente mediante señalización dopaminérgica. Esta evaluación se moldea por las experiencias pasadas, los modelos internos del cerebro y la retroalimentación sensorial que recibimos. En esta reevaluación constante, el cerebro puede decidir cambiar el foco si otra actividad promete una recompensa mejor. Por ejemplo, ¿seguimos buscando en el mismo arbusto o es hora de ponernos a construir el nido? Así, mientras el VTA actúa como el pedal del acelerador —impulsa la motivación— y la sustancia negra sirve como motor de arranque —inicia el movimiento—, la corteza cingulada anterior trabaja como regulador del esfuerzo, evaluando de manera continua si conviene apretar o cambiar de rumbo.

Curiosamente, este proceso puede manifestarse en rasgos asociados a la neurodiversidad: por ejemplo, una atención al detalle realzada, habitual en el autismo; dificultad para cambiar el foco, como en el trastorno obsesivo-compulsivo (TOC); o tendencia a cambios rápidos de atención, como en el trastorno por déficit de atención e hiperactividad (TDAH). Estas variaciones pueden reflejar intentos del cerebro por optimizar esfuerzo y recompensa en un contexto moderno exigente, más que simples «fallos» del sistema. Al fin y al cabo, sentarse todo el día en un pupitre puede resultar especialmente difícil si nuestros instintos naturales nos empujan a cambiar de meta con más frecuencia. De hecho, cabría argumentar que el niño capaz de aplicarse con diligencia a una única tarea durante horas es la excepción, no la norma. Imprudente es quien sigue buscando la última baya en el arbusto, sin pasar a terrenos más fértiles o sin «distraerse» con el susurro de un posible depredador.

Hay una trilogía sobre neurodiversidad, de Kathy Hoopmann, cuyos títulos son toda una declaración de intenciones desde la perspectiva evolutiva: *All Cats Are on the Autism Spectrum*, *All Dogs Have ADHD* y *All Birds Have Anxiety*. Nos recuerdan que tales rasgos forman parte del amplio espectro del comportamiento humano normal. Lo exploraremos más adelante, al hablar de los límites de lo que consideramos «normal» y de cómo la sociedad tiende a patologizar estas tendencias naturales.

LA MOTIVACIÓN EN LA VIDA DIARIA

Conociendo estos mecanismos de nuestro sistema motivacional, ¿cómo podemos mantener el impulso hacia una meta durante un tiempo prolongado, concentrarnos en una tarea? Lo que hemos visto hasta ahora nos da algunas pistas.

- Debemos mitigar nuestra tendencia a priorizar las recompensas inmediatas frente a los futuros beneficios —lo que se conoce como descuento temporal—. ¿Cómo? Con múltiples subobjetivos explícitos en el camino hacia metas mayores.
- Debemos evaluar el progreso hacia estas metas con retroalimentación frecuente.
- Esa retroalimentación, no obstante, ha de ser consistente y fiable, de forma que el cerebro pueda calibrar con precisión el avance y ajustar el esfuerzo en consecuencia.
- Conviene no dejarse arrastrar por una retroalimentación inesperadamente negativa si no es coherente con la tendencia a largo plazo.

En el mundo moderno abundan los ejemplos. En el ámbito empresarial es mejor ofrecer retroalimentación frecuente y minievaluaciones que una única evaluación a final de año. En el colegio, conviene plantear tareas lo bastante exigentes como para requerir atención plena —ajustadas a cada alumno—, pero no tan difíciles que impidan progresar. Es igualmente importante ofrecer retroalimentación que ayude a calibrar el esfuerzo necesario; en niños y en adultos por igual,

45

lo más inmediata posible tras la actividad y en consonancia con el trabajo efectivamente realizado. El elogio, además, debería basarse en el esfuerzo y el camino recorrido hacia la meta, no solo en el logro en sí. De este modo reforzamos la probabilidad de que el esfuerzo se repita, porque los circuitos de calibración VTA/estriado anterior asocian el esfuerzo con la recompensa del elogio.

Divide las tareas en tantas subtareas como sea posible y concéntrate en ir de una base a la siguiente, no solo en una cima lejana.

Analiza las metas que tienes ahora mismo, desde el gran proyecto a largo plazo hasta lo que haces hora a hora. Pregúntate si son sensatas, si te llenan, si están bien planteadas. Piensa en cómo podrías descomponerlas más, cómo obtener mejor retroalimentación —o reflexionar mejor sobre la que ya tienes— y si tus predicciones de esfuerzo-recompensa son acertadas.

Por encima de todo, nos conviene hacer cosas, llenar la vida de metas. Algunas pueden ser arduas; otras, pan comido. Debemos ajustarlas a nuestras capacidades y circunstancias, de forma que pueda haber progreso. Lo ideal es poner a trabajar todas nuestras capacidades mentales en esa meta, sin desperdiciar ninguna: todos los circuitos en marcha, a pleno rendimiento, pero sin forzar la máquina. Ese es el estado de flujo: como un motor que ronronea con todos los cilindros a pleno rendimiento, el velocímetro en la zona verde y nada a punto de sobrecalentarse. El flujo es el estado más deseable. Como dijo el psicólogo Mihaly Csikszentmihalyi: «Los mejores momentos de nuestra vida no son los pasivos, receptivos, relajados [...]. Los mejores momentos suelen ocurrir cuando el cuerpo o la mente de una persona son llevados a su límite en un esfuerzo voluntario por conseguir algo difícil y valioso».[10]

Las tareas físicas son las que mejor encajan aquí, porque suelen exigir adaptaciones continuas con decisiones que ofrecen retroalimentación inmediata. Piensa en el tenista, el alfarero o el esquiador. O pensemos en el recolector de antaño, que busca setas ocultas entre la hojarasca y decide cuándo trasladarse a otro lugar porque los hallazgos escasean. Cada vez que aparta la vegetación y descubre nuevos ejemplares, su expectativa se recalibra: hay cierto grado de imprevisibilidad, una posibilidad real de hallazgo y un juicio que se ejercita sin cesar. Ese es el casino para el que fue diseñado el cerebro.

Compáralo con la pasividad que inducen las máquinas tragaperras o su equivalente moderno: las redes sociales, con el desplazamiento infinito como nueva palanca. La búsqueda sin fin de «me gusta» ha generado una verdadera pandemia de adicción a la aprobación ajena. En el otro extremo, muchos trabajos modernos son intrínsecamente poco gratificantes no solo por su naturaleza sedentaria, sino por su monotonía. Si la IA se hiciera cargo de esas tareas repetitivas, todos saldríamos ganando. Los empleos que exigen decisiones constantes con retroalimentación rápida tienden a ser más plenos, porque encajan mejor con nuestro sistema de recompensa cerebral.

Esta idea de progreso continuo es crucial para sentirnos plenos. Un buen ejemplo es pedalear: desarrollas una intuición de cuánto deberías avanzar con el esfuerzo que haces. Pero, si de pronto te encuentras pedaleando contra el viento, la sensación es desagradable —hasta que el cerebro ajusta sus expectativas a la nueva exigencia—. Ocurre lo contrario al montar por primera vez en una bicicleta eléctrica: avanzas sin apenas esfuerzo, superas con creces lo esperado y el cerebro responde con una oleada de dopamina por el error de predicción positivo. Pero el subidón no dura: pronto se adapta a la nueva normalidad y la exaltación se desvanece. Si, en cambio, se agota la batería y te quedas luchando contra el viento con una bici pesada y kilómetros por delante, la recalibración es muy distinta (la exploraremos en el próximo capítulo).

IMPLICACIONES PRÁCTICAS

En medio de las complejidades de la vida moderna, conviene no perder de vista los principios que rigen nuestras motivaciones y conductas. El caso del Dr. Winston ilustra hasta qué punto la dopamina determina nuestra capacidad para iniciar y sostener el movimiento; del mismo modo, nuestra vida diaria está gobernada por la compleja interacción entre los sistemas de recompensa y motivación del cerebro. Si entendemos cómo funcionan, podemos tomar decisiones más acordes con nuestras metas y con nuestro bienestar.

Una de las fuentes más fiables de dopamina es la actividad física. Incorporar a nuestra rutina diaria todo el movimiento posible —ya sea con entrenamientos estructurados o simplemente con más paseos y aficiones activas— ayuda a asegurar un flujo constante de dopamina que mantiene cuerpo y mente con energía. Al mismo tiempo, conviene estar atentos a las trampas de la pasividad y al atractivo de la gratificación instantánea, que a la larga puede dejarnos vacíos e insatisfechos.

Fijémonos también en cómo influyen las estructuras que nos rodean. Aunque los sistemas de bienestar buscan proporcionar una red de seguridad, a veces, sin pretenderlo, fomentan la inactividad, con las consiguientes dificultades para la salud física y mental. Esto apunta a una tensión evolutiva de fondo a la que volveremos a lo largo del libro.

Para alcanzar nuestras metas es decisivo descomponerlas en subobjetivos manejables —y subobjetivos de subobjetivos—, como el ciclista que se marca llegar al siguiente farol o simplemente cuenta las pedaladas. Este enfoque nos permite experimentar un flujo constante de dopamina a medida que avanzamos, lo que nos mantiene motivados y volcados en nuestros objetivos mayores. Da tanto peso al recorrido y a los hitos como al destino.

Estas ideas resultan especialmente pertinentes ante las grandes transiciones de la vida —la jubilación, por ejemplo—. Para quienes eso supone caer en la pasividad, el resultado suele ser una vida menos plena. El mensaje es claro: llena tu vida de cosas por hacer —proyectos, actividades y ejercicio—.

En el próximo capítulo exploraremos qué ocurre cuando el progreso hacia las metas se tuerce y cómo eso siembra las raíces de la melancolía.

Capítulo 3

EL CEREBRO MELANCÓLICO

Henry ha tenido una carrera fulgurante —múltiples éxitos en los negocios y un salto a la política que culmina con un nombramiento ministerial—. Aunque exultante ante las cámaras, Henry se sostiene con la muleta de los antidepresivos y recibe a menudo la visita de su «perro negro». Maureen, madre soltera que trabaja en un centro de llamadas y vive en una vivienda de protección oficial, sufre problemas similares. ¿Qué tienen en común Henry y Maureen, pese a sus vidas tan distintas? ¿Y por qué están deprimidos cuando otros, en situaciones idénticas, están sencillamente contentos? Comprenderlo es el primer paso para sentirnos mejor.

Las dificultades de Henry y Maureen revelan algo fundamental de la experiencia humana. Nuestras vidas giran en torno a metas, desde las más sencillas a las más complejas. Avanzamos continuamente hacia objetivos y progresar con éxito nos produce bienestar. Esta búsqueda de metas es central en la experiencia humana, pero ¿qué ocurre cuando nuestro cerebro decide que una meta no compensa el esfuerzo o cuando no damos en el blanco? En este capítulo exploraremos esos escenarios y su impacto en nuestro bienestar.

A la hora de elegir qué meta perseguir, el cerebro trabaja con un conjunto de subobjetivos anidados. Cada subobjetivo es más simple y está más cerca de la acción física que lo ejecuta. A la inversa, a medida que las zonas más básicas del cerebro van completando las metas más simples, consultan a las superiores qué deben hacer a continuación. En la cúspide de esta jerarquía se encuentra la parte más desarrollada de la corteza frontal humana, responsable de la planificación a largo plazo y la secuenciación de metas. Esta danza ascendente y descendente aporta flexibilidad a la hora de ejecutar una meta de orden superior. La jerarquía de controles del cerebro funciona como la de un Gobierno: directrices generales del poder central que descienden a las administraciones regionales y locales hasta llegar a los trabajadores de a pie, quienes ejecutan la acción final.

Para nuestros antepasados, una meta de primer orden podía ser volver de la caza o la recolección con alimento para ganarse la gratitud de la tribu. Eso exigía, paso a paso, orientarse hacia la zona donde podía haber comida, rastrearla con la vista, el oído o el olfato, y cazar con éxito. Cada uno de esos pasos se descomponía a su vez en acciones más concretas: vadear un arroyo, trepar por unos bloques de roca, recorrer el follaje con la mirada. Y esas acciones, en último término, se reducían a lo más básico: el juego de piernas y brazos para abrirse camino entre la maleza y las raíces, y así sucesivamente.

Sin duda hay dos grandes problemas por resolver, tanto para nuestros antepasados como para nosotros: qué meta elegir y cuánto tiempo perseverar en ella.

Primero, no podemos movernos en dos direcciones a la vez; en realidad, no podemos ejecutar dos tareas simultáneamente. Nuestra capacidad cognitiva y nuestra memoria de trabajo son limitadas, así que debemos decidir qué meta vamos a perseguir. Esa decisión dependerá de nuestro estado interno en ese momento —desde hambre y sed hasta emociones complejas— y de cómo estima el cerebro que nuestras acciones afectarán a esas metas. Ese ajuste continuo del estado interno es lo que llamamos homeostasis. Por ejemplo, si aumentan los niveles de sal en sangre, el sistema endocrino detecta que nos acercamos a la deshidratación y libera hormonas para reducir la cantidad de agua que el riñón envía a la vejiga.

No obstante, aunque esa calibración continua baste para organismos básicos, en animales más complejos como los humanos se da mucho mayor peso a predecir necesidades futuras y actuar por anticipado. Esto aumenta la aptitud del animal y, por tanto, la probabilidad de transmitir genes y, en definitiva, de persistir. Esta es una de las grandes razones por las que nuestro cerebro ha evolucionado hasta donde lo ha hecho. Esta versión mejorada de la homeostasis —que no solo reacciona, sino que se adelanta a lo que viene y planifica con antelación— se denomina alostasis.

Veamos un ejemplo sencillo: cada vez que nos levantamos, nuestro sistema nervioso prevé que la sangre se acumulará en las piernas. Para evitar el desmayo, los vasos de las piernas se contraen por anticipado y mantienen la presión arterial y el flujo de sangre al cerebro. Del mismo modo, la salivación y la liberación de enzimas gástricas al oler comida preparan el cuerpo para masticar y digerir. O, gracias a la capacidad de planificación que nos da un cerebro mayor, nuestros antepasados almacenaban comida y preparaban el campamento de cara al invierno.

La meta que elijamos dependerá de cómo valora el cerebro, en cada momento, la importancia relativa de las necesidades presentes y futuras. Esto cambia con el tiempo y el entorno, de ahí que el cerebro deba reajustar su cálculo sin cesar. Es como un termostato moderno que consulta el pronóstico meteorológico y enciende la caldera antes de que baje la temperatura. Eso es, precisamente, lo que mejor sabe hacer nuestro cerebro: recurrir a experiencias pasadas y a la información sensorial del momento para anticipar y planificar el futuro. Esa predicción del futuro es la diferencia entre alostasis y homeostasis.

Cuando las metas cuestan demasiado

Pero aún hay otro desafío para nuestro cerebro, que podríamos ilustrar con una analogía: imaginemos una casa con electricidad limitada en la que hay que decidir cuándo destinarla a la calefacción, cuándo a la cocina, cuándo a otra tarea. Hoy, en la práctica, la mayoría no afrontamos disyuntivas así en el hogar; pero, hasta hace muy poco en términos evolutivos, los humanos sí. Por tanto, era crítico para sobrevivir calcular el coste energético esperado —de hecho, el coste global en recursos cerebrales y corporales— de alcanzar una meta y compararlo con la recompensa prevista.

Se trata de un proceso fundamental que opera en nuestro cerebro de forma permanente. Y no solo en el nuestro: en el de cualquier animal. ¿Cuándo cambiar a otra tarea si la alternativa se ha vuelto más valiosa? ¿Cuándo abandonar por completo la tarea y la meta actuales, porque el coste de alcanzarla supera el beneficio?

Piensa en un ciervo en invierno. Tiene un fuerte impulso interno de hambre y sabe que, a un par de kilómetros, puede haber alimento. Sus neuronas dopaminérgicas ya habrán codificado la expectativa de encontrar pasto en ese lugar. Pero, en el camino, los árboles están más desnudos de lo esperado, se oye un susurro a lo lejos —quizá un depredador— y la lluvia intensa ha convertido el sendero en un barrizal difícil de cruzar. El balance coste-beneficio se está desplazando. O fijémonos en las abejas por la tarde en el jardín. Las flores ofrecen cada vez menos polen, la temperatura cae y el viento arrecia, por lo que volar exige más esfuerzo. ¿Cuándo dar por terminada la jornada?

Lo primero que hace el cerebro al detectar un reto mayor es segregar cortisol, la hormona esteroidea que actúa de forma ubicua en cuerpo y cerebro para activar la respuesta de estrés. En su forma básica, la respuesta de estrés es beneficiosa. El cortisol, de hecho, sube mientras aún dormimos, poco antes del amanecer: su papel es preparar todos nuestros sistemas para los retos del nuevo día. Es como la batería del móvil, que gasta más energía al encenderse. Una vez que el aparato está en marcha, el cortisol desciende. Pero, si afrontamos un obstáculo que exige un impulso de rendimiento, el cerebro dispara un chorro extra de cortisol, como un teléfono que eleva momentáneamente su potencia de procesamiento.

Veamos cómo se traduce esto en los humanos modernos. Empecemos por Andrew y Fiona, que han acudido a mi consulta con datos detallados de frecuencia cardiaca y tensión arterial —una tendencia que se ha disparado con la llegada de los dispositivos *wearables*—. Los datos de Andrew muestran picos en momentos concretos del día, mientras que los de Fiona permanecen elevados de manera constante. Andrew tiene una respuesta normal, sana, de estrés agudo intermitente; Fiona, una respuesta de estrés crónica e insana.

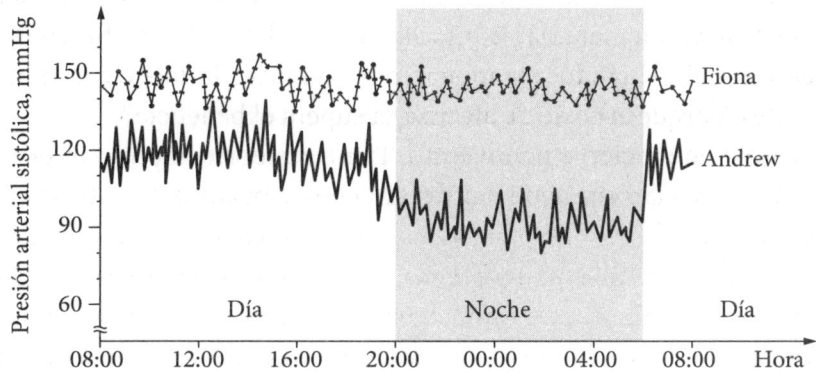

¿Por qué ocurre esto? Nuestra respuesta de estrés evolucionó para lidiar con encuentros repentinos y breves que exigen «cargar» el sistema, como un coche que inyecta una mezcla más rica de combustible para un acelerón. El cerebro lo logra disparando la liberación de cortisol y, por lo general, también de adrenalina —la hormona que «activa» el cuerpo, también conocida como epinefrina—, que prepara el organismo para una actividad física intensa: aumenta la alerta, la frecuencia cardiaca, el azúcar en sangre y el flujo a los músculos. Están diseñadas para mejorar el rendimiento momentáneo: refuerzan la fuerza de bombeo del corazón, elevan la presión y liberan glucosa al torrente sanguíneo. Una vez sorteado el obstáculo —un árbol caído de improviso o una zona encharcada—, o tras huir de un posible depredador, los niveles de cortisol y adrenalina regresan a la normalidad.

Pero, en la vida moderna, nuestros obstáculos son cognitivos, no físicos, y constantes: plazos laborales, comparaciones en redes, publicidad que promociona estilos de vida irreales. Y todo el sofisticado movimiento que dedicamos a alcanzar nuestras metas se reduce a teclear y hacer clic. O peor aún: nuestra mente rumia sin descanso sobre todo aquello que creemos que deberíamos haber alcanzado — el ascenso, la casa más grande, la pareja—, comparando sin cesar lo que tenemos con lo que imaginamos que nos falta.

El problema es que el cerebro sigue respondiendo con el sistema de preparación física, con liberaciones repetidas de hormonas del estrés y todo lo que eso conlleva para el cuerpo y la mente. Las manifestaciones inmediatas pueden ser signos físicos, como sudoración en las manos, inquietud y palpitaciones.

Principio de la condición humana: «Respondemos a los estresores cognitivos con un sistema de respuesta física».

Pero el mayor problema es que lo que activa nuestra respuesta de estrés hoy en día no es puntual, sino persistente. Esto puede llevar al estrés crónico. Es como dejar múltiples programas abiertos en el ordenador: se ralentiza y puede bloquearse. O como llevar el móvil con todas las aplicaciones abiertas a la vez hasta que el procesador se recalienta y la batería se agota.

El estrés crónico no solo pasa factura a nuestro bienestar mental, sino que provoca cambios físicos duraderos. Unos niveles de cortisol y adrenalina permanentemente altos endurecen las paredes de los vasos sanguíneos, elevan la glucemia y aumentan el riesgo de problemas mayores de salud, como infarto, ictus, enfermedad renal y demencia.

CUANDO EL CEREBRO PISA EL FRENO

Si el obstáculo no se supera y el cerebro calcula que alcanzar la meta cuesta más de lo que vale, entran en juego las emociones negativas: así como las positivas nos impulsan a avanzar, estas nos empujan a apartarnos de esa meta. Cuando la meta es menor, el ajuste también lo es y pasamos a otra cosa sin dificultad, sin ser siquiera conscientes del proceso cerebral que hay detrás. Pero, cuando el obstáculo es mayor —quizá otra carta de rechazo de empleo—, el proceso motivacional (o más bien desmotivacional) se experimenta como melancolía.

El ánimo bajo —desde el bajón pasajero que casi todos experimentamos a diario hasta una melancolía más marcada (lo que habitualmente llamamos depresión)— se debe a que no avanzamos, o sentimos que no avanzamos, lo suficiente hacia las metas que nos hemos fijado.

Se trata de un proceso activo. Compáralo con el freno de un coche. El cerebro pisa ese freno cuando calcula que abandonar una meta es mejor que seguir aferrado a ella. Esto no tiene nada que ver con el desapego sin juicio que se practica en algunas formas de *mindfulness*, donde aprendemos a dar un paso atrás y observar nuestros pensamientos en lugar de dejarnos atrapar por ellos. La melancolía (y algunas depresiones) se parece más a pisar el freno a fondo. O, peor aún, a pisar el acelerador con el freno de mano puesto. La tensión sube, el motor ruge, pero el coche no avanza. Eso es lo que ocurre cuando algo nos sigue empujando hacia una meta, pero el cerebro detecta que no avanzamos.

La intensidad de la melancolía depende de cuánto se haya desajustado el equilibrio entre recompensa esperada y esfuerzo necesario. De hecho, la mayoría de los sistemas de equilibrio del cuerpo reaccionan con mayor fuerza cuanto más nos desviamos del punto deseado. El hambre aumenta cuanto más tiempo llevamos sin comer; la presión de sueño, cuanto más llevamos en vela. También influye cuánto tiempo lleve el cerebro haciendo esa valoración negativa. Si el cálculo cambia de golpe y abandonamos la meta de inmediato —por ejemplo, si un desprendimiento bloquea la ruta al valle—, la caída del ánimo puede ser leve y pasajera. En cambio, si persistimos en una meta pese a concluir una y otra vez que el esfuerzo supera el beneficio potencial —porque nuestro capataz frontal, capaz de planificar a largo plazo, sigue exigiendo resultados—, esas valoraciones negativas se van acumulando y la melancolía se vuelve más profunda. Es como conducir por una carretera cuajada de baches: los golpes constantes desgastan tanto el vehículo como el ánimo del conductor.

Todos hemos vivido algo parecido al pasar la gripe. El cuerpo responde liberando interferones, que no solo combaten la infección, sino que reducen nuestras ganas de hacer cosas: un estado que recuerda temporalmente a la depresión. La clave es que esa pérdida de ganas no es un fallo del sistema, sino una respuesta adaptativa forjada por la evolución.

Exploremos ahora las fases de ese proceso de soltar una meta, donde «rendirse» no es un fracaso, sino una recalibración adaptativa.

El psicólogo Eric Klinger propuso cuatro fases: activación, agresión, depresión y recuperación.[11] La primera respuesta ante la dificultad, según Klinger, es redoblar el esfuerzo (activación), lo que encaja con lo que hemos visto sobre la respuesta de estrés. La agresión surge después, al comprobar que la dificultad persiste a pesar del esfuerzo adicional (con la adrenalina disparada), y a continuación llegan la tristeza y la resignación. Si la meta sigue fuera de alcance, el ciclo concluye con la fase de recuperación, durante la cual uno se compromete con nuevos objetivos.

Por ejemplo, supongamos que estás con un proyecto de bricolaje en casa, como construir una estantería. Al principio estás entusiasmado, reúnes los materiales y te pones manos a la obra con ganas (activación). Pero, al toparte con dificultades inesperadas —medidas mal tomadas, herramientas que se te resisten o piezas que no encajan—, empiezas a frustrarte y quizá le sueltes un martillazo a lo primero que tengas a mano (agresión). Si el proyecto te supera de verdad, te invade el desánimo y te preguntas si no será mejor comprar una estantería ya hecha (depresión). Finalmente, decides revisar el diseño, buscar ayuda de alguien con más experiencia o, sencillamente, comprarla (recuperación).

La maternidad es otro ejemplo. La psicóloga Jutta Heckhausen estudió a un grupo de mujeres de mediana edad sin hijos que aún deseaban quedarse embarazadas.[12] A medida que se acercaban a la menopausia, su malestar emocional se intensificaba. Pero, tras la menopausia, sin esperanza de embarazo, sus síntomas depresivos disminuían. A veces la esperanza protege, pero, en otras ocasiones, lo mejor es dejar de luchar y asumir la realidad.

Principio de la condición humana: «Saber cuándo soltar».

A veces es la vida la que nos obliga de golpe a renunciar a una meta, como cuando recibimos el diagnóstico de una enfermedad terminal. Algunos pacientes me cuentan que, a medida que asimilan la noticia, experimentan momentos de una tranquilidad inesperada al verse libres de los retos y las metas que los abrumaban.

En definitiva, aunque tener objetivos es clave para el bienestar, también lo es saber renunciar a los inalcanzables.

LA EPIDEMIA DE LOS OBJETIVOS INALCANZABLES

Ya podemos vislumbrar la razón de fondo por la que hoy hay tanta melancolía. La sociedad moderna nos empuja a perseguir objetivos para los que nuestro cerebro no fue diseñado:

- Los objetivos modernos están mucho más centrados en el estatus.
- La mayoría requieren mucho tiempo.
- Pueden ser difíciles o imposibles de lograr.
- A menudo entran en conflicto entre sí.
- Nuestro cerebro no recibe la retroalimentación sobre el progreso que necesita para valorar que vamos por el buen camino.

La razón fundamental de nuestra melancolía generalizada es que nos vemos empujados a perseguir metas que nuestro cerebro, al menos a ratos, juzga demasiado costosas para la recompensa que prometen. No avanzamos lo suficiente hacia esos objetivos, y el cerebro intenta que soltemos. Pero, en vez de hacerlo, seguimos insistiendo, con lo que el cerebro sube la intensidad de la señal y activa una respuesta de estrés sostenida. Acabamos con el acelerador y el freno pisados a la vez, lo que se traduce en estrés crónico y un ánimo por los suelos.

**Principio de la condición humana:
«Las expectativas inalcanzables generan sufrimiento».**

Además, como vimos en el capítulo 2, nuestro cerebro prefiere por diseño las acciones que nos dan recompensas rápidas y nos permiten comprobar enseguida que estamos avanzando. Esta tendencia, conocida como descuento temporal, refleja la preferencia del cerebro por los beneficios inmediatos frente a los futuros, un patrón que los economistas han observado en nuestra forma de tomar decisiones. En la vida moderna, donde tantas metas tardan años en cumplirse, esto se convierte en un obstáculo serio. Dividir los objetivos a largo plazo en subobjetivos más pequeños y concretos ayuda a contrarrestar el descuento temporal. Cada subobjetivo aporta un hito medible y su correspondiente liberación de dopamina, lo que tiende un puente entre el presente y un futuro lejano. Este enfoque estabiliza la curva de dopamina y proporciona un flujo constante de señales de recompensa que nos mantiene en marcha y atenúa la frustración de tener que esperar.

La percepción del progreso

Volvamos a Henry: ¿por qué le visitaba una y otra vez su «perro negro»?

Su abuelo había sido político, y en el recibidor de la casa donde Henry creció colgaba un cuadro que lo retrataba en el Parlamento. Para el joven Henry, aquel cuadro era un recordatorio constante de lo que significaba triunfar —al menos en la versión que le transmitía su padre: una versión edulcorada de la historia de su abuelo, despojada de todos los fracasos y las casualidades que lo habían llevado hasta allí—. De tanto ver el cuadro y escuchar aquellas historias, el cerebro de Henry fue forjando conexiones neuronales sólidas entre la idea de éxito y los logros de su abuelo. Cuanto más se reforzaban, más probable era que ese patrón se activase cada vez que Henry se topaba con algo semejante o pensaba en sus propias metas. Pero Henry «solo» era secretario de Estado adjunto, lejos aún de la cima que su cerebro había codificado como «éxito». Para su cerebro, ese cargo quedaba por debajo de las expectativas inconscientes que le había fijado el legado de su abuelo. La brecha entre lo logrado y lo que sentía que debía lograr probablemente deprimía su señalización dopaminérgica y alimentaba una sensación de insuficiencia y de desánimo.

Henry ilustra un principio clave de este capítulo: la satisfacción no depende de lo que hayamos conseguido en términos absolutos, sino de la percepción que el cerebro construye al respecto. Y esa percepción está profundamente moldeada por el contexto social y cultural en el que crecemos y vivimos. Las expectativas que nos transmiten la familia, los amigos, la sociedad, los medios y la cultura popular van forjando nuestros referentes internos de éxito y determinan cómo valoramos nuestro progreso y nuestra autoestima.

Principio de la condición humana: «Lo que importa es la percepción, no el progreso real».

Esto apunta a varias soluciones posibles. Podemos reconocer el callejón sin salida —el cerebro calcula que el esfuerzo no compensará— y abandonar la meta. O bien inclinar la balanza para replantearnos el valor que le otorgamos: centrarnos en sus beneficios potenciales y en lo que significaría alcanzarla. Otra vía, como se señaló antes, es descomponer el objetivo en pasos más pequeños y manejables, cada uno con sus subobjetivos y recompensas. Si Henry se hubiera centrado en el impacto que podía alcanzar como secretario de Estado adjunto y hubiera celebrado cada victoria política en el camino, quizá habría conservado su impulso y su sentido de propósito.

Ahora bien, un contrapeso importante es la necesidad de mantener el foco y el esfuerzo para lograr cosas difíciles, lo que a veces se llama *determinación* o *tenacidad*. Esa resistencia, esa capacidad de no soltar, es un ingrediente esencial del éxito.

Claro que luego está la cuestión de cómo definimos el éxito. Pero, si, por ahora, lo tomamos en su sentido más convencional —aprobar exámenes, conseguir ascensos, levantar empresas—, ¿cómo competir para triunfar sin acabar siendo desdichados? El truco es jugar la partida entendiendo lo que ocurre en tu cerebro. Reconoce que la meta elegida merece la pena y está alineada con tus valores; acepta que habrá tropiezos inevitables, y presta atención a las sensaciones de estrés o de bajón que surjan. Pregúntate si pueden deberse a un obstáculo o a un frenazo en el progreso hacia esa meta o hacia otro objetivo importante. Si es así, ¿es una valoración realista? ¿Cómo vas en los pasos más pequeños? ¿Cuánto escapa a tu control? Buena parte del éxito depende de factores externos y de la suerte; conviene tenerlo presente y ser más compasivos con nosotros mismos: puedes influir en tus resultados hasta cierto punto, pero hay muchos factores que no dependen de ti. Quizá decidas seguir intentándolo, pero aceptando las probabilidades y comprendiendo que no intentarlo reduce tus opciones a cero.

Imagina que Henry tiene quizá solo un 50 % de probabilidades de llegar a un puesto de alto nivel en el gabinete, haga lo que haga, por nepotismo, por azar o porque otros son más capaces. No son probabilidades estupendas, pero, si no lo intenta, las reduce a cero. Podría fijarse un subobjetivo más realista —construir relaciones sólidas con actores clave y dominar áreas de política concretas—, con muchas más probabilidades de éxito, digamos un 90 %. Esto aumentaría sus opciones de ser considerado para el gabinete en el futuro. O podría decidir estratégicamente invertir en cosas que desciendan sus posibilidades al 40 %, pero que le dejen más tiempo y energía para otros objetivos con probabilidades mucho mejores, como practicar deporte o unirse a un club.

Me recuerda a cómo razonaba yo de joven, cuando era médico residente y llegaba tarde al tren —en los tiempos anteriores a las aplicaciones móviles—. A veces salía corriendo del Hospital Nacional de Neurología y Neurocirugía en Queen Square, cruzaba Bloomsbury hasta King's Cross, a sabiendas de que llegaría cinco minutos tarde, pero también de que el 20 % de las veces el tren se retrasaba y aún lo alcanzaba. El otro 80 %, no me sentía decepcionado, porque mi expectativa de partida era perderlo.

Del mismo modo, soy muy consciente de las bajas probabilidades de éxito de las empresas que he fundado, pero también de que, si no lo intento, el fracaso está garantizado. Para evitar la desazón del emprendedor mantengo una mentalidad parecida a la del tren: hago lo que hay que hacer, pongo el esfuerzo, evalúo el progreso en cada subobjetivo, pero sin perder de vista las probabilidades reales y lo que no depende de mí.

Una analogía que me resulta útil es la de la farmacología: no juzgamos el efecto de un fármaco por los picos o valles momentáneos de su concentración, sino por la exposición total a lo largo del tiempo —el área bajo la curva (AUC)—. Piensa en la vida de la misma manera. Un fracaso o un contratiempo puntual no es más que una fluctuación. Lo que cuenta es el esfuerzo y el progreso acumulados. Esta perspectiva nos ayuda a no dejarnos arrastrar por los altibajos del día a día.

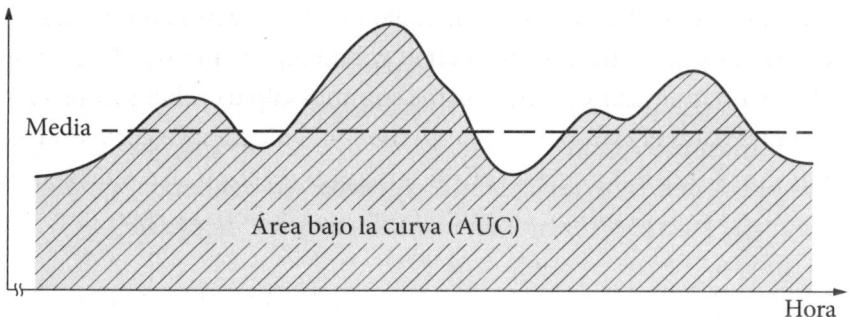

El área bajo la curva (AUC) ilustra el impacto total de una experiencia o un esfuerzo a lo largo del tiempo, en lugar de centrarse en las fluctuaciones.

Esto enlaza con el optimismo y la confianza. Si confías poco en tu capacidad para completar una tarea, es más fácil que te distraigan otros posibles objetivos. Y más aún si has fracasado en el pasado, en sintonía con el conocido concepto de indefensión aprendida, descrito por primera vez por el psicólogo Martin Seligman en 1967.[13] Seligman descubrió que los perros expuestos repetidamente a descargas dolorosas que no podían evitar tenían luego más dificultad para esquivarlas, incluso cuando la situación había cambiado y escapar era posible. Un poco como trabajar en el sector público e intentar promover cambios.

Esto también les ocurre a las personas. El fracaso repetido, o la falta sostenida de correlación entre esfuerzo y resultados, genera indefensión y sentimientos depresivos. Tiene todo el sentido: si tu cerebro alberga dudas sobre tu capacidad de alcanzar una meta, es más probable que concluya que no merece la pena. Pero —y aquí está la clave— el esfuerzo se desconecta, dejamos de actuar, mientras la meta sigue ahí. Esto es más probable cuando la meta importa y no hay alternativa, y la sociedad moderna genera precisamente ese tipo de metas. Permanecer aferrados a ellas mientras el cerebro dicta que el esfuerzo es inútil: esa es la receta de la depresión. Aquí radica la diferencia entre indefensión y apatía, al menos en el sentido griego del término, en el que temporalmente no existen metas. Con la indefensión, seguimos queriendo lograr cosas, pero no avanzamos.

¿Cómo se resuelve esta contradicción? Uno de los elementos clave de una «determinación» exitosa es la capacidad de replantear cómo percibes tu progreso hacia una meta para verlo de forma más favorable. Esto implica alterar conscientemente cómo interpretas los contratiempos y el avance, y ajustar así los patrones neuronales que impulsan tu motivación. Recuerda: al fin y al cabo, no son más que unas pocas neuronas en acción, y con esfuerzo deliberado podemos alterar sus patrones si cambiamos nuestra forma de pensar.

EL COSTE DE OPORTUNIDAD

Las expectativas de Maureen eran mucho más humildes que las de Henry, pero aun así quedaban fuera de su alcance: vivir en una su propia casa de tres dormitorios, con una familia feliz. Esas expectativas se las habían ido forjando desde pequeña la televisión y las revistas, con su retrato de lo que significaba triunfar en la vida. Su trabajo como operadora en un centro de atención telefónica le aportaba poca satisfacción: el deseo inconsciente de sentirse valorada y de tratar con clientes agradecidos se estrellaba contra los tiempos de espera que parpadeaban en rojo en su pantalla y la grosería de clientes que sabían que no habría consecuencias. Cuidar de un niño y trabajar a jornada completa no le dejaban tiempo para nada más, y, al final, todo se volvió demasiado. Su médico de cabecera la derivó a terapia, le recetó un antidepresivo y le dio la baja. Finalmente, dejó el trabajo, pero sigue cobrando una prestación por incapacidad ligada a la depresión.

Maureen ilustra el siguiente principio: perseguir objetivos también tiene un coste de oportunidad. Invertir tiempo y energía en una meta reduce necesariamente los recursos disponibles para otras. A la inversa, abandonar un objetivo libera espacio para perseguir otro.

Pero, si simplemente desistes y no haces nada, la melancolía persistirá. Lo vimos en el capítulo 2: necesitamos movernos y avanzar hacia objetivos para sentirnos bien. Lo fundamental, por tanto, es centrarse en nuevas metas que estén a nuestro alcance. Por eso Jamie, un desempleado de larga duración, estancado y que acude a mi consulta por migrañas, está atrapado por definición en la melancolía. El problema es endémico, y constituye un fracaso social. Una parte importante de la población crece en hogares y comunidades con pocas oportunidades de perseguir metas significativas y alcanzables. Son entornos que suelen carecer de los recursos, el apoyo y los referentes necesarios para alimentar la ambición o abrir caminos hacia el éxito.

Al mismo tiempo, esas personas están constantemente expuestas a los logros de los demás, ya sea a través de los medios o de su entorno inmediato, lo que no hace sino subrayar la distancia entre su realidad y el éxito ajeno. Esa disparidad produce una sensación generalizada de insuficiencia y frustración: el esfuerzo por encontrar objetivos alcanzables dentro de un sistema que parece amañado en su contra resulta agotador. A esto a veces lo llamamos «síndrome de la vida de mierda», aunque ahora, con los historiales médicos compartidos, ya no lo dejamos por escrito.

Con todo, aunque la melancolía es más frecuente en zonas económicamente deprimidas, afecta a todos los estratos de la sociedad, como ilustra Henry. Una razón clave, como ya se ha mencionado, es que, en tiempos remotos, nuestros objetivos eran más acotados, más sencillos, y se desarrollaban en plazos cortos —minutos, horas o días— de formas previsibles.

Aunque la comida, la seguridad y la búsqueda de pareja siguen siendo muy importantes, ahora debemos lidiar con cuestiones complejas como el empleo, las hipotecas y unas relaciones sociales enrevesadas. Las metas concretas que se derivan de todo ello no podrían venir inscritas en los genes ni grabadas en los circuitos neuronales, pues dependen en gran medida del contexto social, cultural y tecnológico —complejo y cambiante— en el que vivimos. Y recuerda: toda nuestra secuencia de ADN cabe en menos del 1 % de la memoria de un *smartphone*. Tampoco podría estarlo otro aspecto fundamental de nuestras vidas: la búsqueda de estatus. Esta meta sigue siendo enormemente relevante, pero resulta mucho más compleja y poliédrica que para nuestros antepasados. Que la arquitectura de nuestro cerebro no haya seguido el ritmo del escenario moderno en el que se dirime el estatus —y que sea, de hecho, fundamentalmente incapaz de hacerlo— nos plantea serias dificultades. (Profundizaremos en la comparación social y la búsqueda de estatus en capítulos posteriores, donde exploraremos cómo interactúan con nuestros mecanismos de fijación de metas y con el bienestar general).

Además, muchos nos encontramos en trabajos donde nos dictan rígidamente qué hacer, lo que genera bloqueos constantes que interfieren con el intento del cerebro de calcular rutas óptimas y provoca, en la práctica, múltiples microdepresiones. Por eso, la gente es más feliz cuando tiene un mayor control sobre lo que hace y cómo lo hace, con margen para tomar pequeñas decisiones en vez lugar de ir encauzada por una vía rígida. ¿Terapia ocupacional? Una ocupación bien estructurada *es* terapia en sí misma.

Por desgracia, lo normal es pasar temporadas sin avanzar hacia nuestras metas, sentir que vamos hacia atrás, o recibir señales externas ambiguas, inexactas o directamente inexistentes.

De la melancolía a la depresión clínica

A Ellen la habían ingresado a través de la unidad de admisión con sospecha de párkinson agudo. El párkinson normalmente se instala a lo largo de años, pero Ellen se había quedado inmóvil en cuestión de semanas. En apariencia, su caso recordaba al del Dr. Winston: inmovilidad profunda y mutismo. Su aspecto era bastante desaliñado, con el pelo desgreñado, los dientes visiblemente deteriorados y la ropa sucia, salpicada de comida. Pero había algo más, algo ligeramente distinto. Tenía la mirada fija en una ventana, los hombros algo elevados y los brazos flexionados a la altura de los codos. Era la postura en que la habían colocado las enfermeras al sentarla. Pero, en lugar de dejar caer los brazos y acomodarse, como haría cualquiera, Ellen permanecía exactamente así, como una de esas esculturas vivientes que se ven en las atracciones turísticas: artistas que se cubren de pintura gris y mantienen una postura fija. Es lo que se conoce como flexibilidad cérea: adoptar cualquier postura en la que te coloquen y quedarte así. Se observa en la depresión grave con catatonia.

Este caso nos da una pista sobre cómo se produce una de las transiciones más temidas: de la melancolía, tan ubicua en la vida moderna, a la depresión grave, más infrecuente, en la que los circuitos cerebrales quedan atrapados en un estado de escaso flujo dopaminérgico. La calculadora de nuestro cerebro, que evalúa el progreso hacia una meta, estima constantemente la diferencia entre lo esperado y lo real. Cuanto mayor es la discrepancia, más activa el cerebro los frenos. Es un proceso normal, como una goma elástica que nos tira hacia atrás. La sensación asociada, como hemos visto, es de melancolía. Pero, si ese tirón supera cierto punto, la goma cede. Cuando el cerebro se ve desbordado por la distancia entre la meta y nuestra capacidad actual para alcanzarla, podemos deslizarnos de la melancolía a la depresión clínica, que quizá requiera un tiempo considerable o intervención profesional para remitir. Si la depresión es extremadamente grave, puede ser necesario repartir de nuevo las cartas con terapia electroconvulsiva (TEC). Se aplican corrientes eléctricas a través del cuero cabelludo que desencadenan una breve convulsión, capaz de interrumpir los patrones atrincherados de actividad neuronal asociados a la depresión profunda y de brindar al cerebro la oportunidad de «reiniciarse» y restablecer un funcionamiento más adaptativo.

La mayoría de los fármacos que conocemos para tratar la depresión actúan sobre la serotonina más que sobre la dopamina, en particular los inhibidores selectivos de la recaptación de serotonina (ISRS), que elevan sus niveles al bloquear su reabsorción. La serotonina tiene multitud de funciones y se une a numerosas variedades de receptores, con una diversidad de efectos asombrosa.

Ha habido debate sobre la eficacia de los ISRS para tratar la ansiedad y la depresión, y hay quienes sostienen que no funcionan en absoluto. Sin embargo, la evidencia indica que resultan útiles, al menos para algunas personas, durante un tiempo y hasta cierto punto. Parte del problema es que no existe un vínculo tan fuerte entre serotonina y depresión como el que hay entre dopamina y párkinson. La depresión no es una simple carencia de serotonina. Aun así, hay indicios de que los ISRS son eficaces para algunas personas, aunque quizá no mucho, y queda por ver cuánto dura el efecto. Otro rompecabezas es que cualquier efecto sobre el ánimo tarda un par de semanas en notarse. Agotar la serotonina no baja el ánimo en personas sanas, pero puede desencadenar una recaída en quienes han padecido una depresión. Con todo, una sola dosis de un ISRS cambia la manera de percibir un estímulo ambiguo —por ejemplo, si la expresión de alguien denota enfado o simple desinterés—. Un aumento de serotonina puede inclinar la lectura hacia lo positivo, lo que a su vez alimenta una valoración global más favorable de la recompensa por parte del cerebro y, por tanto, la posibilidad de que la dopamina vuelva a fluir. Esto es más probable y eficaz si se combina con activación conductual: es decir, con actividades que pongan en marcha la dopamina.

Así que, aunque a estas alturas es evidente que los fármacos que aumentan la dopamina pueden tener un efecto antidepresivo, una de las mejores y más fiables maneras de lograr una buena liberación de dopamina es el ejercicio. Al fin y al cabo, ser un animal y no una planta se reduce al movimiento. Y si ese movimiento es una carrera o un paseo en bici hacia un punto concreto, de paso habrás cumplido una meta. Por eso el ejercicio es tanto una excelente prevención como un tratamiento eficaz para la depresión, mientras que tomar un ISRS sin hacer nada que suponga avanzar hacia metas alcanzables es una receta segura para el fracaso.

¿QUÉ DA FORMA A NUESTRAS METAS?

Hasta ahora hemos hablado de metas en términos amplios y simplistas. Pero ¿qué determina las metas concretas que elegimos? Las moldean los padres, los iguales, el entorno: en realidad, todo lo que hemos absorbido desde que nacimos. Muchas personas niegan la influencia de sus padres y aseguran haber tomado decisiones racionales e independientes, como también creía nuestro político Henry. Recuerdo que en el colegio se rieron de un amigo por decir que quería ser contable. Sí, el padre de mi amigo era contable. (Entonces yo no sabía nada de los primeros planes profesionales de Mick Jagger, Janet Jackson o Robert Plant). Cuando mis compañeros de Medicina empezaron a pensar en especialidades, uno dijo que aspiraba a ser catedrático de Farmacología. ¿Su padre? Un prestigioso catedrático de Farmacología. Sospecho que algo parecido ocurre con el determinismo nominativo: funciona a base de comentarios sobre tu apellido que te acompañan durante toda la vida, como decirle al pequeño Johnny Bone (*bone*, 'hueso') que debería ser traumatólogo. Dicho esto, sospecho que Richard Chopp (*chop*, 'cortar') se hizo urólogo especializado en vasectomías más por la notoriedad que por el apellido, y que Usain Bolt (*bolt*, 'rayo') es simplemente rápido por genética. Quizá el mejor ejemplo sea el de mi actual director financiero, Richard Swindells (*swindle*, 'estafa').

Otras influencias decisivas tienen que ver con el lugar. Crecer en Silicon Valley puede conducir de forma natural a estudiar una carrera tecnológica, arrastrado por la cultura de las *startups*. Crecer en una zona con alto desempleo, no. Incluso las series que vemos —*Anatomía de Grey*, *Suits*— pueden animarnos a estudiar Medicina o Derecho: la pantalla glorifica ciertos caminos y acaba moldeando nuestras aspiraciones. Todos estos factores se combinan para orientarnos hacia metas que parecen elecciones propias, pero que en buena medida nos vienen dadas.

Principio de la condición humana: «Nuestra historia personal y la sociedad determinan la mayoría de nuestras metas».

Estos ejemplos ilustran cómo el entorno puede limitar o moldear nuestras elecciones al alterar el valor que el cerebro asigna a las posibles metas y favorecer ciertas habilidades sobre otras. Esto ocurre mediante cambios en la fuerza de determinadas conexiones neuronales, dentro de los circuitos de procesamiento de recompensa que vimos en el capítulo 2. Aunque no sea posible ni deseable ignorar por completo las expectativas y las presiones externas, sí podemos aprender a analizar con ojo crítico su influencia en nuestras decisiones y deseos.

La manera en que el cerebro nos impulsa hacia un objetivo también puede explicar la aversión a la pérdida, el rasgo psicológico que Daniel Kahneman y Amos Tversky identificaron en 1979:[14] sentimos las pérdidas con más intensidad que las ganancias, lo que nos lleva a tomar muchas decisiones equivocadas en la vida cotidiana. Cuando el impulso de perseguir una meta y el de abandonarla están finamente equilibrados, los bucles de retroalimentación del cerebro necesitan cierto amortiguamiento; sin él, daríamos bandazos constantes entre arrancar y frenar. De ahí que haga falta más fuerza para abandonar que para seguir adelante. Esta resistencia al cambio en cualquier dirección —lo que los científicos llaman histéresis— significa que el cerebro no responde igual al iniciar una actividad que al detenerse.

Pensemos, por ejemplo, en una esponja de baño: al estrujarla, no recupera de inmediato su forma original cuando la soltamos. O en un imán que se resiste a despegarse: una vez comprometido con una meta, el cerebro necesita un esfuerzo extra para desprenderse de ella. Rendirse cuesta.

Ya hemos explorado el desajuste fundamental entre los impulsos de búsqueda de metas de nuestro cerebro y la estructura del mundo moderno. Pero también hemos descubierto estrategias que encajan mejor con su diseño. Si nos fijamos objetivos alcanzables y dividimos las metas a largo plazo en hitos menores; si enmarcamos el progreso en términos relativos y celebramos las pequeñas victorias, podemos trazar un rumbo hacia el bienestar incluso en un mundo que parece diseñado para hacernos sentir insatisfechos.

IMPLICACIONES PRÁCTICAS

La clave es fijar metas alcanzables. Suena fácil, pero a menudo no lo es. Conviene pecar de prudente: es mejor lograr una meta más fácil y quedarte con ganas de más que fracasar en algo demasiado difícil y abandonar la actividad por completo. Si la frustración aparece mientras persigues un objetivo, detente y reflexiona. ¿Has dejado de avanzar? ¿El progreso sería más visible si añadieras nuevos subobjetivos? Si avanzar resulta demasiado difícil, ¿merece la pena revisar la meta para hacerla alcanzable? Si no, tal vez lo mejor sea desistir. Abandonar conscientemente una meta inalcanzable no es fracasar: es un acto de autocuidado, basado en entender lo que tu cerebro necesita para estar bien.

No pongas metas inalcanzables a niños, amigos, colegas ni a nadie. Hacerlo puede ser una carga en el mejor de los casos y causar daño psicológico en el peor. Las metas que fijamos a los demás, de forma deliberada o inadvertida, pueden influir profundamente en sus criterios de éxito y en su autoestima. A la inversa, devolverles una imagen fiel de sus avances puede mejorar mucho su bienestar.

Recuerda: no lograr algunas de tus metas es inevitable.

Las circunstancias de cada persona a menudo dificultan la sensación de avance. Tener muchas minimetas o pequeños proyectos simultáneos puede ayudar. Además no tienen por qué ser tareas nuevas, pues es posible replantear las existentes. Pero cuidado con el conflicto entre objetivos. Mantén las metas justas para favorecer tu bienestar, pero no tantas que compitan entre sí: si avanzar en una perjudica a otra, acabarás estancado en todas.

Como hemos visto, la búsqueda de metas en la vida moderna nos obliga a menudo a lidiar con estructuras sociales que, aunque bienintencionadas, pueden crear trampas y consecuencias imprevistas. El sistema de prestaciones sociales, por ejemplo, pretende ser una red de seguridad, pero a veces desincentiva justo las actividades que elevan el ánimo y la autoestima, y las sustituye por la pasividad. Las instituciones educativas tienden a imponer un modelo único que no contempla la diversidad de capacidades y circunstancias. Los lugares de trabajo exigen con frecuencia perseguir objetivos durante largos periodos y un máximo esfuerzo, sin ofrecer la retroalimentación regular ni la sensación de avance que nuestro cerebro necesita para mantener la motivación. Ante estos retos, ¿qué puedes hacer?

Programa ejercicio diario. Aunque tus circunstancias dificulten otras metas, casi siempre es posible encontrar maneras de mover el cuerpo. La actividad física es una de las formas más fiables de liberar dopamina y mejorar el estado de ánimo. Conviértela en rutina.

Reformula el progreso como relativo, no solo absoluto. Reconoce que el avance se percibe de manera distinta según la etapa de la vida y el contexto. Superar tus propios registros o rendir por encima de las expectativas ajustadas por edad puede ser tan satisfactorio como una marca personal absoluta. Progreso no significa necesariamente crecimiento, en el sentido de expansión, sino la sensación de avanzar hacia las metas que nos hemos fijado. Muchas metas que aceptamos de buen grado suponen, en términos absolutos, un «empeoramiento». El envejecimiento es un buen ejemplo: más que aspirar a mejorar, solemos centrarnos en deteriorarnos menos de lo razonablemente esperable. A nadie le decepciona que su tiempo en 400 metros sea más lento a los treinta que a los dieciocho. Un equipo no pagará ni de lejos lo mismo por un jugador de 35 años que por uno de 25. Esperamos cierto ritmo de declive, y si igualamos o mejoramos ese valor por defecto, lo llamamos éxito. Las clasificaciones detalladas, las puntuaciones por grupos de edad y las categorías de veteranos facilitan todo esto. Es importante tener siempre metas, pero adecuadas a tu capacidad y tus circunstancias.

Incluso en condiciones extremas, fijar metas alcanzables ayuda. Viktor Frankl, psiquiatra y superviviente del Holocausto, describió cómo, a medida que su mundo se reducía —no solo por el alambre de espino y los guardias, sino por la desnutrición—, sus objetivos se volvían tan simples como cruzar una barraca a pie. De forma similar, durante la quimioterapia, una meta exigente en el segundo ciclo puede ser caminar hasta el final de la calle; en el quinto, quizá solo subir las escaleras.

Hasta aquí hemos visto cómo el cerebro persigue metas y por qué el progreso estancado puede sumirnos en la melancolía. Ahora profundizaremos hasta el núcleo del cerebro, donde nuestros impulsos más primarios determinan qué metas perseguimos y cómo actuamos, a menudo antes de que la mente consciente tenga tiempo de intervenir.

Capítulo 4

EL CEREBRO PRIMITIVO

Me llamaron a la UCI de neurología para valorar a Stacey, una estudiante de Historia de veinte años que jugaba al netball *en la universidad y a la que habían conectado a un respirador tras sufrir una parada cardiaca provocada por una anomalía genética que nadie había detectado. Las partes externas de su cerebro habían muerto por la falta de flujo sanguíneo durante la parada. Se encontraba en estado vegetativo, pero sus padres, desolados, insistían en que los seguía con la mirada, bostezaba y retiraba el brazo cuando le apretaban la mano.*

Como neurólogo, veo un abanico enorme de pacientes. En un extremo del espectro están los que presentan síntomas leves, como hormigueo en una mano o un tic facial. En el otro, personas como Stacey que han sufrido una lesión cerebral catastrófica y a las que se considera en «estado vegetativo persistente», entendido tradicionalmente como ausencia de consciencia significativa. Lo más inquietante de estos casos, especialmente para los familiares, es que los pacientes parecen conservar capacidades relevantes e interactúar con el entorno. Pueden mover un brazo para rascarse, toser, bostezar o abrir los ojos espontáneamente y seguir con la mirada los movimientos de la gente. Todas estas funciones están coordinadas por las partes más primitivas del cerebro y la médula espinal. *Primitivas* aquí significa antiguas, no simples. De hecho, estas áreas, evolutivamente antiquísimas, funcionan con una sofisticación y una precisión inmensas.

La expresión «correr como pollo sin cabeza» viene de la práctica medieval de matar a las gallinas por decapitación: tras perder la cabeza, corrían frenéticas antes de caer muertas. Un animal con la médula espinal seccionada está, en efecto, «descabezado», sin conexión entre el cerebro y el cuerpo. Sin embargo, si se colocara a ese animal en una cinta de correr, seguiría generando movimientos de marcha, porque los circuitos que controlan la locomoción se encuentran en la médula espinal. Si se acelerase la cinta, el patrón de movimiento cambiaría en consonancia: primero al trote, luego a la carrera. Si se colocara un obstáculo en su camino, la pierna, al detectarlo, se contraería un poco más para pasar por encima. Estas respuestas automáticas y finamente orquestadas revelan las notables capacidades de nuestras estructuras neuronales más básicas, sobre las que se superponen las funciones superiores.

FUNCIONES BÁSICAS, CONTROLES COMPLEJOS

¿Por qué a veces reaccionamos con ira antes de pararnos a pensar? ¿Cómo forma la mente las creencias, y por qué nos resistimos a cambiarlas? Las respuestas están en la propia arquitectura del cerebro, esculpida por la evolución para favorecer la supervivencia. Somos organismos complejos, construidos de dentro afuera: sobre un núcleo ancestral se han ido añadiendo capas de mayor complejidad.

Hasta aquí, lo esencial sobre la búsqueda de metas. Ahora exploraremos con más detalle cómo decide el cerebro qué metas perseguir y cómo llevarlas a cabo, a partir de dos principios clave. El primero: las distintas flexibilidades entre nuestro «cerebro primitivo», evolutivamente antiguo, y el «cerebro externo», de evolución más reciente. El segundo: la naturaleza fundamentalmente predictiva del funcionamiento cerebral.

El cerebro primitivo se encarga de nuestros impulsos de supervivencia más básicos. El cerebro externo, presente en todos los vertebrados pero mucho más desarrollado en los seres humanos, permite la cognición compleja. Ambos se influyen mutuamente, pero la parte externa depende en buena medida de la más instintiva. Y ninguno de los dos deja de hacer predicciones: un principio de diseño eficiente que, sin embargo, nos hace propensos a errores perceptivos y creencias obstinadas. Comprender estos principios arroja una luz reveladora sobre las raíces de nuestras conductas y los cimientos de nuestras creencias. Y, lo que es más importante, nos ofrece herramientas concretas para moldear nuestra propia mente.

Si los cuerpos de los animales pueden moverse, como el de Stacey, sin conexión con el cerebro, ¿por qué necesitamos un cerebro? Ya vimos en el capítulo 1 que el propósito último del cerebro es permitir la persistencia de la especie, sobrevivir lo suficiente para reproducirse, y lo hace dirigiendo la actividad motora. Recuerda: moverse o no moverse: esa es la cuestión. El cerebro coordina los distintos componentes del cuerpo y afina sus interacciones. A continuación evalúa qué conducta —qué acción— requiere la supervivencia a partir de las circunstancias ambientales del momento y las que anticipa. La arquitectura cerebral que lo hace posible es la misma en todos los humanos. De hecho, es la misma en todos los mamíferos, en todos los vertebrados e incluso en los invertebrados.

Simon aprieta la mano de Amanda, su mujer, mientras el ecografista le explora el vientre. Las imágenes en blanco y negro parpadean en la pantalla hasta que aparece, nítida, la forma de una personita. «¡Oh! ¡Mira cómo mueve los brazos!». Simon se queda boquiabierto y a Amanda se le humedecen los ojos: una escena que muchos reconocerán. Hay una personita ahí.

Identifica a la tortuga, al humano, al ratón y al polluelo en esta rueda de reconocimiento:

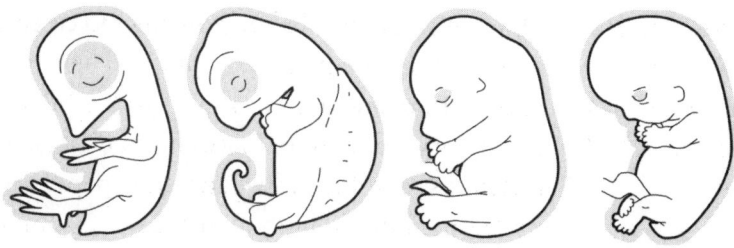

La respuesta no es evidente, pese a que estos embriones ya poseen todas las estructuras que sustentan sus emociones e impulsos básicos.* Esta estructura fundacional, que llamaremos cerebro primitivo, es extraordinariamente constante entre especies. La principal diferencia entre estos embriones es de escala: las imágenes se han igualado en tamaño, pero el tamaño real varía enormemente. Esa es, de hecho, la diferencia fundamental entre animales: todos comparten las mismas estructuras, solo que a distinta escala y con añadidos que van apareciendo más adelante en el desarrollo. Todos se construyen sobre la misma plataforma, y no puede ser de otro modo: compartimos una herencia biológica común, y la evolución no partió de cero al formar a los humanos. Nosotros, claro está, tenemos capas extras de comlejidad superpuestas al núcleo. Lo importante es entender que los mecanismos de control que generan nuestras emociones y nuestro bienestar residen en este núcleo primitivo, con 400 millones de años de historia, muy anterior a los humanos. Cómo se conecta con el mundo exterior depende de los añadidos que hemos adquirido como especie, sobre todo en la corteza cerebral.

La dopamina (que conocimos en el capítulo 2) se produce, junto con la serotonina y la noradrenalina, en el tronco del encéfalo. Estos tres neurotransmisores, estrechamente emparentados, sustentan el estado de ánimo, la motivación y el nivel de alerta, y son la diana principal de la mayoría de los antidepresivos. Resulta revelador que no se originen en la corteza externa —donde tiene lugar el pensamiento complejo—, sino en las zonas más primitivas y profundas del cerebro.

Si pensamos en la estructura del cerebro como un árbol, las primeras fases de nuestro desarrollo —las estructuras embrionarias y fetales— son el tronco, donde residen nuestros impulsos y conductas más básicos. A lo largo de las sucesivas épocas de evolución —nuestra marcha hacia *sapiens*—, los cambios se fueron dando en las ramas exteriores, en las ramitas y las hojas, que procesan nuestras interacciones complejas con el entorno. Pero ese tronco central, con sus patrones básicos de acción y respuesta, sigue siendo primitivo.

---

* De izquierda a derecha, los embriones que se muestran son de pollo, tortuga, ratón y humano.

Del mismo modo que las ramitas y las hojas de un árbol ajustan su posición y su aspecto según el entorno —responden a la luz o a la presencia de vecinos—, nosotros también lo hacemos; pero nuestro tronco, nuestro núcleo, permanece intacto.

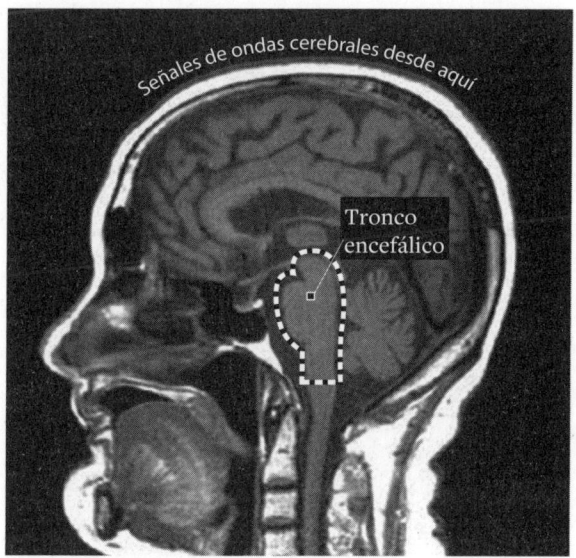

Resonancia magnética de un cerebro humano que muestra la ubicación profunda y central del tronco del encéfalo frente a las ondas cerebrales registradas en la corteza externa.

Así, las capas de complejidad que hemos ido añadiendo no sustituyen a las funciones más básicas, sino que enriquecen la intrincada secuencia de acciones que nos acercan a un objetivo: cómo se encadenan y cuándo se ejecutan. Como un coche moderno que, pese a toda su tecnología, sigue dependiendo de ruedas y ejes, nuestro cerebro superpone capacidades nuevas sobre estructuras primitivas sin reemplazarlas.

Lo decisivo es que estas estructuras —y los controles que ejercen— se afinaron para un entorno muy distinto del actual. No podemos alterar el tronco, esos mecanismos básicos de control, pero, si entendemos para qué están diseñados y cuáles son sus límites, podemos ver cómo moldean hoy nuestro comportamiento y aprender a colaborar con ellos de una manera más eficaz.

Lawrence, de 47 años y un carácter algo cascarrabias, llevaba tres se-
manas con los párpados caídos, visión doble y, desde hacía poco, habla
pastosa. El problema de fondo era una miastenia grave: la señal eléctri-
ca entre el nervio y el músculo queda bloqueada, lo que provoca fatiga
y debilidad. Aunque le indicamos que no comiera nada hasta que lo
ingresáramos, intentó comer, y sus músculos de la deglución, débiles y
descoordinados, no pudieron impedir que la comida se le atascara en la
tráquea. Obstrucción súbita. La asfixia provoca un miedo abrumador,
pero fugaz: o llega la muerte en cuestión de minutos, o una maniobra
de Heimlich a tiempo —como en este caso— desaloja la obstrucción.
Hasta ese momento solo una preocupación ocupaba su cerebro.

Algunos lectores conocerán la pirámide de Maslow, un modelo que
ordena las prioridades humanas desde la supervivencia básica —comida y oxígeno— hasta necesidades superiores, como la conexión
social y la autorrealización. Este modelo guarda un paralelismo con
la forma en que evolucionó nuestro cerebro, con los mecanismos
fundamentales de supervivencia como base sobre la que se han ido
construyendo funciones cognitivas más complejas. Podemos comprender los principios básicos del funcionamiento cerebral si observamos organismos cuyo cerebro aún no ha quedado sepultado bajo
capas de complejidad. Uno de los más estudiados es *C. elegans*, el diminuto nematodo. Su plan corporal básico es el mismo que el nuestro. De hecho, está más dominado por su cerebro que nosotros: cerca
del 40 % de todas sus células son cerebro. Las preguntas a las que se
enfrenta son elementales: ¿voy a la izquierda o a la derecha? ¿Paro a
comer o busco pastos más verdes? ¿Me apareo o busco comida? Son
decisiones que todos los animales deben tomar.

Cuando Lawrence se atragantaba, el miedo y el pánico abrumadores que lo invadían tenían una sola causa: su necesidad más básica —el
oxígeno— había quedado interrumpida. No podía pensar en nada más
hasta que se restableció el suministro. Nuestro cerebro atiende primero las necesidades básicas. Esta priorización no se limita a situaciones
extremas: influye cada día en nuestras conductas y respuestas emocionales, y está en la raíz de muchos arrebatos y reacciones agresivas.

Veamos cómo funciona esto. El hipotálamo es una estructura del tamaño de una uva, minúscula pero decisiva, situada justo en el centro del cerebro. Si te metieras un dedo en la nariz y no pararas, acabarías llegando a él (que es, de hecho, la vía de acceso que emplean los neurocirujanos). El hipotálamo monitoriza múltiples parámetros —temperatura, niveles de glucosa, grado de hidratación— y realiza análisis más complejos: evalúa el impulso reproductivo, calibra el atractivo de lo que nos rodea, detecta amenazas. Después integra toda esa información —sopesa la importancia relativa de cada cosa— y decide qué orden enviar a los demás centros del cerebro y la médula espinal: comer, cazar o copular. Recuerda: todo son movimientos. Lo que percibimos son impulsos, deseos, pero el procesamiento del hipotálamo es del todo inconsciente. Solo advertimos el resultado: las ganas de hacer algo o de no hacerlo. El poder del hipotálamo sobre nosotros es inmenso. Dictatorial.

Un ejemplo de esa precisión: basta un electrodo diminuto aplicado a una zona concreta del cerebro de un gato para provocar un ataque furioso, con el lomo arqueado, bufidos, zarpazos, la presión arterial disparada y las pupilas dilatadas —todo ello sin amenaza aparente—. Sin embargo, basta desplazar el electrodo un par de milímetros para obtener conductas completamente distintas: acurrucarse para dormir, copular o alimentarse.*

Principio humano:
«Nuestros impulsos y emociones nacen
en las áreas primitivas del cerebro,
no en las capas de evolución más reciente».

Estas conductas automáticas también son habituales en humanos: los centros de mando del cerebro nos empujan a responder de forma rápida e instintiva, igual que el gato que se lanza al ataque. A todos nos ha pasado: de pronto, sin previo aviso, la ira nos incendia. Suele

---

* Busca en internet «Drosophila agresiva» para ver la compleja conducta que se puede provocar en una mosca mediante la estimulación de una sola neurona «de mando».

manifestarse como una discusión, a veces con gestos airados; en ocasiones, para quienes se ven desbordados, desemboca en violencia.

Otra zona del cerebro —los lóbulos frontales— inhibe esas acciones, por lo general con tanta eficacia que ni lo notamos, como un temblor imperceptible en la escala de Richter. (Abordaremos los lóbulos frontales con más detalle en el capítulo 11; baste decir por ahora que el control frontal es solo parcial, y más eficaz en unas personas que en otras).

¿Por qué no hemos conseguido eliminar todas estas tendencias y vulnerabilidades? En esencia, por nuestra trayectoria evolutiva. No podemos volver a la casilla de salida y rediseñar. La mitad de nosotros porta un ejemplo perfecto de ese vestigio evolutivo: los pechos y los pezones masculinos. Carecen de función, pero su presencia es innegable e incluso puede resultar perjudicial, pues el cáncer de mama también afecta a los hombres. Sin embargo, sin esa estructura mamaria —rudimentaria, sí, pero presente—, no habríamos seguido la ruta de desarrollo que permitió a los pechos femeninos crecer, producir leche y sostener la crianza prolongada de las crías de mamífero. Del mismo modo, sin el impulso básico de la reproducción sexual nos habríamos extinguido, así que conservamos intacta la potencia de ese impulso, aunque la inmensa mayoría de las relaciones sexuales resulten ya estériles desde el punto de vista evolutivo.

Nuestro cerebro evolucionó para ser despiadadamente eficiente, lo que crea fortalezas y vulnerabilidades. El núcleo primitivo del cerebro logra la eficiencia usando señales químicas de amplio alcance —por ejemplo, el hipotálamo controla regiones extensas del cuerpo a través de hormonas liberadas por apenas unas pocas células—. Aunque eficiente, este sistema es lento e impreciso: tarda más de un segundo. En cambio, sistemas más nuevos como el nervio óptico transmiten la información visual de forma rápida y precisa, pero a un coste: requieren más espacio y energía. Esta compensación entre eficiencia y precisión recuerda a los desafíos en el desarrollo de la tecnología moderna, donde la comunicación rápida y precisa exige una infraestructura extensa. Pero, a diferencia de las redes tecnológicas, el cerebro tiene una restricción única: debe caber dentro del cráneo.

El control motor depende de manera decisiva de que la señal del cerebro llegue con rapidez a los músculos y reciba de vuelta retroalimentación sensorial ágil. Conducir la señal rápido requiere neuronas gruesas envueltas en una capa aislante, como el nervio óptico. Si todas se dirigieran al cerebro, consumirían demasiada energía y ocuparían un espacio enorme. El principio de diseño es procesar la mayor cantidad de información posible localmente. Por ejemplo, terminaciones nerviosas distribuidas alrededor del tobillo pueden computar señales locales —como compresión en la cara interna o estiramiento en la externa— y enviar solo un resumen de esas señales combinadas a unidades de procesamiento más distantes. Piensa en unas elecciones en las que las circunscripciones cuentan sus votos y solo transmiten los resultados al centro electoral.

Principio de la condición humana: «Nuestro cerebro solo comunica lo esencial».

Así, el cerebro ha evolucionado con una eficiencia increíble y un conjunto de reglas asociadas: comunicar solo lo necesario, predecir el estado siguiente más probable, interpolar lagunas de información y compartir datos selectivamente. Esta eficiencia permite al cerebro funcionar con eficacia y a los humanos nos permite superar a otras especies. Pero estos mecanismos de eficiencia también crean varios talones de Aquiles: formas alteradas de pensar y susceptibilidad a influencias sociales nocivas.

ATAJOS NEURONALES

Podemos empezar a entender algunas de estas vulnerabilidades de diseño fijándonos en el sistema visual. En parte, porque la retina —la película fotográfica en el fondo de nuestros ojos— forma parte del sistema nervioso. A los neurólogos nos gusta examinar los ojos de los pacientes porque la retina es la única parte del cerebro visible sin necesidad de neurocirugía. Hoy, gracias al desarrollo de la tomografía de coherencia óptica (OCT), asequible y disponible en cualquier óptica, cualquiera puede obtener una imagen detallada de su retina, que presentaría un aspecto similar a este:*

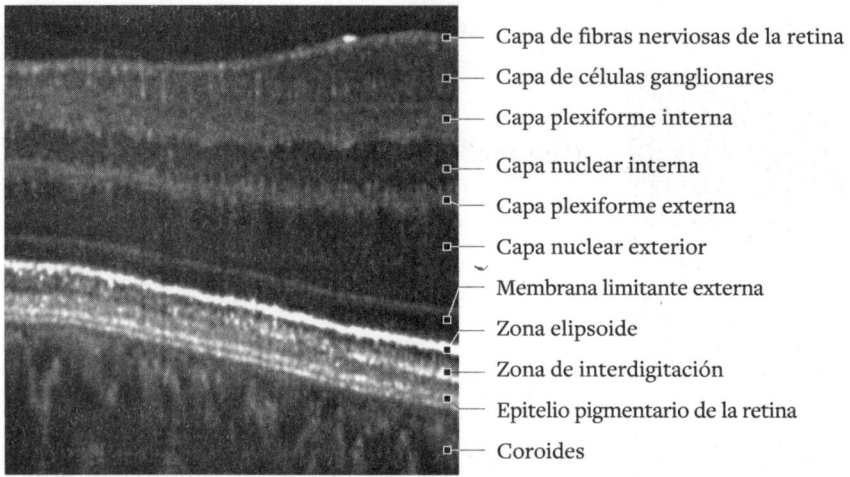

Capa de fibras nerviosas de la retina
Capa de células ganglionares
Capa plexiforme interna
Capa nuclear interna
Capa plexiforme externa
Capa nuclear exterior
Membrana limitante externa
Zona elipsoide
Zona de interdigitación
Epitelio pigmentario de la retina
Coroides

Los nombres de las capas de la retina se incluyen solo como referencia: fíjate en la elegante estratificación, que convierte a la retina en una ventana excepcional para observar cómo se construyen los circuitos neuronales, un minicerebro a la vista.

La disposición tan precisa de las células retinianas y sus conexiones hace de la retina un modelo accesible para estudiar los circuitos neuronales. Su arquitectura comparte principios fundamentales con otras regiones del cerebro. A lo largo de la evolución, la corteza se ha construido sobre los mismos principios que organizan la retina. Sobre esa base, ha sumado complejidad y flexibilidad para responder a exigencias funcionales más amplias: integrar información procedente de sentidos y áreas de pensamiento distintos, y establecer conexiones que facilitan la predicción de resultados o la comprensión de ideas abstractas. La notable conservación evolutiva de la estructura retiniana puede apreciarse en la siguiente imagen, tomada de mi tesis doctoral, que muestra la retina de un pez cebra embrionario, de ape-

---

* La tomografía de coherencia óptica (OCT) es una técnica de imagen no invasiva que utiliza ondas de luz para obtener imágenes detalladas y de alta resolución de la retina, lo que permite visualizar sus distintas capas.

nas un par de milímetros de longitud, junto a la de un ser humano adulto.

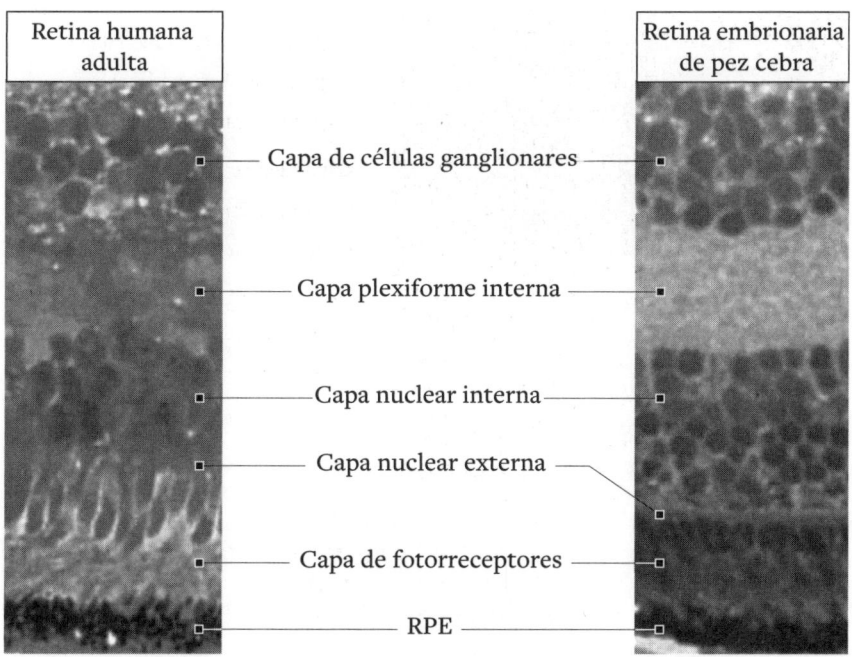

Retina humana adulta		Retina embrionaria de pez cebra
	Capa de células ganglionares	
	Capa plexiforme interna	
	Capa nuclear interna	
	Capa nuclear externa	
	Capa de fotorreceptores	
	RPE	

Otro atractivo del sistema visual es que permite presentar estímulos visuales distintos con precisión en el laboratorio, lo que facilita el estudio de principios fundamentales del procesamiento de la información. Uno de ellos es la inhibición lateral. Sin ella, nuestra imagen del mundo sería como mirar a través de una cámara desenfocada: todo aparecería borroso. Funciona así: los fotorreceptores, que detectan los fotones de luz que entran en el ojo, forman una cuadrícula densa en el fondo de la retina, como los píxeles de nuestra pantalla. Sin embargo, no todos los fotorreceptores estimulados transmitirán una señal al cerebro, porque cada fotorreceptor estimulado también envía una señal inhibitoria a sus vecinos. Si esos fotorreceptores adyacentes no reciben una señal luminosa tan intensa como el primero, no enviarán señal alguna. De este modo, solo se transmite la señal del fotorreceptor más estimulado, y lo que habría sido una imagen de bordes difusos se convierte en otra nítida, con mayor contraste.

Puedes comprobarlo tú mismo observando los dos bloques de abajo.

Si ahora juntas los dos bloques, fíjate bien: el lado derecho del bloque más oscuro aparece como una franja ligeramente más oscura, mientras que el lado izquierdo del bloque más claro parece un poco más claro. Esto se debe a cómo se equilibra la inhibición en esa zona de transición.

Este efecto es más evidente en el siguiente laberinto, donde las intersecciones blancas parecen ligeramente grises.

En resumen, la inhibición lateral agudiza el contraste al suprimir la actividad neuronal en áreas adyacentes con menor estimulación, lo que realza contornos y límites. Este principio opera no solo en el procesamiento visual, sino en todo el cerebro, y permite distinguir las señales relevantes del ruido de fondo. Aunque los mecanismos subyacentes son complejos, la idea central —que las neuronas que procesan información similar se inhiben entre sí para resaltar diferencias críticas— es clave para entender cómo el cerebro codifica e interpreta la información con eficiencia.

DEL SISTEMA VISUAL AL CEREBRO EN SU CONJUNTO

Ya dijimos que la biología del desarrollo y la evolución reutilizan los mismos paradigmas una y otra vez, así que no debería sorprendernos que la inhibición lateral también se emplee en todo el cerebro para afinar el procesamiento neuronal de la información: nos ayuda, por ejemplo, a distinguir entre sonidos distintos y reconocer patrones en escenas auditivas complejas, a refinar la percepción táctil y a agudizar la detección de olores. Procesos inhibitorios similares actúan en el sistema motor, donde contribuyen a optimizar y coordinar el movimiento.*

En el sistema motor, para activar un movimiento, el cerebro debe inhibir los que compiten con él. Solo así nuestras acciones son precisas y deliberadas. Imaginemos los ganglios basales, una región implicada en la selección de movimientos, como una biblioteca donde el bibliotecario (la corteza frontal, responsable de las decisiones más complejas y secuenciadas) elige un libro concreto para leer en voz alta (un movimiento particular). Del mismo modo que el bibliotecario debe hacer callar a los demás lectores para que escuchen la narración, el cerebro debe suprimir otros movimientos posibles para ejecutar con fluidez el seleccionado. Sin esta inhibición selectiva, los movimientos se solaparían o chocarían entre sí, como si varios libros se leyeran a la vez, con el resultado de confusión e incoherencia. Es

_____

* Esto funciona a través de circuitos paralelos en los ganglios basales llamados vías directa e indirecta: la primera «libera» el programa motor seleccionado, lo que permite que prosiga; la segunda mantiene el freno sobre los programas no seleccionados.

esta inhibición selectiva la que permite movimientos coordinados e intencionales, como sostener un bolígrafo sin que, de forma involuntaria, se levante un hombro o se apriete el puño.

Como ejemplo, pensemos en Billy, que acudió a mi consulta de trastornos del movimiento.

Billy, ya en la veintena, sufría tics desde los nueve años —la edad clásica en el síndrome de Tourette—: los ojos se le iban hacia arriba y la cabeza se le echaba hacia atrás. Lo hacía repetidamente, sobre todo bajo estrés. También tenía tics vocales (al fin y al cabo, son otro acto motor en el que interviene la laringe) y ciertos comportamientos de tipo TOC, como exigir a sus amigos que se lavasen las manos varias veces antes de usar su PlayStation. Tales pensamientos podrían ser el equivalente cognitivo de los tics motores. Sus síntomas fluctuaban y, como suele suceder, mejoraron al llegar a la edad adulta. Pero ahora se estaba formando como enfermero y, en situaciones de exposición, los tics reaparecían.

Como cabría prever, los fármacos que bloquean la dopamina son eficaces contra los tics, dado su papel en la activación y el refuerzo de las señales motoras. Pero, como reducen la dopamina de forma generalizada, tienen efectos secundarios indeseados; por ello, el tratamiento de elección consiste en aprovechar el equivalente de la inhibición lateral en los ganglios basales.

Billy aprendió a reconocer cómo se iba gestando el impulso —algo comparable a la señal de la corteza frontal que indica qué movimiento se desea, o a quien pulsa el número de su canción en una *jukebox*—. En ese momento, iniciaba un movimiento estrechamente relacionado, que usaba las mismas partes del cuerpo pero activaba los grupos musculares opuestos. Comenzaba a mirar sutilmente hacia abajo y a mover la cabeza hacia delante, bloqueando el tic habitual. Al hacerlo, activaba los mecanismos inhibitorios del cerebro: la actividad neuronal que impulsaba sus tics quedaba suprimida y el tic no llegaba a expresarse.

Un enfoque similar se usa en fisioterapia y yoga para estirar músculos: tensar brevemente el músculo antagonista potencia la relajación del que se quiere estirar.

Procesos similares podrían explicar el éxito en el tratamiento del rascado compulsivo y otros hábitos, y en teoría también podrían funcionar con pensamientos indeseados como la preocupación y la rumiación. Técnicas cognitivas como la defusión cognitiva y la distracción se emplean a menudo para ayudar a distanciarse de patrones de pensamiento poco útiles. La defusión, una técnica de la terapia de aceptación y compromiso (ACT), fomenta el desapego de los pensamientos angustiantes al reconocerlos como fenómenos mentales pasajeros, no como verdades. Las técnicas de distracción, por su parte, redirigen la atención hacia actividades no relacionadas o pensamientos neutros, lo que reduce la fijación del cerebro en la idea original. Si seguimos la lógica de cómo funciona la inhibición cerebral, me pregunto si una posible estrategia para manejar pensamientos angustiantes —al menos en el plano teórico— podría consistir en una suerte de «contrarrestación cognitiva»: introducir pensamientos vívidos y opuestos que compitan directamente con las narrativas angustiantes, aprovechando la capacidad inhibitoria del cerebro —similar a la inhibición lateral en los sistemas sensoriales— para debilitar los pensamientos intrusivos. Esto no es supresión, como la que ilustra el célebre experimento del «oso blanco» del psicólogo Daniel Wegner, en el que los participantes, cuando se les pedía que no pensaran en un oso blanco, acababan pensando en él con mayor frecuencia.[15] Se trataría más bien de aprovechar técnicas como la «división de asociaciones» (*association splitting*), que crea asociaciones nuevas y positivas para romper patrones de pensamiento poco útiles. Aunque el concepto resulta prometedor en el plano teórico, faltan pruebas de su eficacia práctica. De hecho, en trastornos como el TOC, las técnicas de contrarrestación podrían acabar perpetuando, sin quererlo, el ciclo obsesivo; por ahora quizá sea más sensato ceñirse a enfoques respaldados por la evidencia, como las terapias basadas en la aceptación (p. ej., ACT) o la exposición con prevención de respuesta (EPR).

¿Qué implicaciones prácticas tiene todo esto? La inhibición lateral es un mecanismo específico del procesamiento sensorial, pero el principio del énfasis selectivo es un rasgo más amplio del funcionamiento cerebral, capaz de influir en procesos cognitivos más abstractos y complejos. Del mismo modo que la inhibición lateral en el sistema visual realza el contraste al priorizar ciertas señales, los procesos cognitivos pueden resaltar determinadas ideas o creencias y suprimir la información contradictoria. Por ejemplo, el sesgo de confirmación —nuestra tendencia a buscar y aceptar con mayor facilidad la información que concuerda con nuestras creencias previas— podría reflejar este principio de énfasis selectivo en el ámbito del pensamiento.

Un ejemplo práctico: alguien que investiga un tema en Internet. Supón que ya cree que una dieta concreta es la mejor para la salud. Es probable que haga clic en artículos, estudios o testimonios que la respalden, mientras evita inconscientemente la información en contra y, en la práctica, silencia los puntos de vista opuestos.

Estas observaciones ponen de manifiesto las limitaciones del cerebro a la hora de formar creencias y elaborar respuestas, y ayudan a entender por qué las personas pueden sostener creencias muy distintas aun estando expuestas a la misma información. A continuación exploraremos algunas limitaciones adicionales antes de volver a las soluciones prácticas.

EL CEREBRO PREDICTIVO

Otro principio que da forma al procesamiento de la información en el cerebro es la codificación predictiva, que permite optimizar su funcionamiento al minimizar la cantidad de información que necesita transferir y procesar. En lugar de transmitir todos los datos disponibles, el cerebro mantiene un modelo interno de la realidad y anticipa lo que probablemente sucederá a continuación. Solo actualiza el modelo cuando la realidad difiere de sus expectativas. El procesamiento retiniano que hemos comentado antes es una de sus variantes. En el procesamiento predictivo, la expectativa sobre los datos que van a llegar ya existe en cada nivel del sistema nervioso, de modo que solo es necesario procesar lo que se desvía de ella. Este enfoque minimiza la carga computacional del cerebro, lo que le permite manejar con eficacia grandes cantidades de información sensorial. El cerebro es un órgano metabólicamente exigente —consume alrededor del 20 % de la energía basal del cuerpo—, pero no es solo cuestión de calorías, sino de la eficacia con que se procesa la información. Piensa en un ordenador: el consumo energético importa, pero importan mucho más la portabilidad y la capacidad de procesar rápidamente grandes volúmenes de información. Del mismo modo, el cerebro ha evolucionado para equilibrar tamaño, complejidad y potencia de procesamiento, maximizando la adaptabilidad sin desperdiciar recursos.

Para ello, cada parte del sistema nervioso, y el sistema en su conjunto, mantiene un modelo del mundo exterior. Da por válido ese modelo y seguirá haciéndolo hasta que reciba información que lo contradiga. Este es el cerebro predictivo, cuyo modelo se actualiza a partir de la información sensorial, entendiendo «sensorial» en un sentido amplio: no solo una señal externa del entorno o una sensación corporal interna, sino también un pensamiento, un dato que se incorpora a otro proceso cerebral.

Principio de la condición humana: «Todo lo que experimentamos es una interpretación basada en el modelo predictivo de nuestro cerebro, no una verdad absoluta».

En cierto modo, esto amplía la información del capítulo 2 con el error de predicción de recompensa: cuando el resultado de un acontecimiento o una acción supera lo previsto —más fruta de la esperada en el arbusto, más monedas de las que esperábamos de la tragaperras—, las neuronas del VTA liberan dopamina extra y el valor de esa acción se actualiza. Esto modifica el modelo del mundo que mantiene el cerebro y, por ejemplo, desplaza nuestra expectativa sobre lo que encontraremos durante nuestra labor de recolección. Es un ejemplo de pensamiento bayesiano, un concepto estadístico que describe cómo el cerebro ajusta sus predicciones futuras a partir de lo ya ocurrido, como un detective que construye un caso actualizando su teoría con cada nueva prueba. En lugar de tratar cada nueva experiencia de forma aislada, el cerebro parte de una expectativa (una «creencia previa»), la refina a medida que recibe nueva información y mejora constantemente su modelo del mundo.

Por tanto, la información no se transmite por el cerebro como quien fotocopia un mensaje y lo manda por correo, ni como un cable de fibra óptica que reproduce fielmente el patrón de luz en el otro extremo. Lo que hace el cerebro es inferir y construir activamente experiencias perceptivas a partir de sus modelos predictivos: compara de forma constante los datos sensoriales que recibe con sus expectativas y actualiza el modelo cuando surgen discrepancias. Este proceso predictivo se parece más a poner a prueba hipótesis que a transmitir información de forma pasiva. En la práctica, el cerebro «adivina» el patrón de los datos que le llegan, y la información sensorial le devuelve pistas del tipo «caliente» o «frío», más parecidas a las de un juego de adivinanzas que a una hoja de respuestas exacta.

De ello se deduce que, si los circuitos del cerebro contienen un modelo y no una réplica del entorno externo, entonces todo lo que experimentamos es, en cierto sentido, una alucinación: una creación basada en lo que la mente cree que está ocurriendo a partir de todo lo sucedido hasta la fecha. Cada parte del cerebro participa de este juego con todas sus conexiones; todo es una interpretación, una interpolación, el resultado del influjo de otras áreas. No hay una verdad absoluta.

Cuanto más frecuente sea la experiencia previa de un conjunto de circunstancias, con más fuerza el cerebro predecirá que volverá a ocurrir. Esto refleja cómo aprendemos: «neuronas que se activan juntas se conectan juntas». Cuando dos neuronas se activan en rápida sucesión, su conexión se fortalece, lo que hace más probable que la activación de una desencadene la de la otra en el futuro. Con el tiempo, este refuerzo moldea nuestras expectativas, hábitos e incluso creencias arraigadas.

Hasta qué punto sucede esto depende de la fuerza de la predicción previa. Lee la siguiente imagen de izquierda a derecha y de arriba abajo.

Puedes dejar que la B/13 baile entre sus dos formas, en una disonancia juguetona. Cómo interpreta nuestro cerebro este símbolo ambiguo depende de nuestras experiencias y expectativas previas: estamos condicionados a esperar que la B se sitúe entre A y C, y que el 13 vaya entre el 12 y el 14. La lectura en general funciona de manera similar. Observa a cualquier lector que haya superado la etapa de leer letra por letra: verás los rápidos saltos laterales de los ojos, llamados «movimientos sacádicos», y luego el salto abajo a la izquierda al inicio de la siguiente línea. Cada salto corresponde a al menos una palabra, a menudo varias. De hecho, los lectores rápidos pueden abarcar frases enteras, en parte porque predicen lo que viene.

De esto podemos inferir que nuestras percepciones han de diferir, porque cada uno tiene un historial de experiencias único que moldea su propio modelo predictivo. Al procesar datos sensoriales simples, el cerebro puede apoyarse en el entorno externo como fuente fiable de verdad, un mecanismo robusto de calibración.

Sin embargo, con los pensamientos más complejos y elaborados que han evolucionado más recientemente en el cerebro humano —como la planificación a largo plazo o la reflexión filosófica— surge el riesgo de caer en una «trampa del conocimiento». El procesamiento predictivo implica que el cerebro maneja solo la información mínima necesaria para mantener un modelo coherente; pero con los pensamientos abstractos, donde debe «rellenar» más huecos a partir de expectativas y aprendizajes previos, el margen de error es mucho mayor.

Considera el ejemplo familiar de las imágenes ambiguas: un estímulo puede interpretarse como una B o como un 13, y una vez que el cerebro decide que es una B, esa interpretación se incorpora a su modelo y refuerza la probabilidad de que estímulos similares se interpreten en el futuro como una B. Con el tiempo, este bucle de retroalimentación puede dar lugar a una opinión muy firme, una idea sobrevalorada o incluso un delirio, si el cerebro se aferra a ciertas interpretaciones. En el pensamiento más abstracto, al depender de transferencias de información mínimas y guiadas por expectativas, el cerebro puede llegar a interpretaciones que parecen certeras aunque no se ajusten a la realidad externa.

**Principio de la condición humana:
«Los mecanismos de eficiencia del cerebro,
aunque hacen posible la cognición compleja,
también nos vuelven susceptibles a sesgos
y al pensamiento distorsionado».**

Este concepto quizá te haya dado una nueva perspectiva sobre uno de los grandes problemas de la vida moderna: con qué facilidad nos atrincheramos en nuestras opiniones y los conflictos que eso genera. Para explorarlo, debemos comprender cómo formamos nuestras conclusiones y qué contribuye a esa sensación de «saber» algo de la que dependemos a diario.

A veces advierto que las convicciones de un paciente son tan firmes que el tratamiento va a ser una batalla. Un caso que recuerdo bien: un marido apocado, con esclerosis múltiple. Necesitaba medicación para frenar la inflamación y el deterioro funcional asociado, pero su esposa estaba convencida de que la medicina moderna es dañina y de que todo debía tratarse con remedios naturales. Le presenté datos de estudios sobre la eficacia del tratamiento y le expliqué qué podía pasar si lo rechazaban. Ella se mostró más o menos cortés, pero no se movió ni un milímetro: insistió en su desconfianza hacia cualquier fármaco y aseguró con firmeza que la naturaleza bastaba para curar. Su certeza era inquebrantable. El marido, mientras tanto, apenas abría la boca —quizá por deferencia, después de años siguiendo el criterio de su esposa;

quizá por confianza, o quizá por resignación—. Hasta donde yo sabía, ella no padecía ninguna enfermedad mental. Se valoró cuidadosamente si existían problemas de protección del paciente o de capacidad de decisión, y se concluyó que él conservaba la capacidad suficiente para tomar esa decisión.

Este caso fue excepcional, pero versiones más leves aparecen a diario. El colega que insiste en hacer las cosas como siempre aunque existan métodos más eficaces. El amigo que se mantiene en sus trece pese a toda la evidencia en contra.

¿Cómo sabes que *sabes* que algo es correcto? Seguramente te parezca una pregunta extraña. Pensarás: por supuesto que lo sé, siento su verdad de forma tan innegable como sé que algo existe; simplemente «es». Y sin embargo, el proceso de saber —de tener la convicción de que algo es correcto, de que una solución «salta» a la consciencia— es profundamente misterioso y merece que lo entendamos. Sus consecuencias están a la vista en los conflictos cotidianos. Vemos cómo personas inteligentes, ante la misma evidencia, sostienen puntos de vista opuestos con una convicción inamovible. Conocemos a personas tan aferradas a sus opiniones que, por más evidencia en contra que se les presente, se niegan a cambiar de parecer. Todos caemos en esta rigidez cognitiva. Es un reflejo directo de cómo funciona el cerebro y de las vulnerabilidades en el procesamiento de la información que hemos ido analizando.

Un ejemplo revelador de hasta qué punto nuestras certezas pueden ser ilusorias me lo dio una de mis pacientes con migraña:

Sarah, una profesora de Matemáticas de 42 años, conocida por su lenguaje preciso y su agudeza analítica, acudió a mi consulta con un fenómeno inusual durante sus episodios de migraña. En un episodio completo, el paciente experimenta primero un aura y después la cefalea. El aura aparece cuando una parte del cerebro se activa en exceso de forma breve; a esa hiperactivación le sigue una ola de actividad reducida que se propaga por la corteza a 2-6 mm por segundo. Los síntomas que aparecen dependen de qué área se active y de la función que esa región desempeña normalmente. Aunque cualquier zona de la corteza puede verse afectada, la más frecuente es la corteza occipital, que procesa la visión. Cuando el aura alcanza esa zona, los pacientes suelen experimentar distorsiones visuales: luces intermitentes, patrones en zigzag o líneas ondulantes. Sarah describía cómo su aura comenzaba con distorsiones de este tipo: los marcos de las puertas se le aparecían inclinados. Las puertas luego parecían ondular como si respiraran, a medida que la ola de actividad avanzaba hacia áreas visuales de orden superior. A continuación la invadía una sensación de certeza absoluta, de que todo encajaba. Después venían las dificultades para hablar. Y luego, al desvanecerse el aura, comenzaba la cefalea pulsátil. Esa sensación de certeza, de estar en lo cierto, es la exageración de algo que todos experimentamos a diario. Lo que el caso de Sarah pone de manifiesto es que se trata de un producto del funcionamiento cerebral, una sensación fabricada, no una verdad inherente.

Cómo el cerebro procesa la información

La mayor parte de la actividad cerebral, incluida la resolución de problemas y la toma de decisiones, ocurre fuera de la consciencia. Nuestro conocimiento y nuestros recuerdos se codifican en vastas redes de neuronas interconectadas distribuidas por todo el cerebro. Este esquema de codificación distribuida permite almacenar y procesar información con eficiencia, ya que los mismos circuitos pueden participar en múltiples funciones cognitivas. Sin embargo, esta arquitectura también da lugar a fenómenos como la inhibición lateral: activar un conjunto de neuronas suprime la actividad de las vecinas.

Cuando el cerebro afronta un problema o una decisión, rastrea rápidamente sus redes en busca de la información más relevante y genera soluciones posibles. Los modelos predictivos del cerebro guían esa búsqueda priorizando los patrones familiares y las respuestas «más probables». Los resultados de esas redes se someten a nuevas fases de procesamiento, y lo que finalmente emerge a la consciencia es la «respuesta correcta». Esta sensación emergente de certeza, fruto de la selección y la inhibición inconscientes, es lo que experimentamos como «sensación de estar en lo cierto»: la convicción subjetiva de haber dado con la decisión o la respuesta adecuadas.

Ahora bien, esa sensación está moldeada por los sesgos y las heurísticas del cerebro —atajos mentales para decidir rápido—, no necesariamente por la verdad objetiva. No es la respuesta. Es la respuesta que tu cerebro ha generado a partir de los fragmentos de datos que se han ido depositando en él a lo largo de tu vida, de los pesos asignados a esos datos y del procesamiento posterior de probabilidades. Como el proceso va de dentro afuera —de lo inconsciente y profundo a lo consciente y superficial—, las representaciones más antiguas y arraigadas restringen el abanico de resultados posibles, y es más probable que llegues a las mismas conclusiones una y otra vez.

Por supuesto, estas representaciones más arraigadas pueden ampliarse, reforzarse o desplazarse con conocimientos nuevos, pero eso resulta difícil cuando las conexiones de esa «autopista» neuronal que conduce a la sensación de certeza son muy sólidas. Esto ayuda a explicar por qué encontramos en la sociedad no solo visiones polarizadas, sino también tantos grupos con opiniones aparentemente inamovibles y, a ojos ajenos, muy extrañas. Esto es algo especialmente cierto para lo aprendido en la infancia, ya que existen ventanas específicas —los llamados periodos críticos— en las que el cerebro es especialmente receptivo a formar y consolidar ciertas conexiones. Estas ventanas varían según la función (más adelante profundizaremos en ellas), pero conviene reconocer su impacto duradero en cómo pensamos, aprendemos e interpretamos el mundo.

Siempre he pensado que un buen ejemplo de lo poco sistemático que resulta nuestro modo de «saber» cosas es la resolución de crucigramas. Si el funcionamiento cerebral fuera como muchos piensan —una búsqueda racional y sistemática, un análisis de la A a la Z, línea a línea—, podríamos sentarnos y hacer del tirón todo lo que nos dé nuestra capacidad, y se acabó. Pero a veces lees una pista y no sacas la palabra. Repasas todas las posibilidades, piensas de forma metódica, y aun así nada. Incluso un experto puede dejar varias casillas en blanco. Y, sin embargo, si retomas el crucigrama al día siguiente, un golpe repentino de inspiración te ofrece la solución que buscabas. Sospecho que dedicar un tiempo a otra cosa —sobre todo si incluye dormir— permite una suerte de reseteo mental que, en lugar de recorrer las mismas rutas de siempre, abre paso a combinaciones nuevas de ideas. Como despejar un escritorio abarrotado y descubrir conexiones nuevas al recolocar los papeles.

Podemos ilustrar un mecanismo similar con los crucigramas crípticos en español. Imagina esta pista: «Mirar y pedir ayuda, por lo general riman (6 letras)». El cerebro bayesiano entra en acción de inmediato: evoca la imagen de alguien observando algo y pidiendo auxilio, y busca una palabra que encaje con esa escena. Esa es la trampa. Hay que resistir esa lectura automática y reconocer que «mirar» es sinónimo de VER, para «pedir ayuda» solemos emplear la señal de SOS, y «por lo general riman» es donde se oculta la definición de la respuesta: VERSOS.

El autor nos llevó por el camino equivocado al crear una frase que se lee como una escena coherente. Es exactamente así como funciona el cerebro predictivo: se encasilla en la interpretación más probable y nos impide ver lo que tenemos delante. Un ejemplo perfecto de cómo nuestros atajos neuronales pueden tanto ayudar como entorpecer la resolución de problemas.

Daniel Kahneman, en *Pensar rápido, pensar despacio,*[16] explicó cómo nos dejamos llevar por lo primero que se nos viene a la mente. Nos instó a pensar de forma más deliberada. Pero nuestro cerebro, por su propia naturaleza, privilegia unas ideas y descarta otras, lo que dificulta la verdadera objetividad.

Principio de la condición humana: «Duda de tus propias certezas».

El hecho de que podamos siquiera considerar más de un resultado, más de una solución, es quizá lo más notable de todo esto, porque la mayor parte del cerebro funciona de forma mucho más categórica. Arroja el resultado más probable para cualquier situación, cualquier conjunto de datos, y punto. No puede generar más de una solución. Como en el ejemplo de la B/13, esto se aprecia con claridad en las conocidas figuras ambiguas, como la que se muestra aquí.* No puedes ver ambas imágenes a la vez. Tiene que ser una u otra. Así funciona el cerebro.

Como hemos visto, el cerebro intenta constantemente dar sentido a lo que percibe: para ello construye la representación más probable del mundo exterior a partir de la experiencia previa y rellena los huecos. Este enfoque es esencial para la supervivencia: una interpretación rápida basada en la mejor estimación posible permite responder con la máxima eficiencia. A cambio, el cerebro gana potencia de procesamiento, pero nuestras experiencias son siempre interpretaciones, nunca verdades objetivas. En cierto nivel, todo lo que experimentamos es una aproximación construida; en esencia, una ilusión. Y como todos hemos estado expuestos a cosas distintas y tenemos historias personales diferentes, nuestra narrativa interna será inevitablemente diferente. ¿Qué ocurre cuando las pistas sobre lo que «debería estar ahí» escasean? El caso de Alice lo ilustra bien.

Me remitieron a Alice, una mujer de sesenta y ocho años con alucinaciones musicales. Llegó bien arreglada, con chaqueta y collar, y habló

---

* La ilusión cara-jarrón, también conocida como jarrón de Rubin, fue descrita por primera vez por el psicólogo danés Edgar Rubin en 1915. Según se mire, la imagen muestra un jarrón blanco sobre fondo oscuro o dos rostros enfrentados de perfil: el cerebro alterna entre ambas interpretaciones, pero es incapaz de sostener las dos a la vez.

con elocuencia de su miedo a desarrollar demencia. Además del collar, llevaba audífonos en ambos oídos; sus problemas de audición habían ido empeorando a lo largo de veinte años. Dos años antes había desarrollado un acúfeno de baja frecuencia, con un sonido sibilante, y más recientemente había empezado a oír melodías que le resultaban familiares, entre ellas «Cumpleaños feliz», «Amazing Grace» y «Ten Green Bottles». Por lo general sonaban como una orquesta o una banda, y la letra se escuchaba claramente. Nunca oía voces sin la música y no tenía otras creencias delirantes.

Estos síntomas ilustran a la perfección cómo el cerebro construye activamente la realidad. Su trastorno se conoce como síndrome de Charles Bonnet auditivo, o alucinosis musical. No forma parte de un cuadro psiquiátrico ni de una demencia, sino que es un fenómeno de liberación: cuando una región cerebral queda privada de sus estímulos habituales, empieza a generar actividad por su cuenta. En este caso, la corteza auditiva crea sonido en ausencia de estímulos.

Todos experimentamos una forma mucho más leve de esto cuando confundimos un ruido de fondo con parte de una canción. El término síndrome de Charles Bonnet se refiere, en rigor, al equivalente visual: pacientes con deterioro visual pierden los estímulos que normalmente llegan a la corteza occipital, y esta, liberada de su control habitual, genera alucinaciones visuales. Una versión menor es también muy común: confundir estímulos visuales ambiguos, sobre todo con poca luz, como creer que el abrigo detrás de la puerta es un intruso. Es una forma de pareidolia —la tendencia a ver patrones con significado en estímulos aleatorios o ambiguos— y refleja el esfuerzo constante del cerebro por predecir y dar sentido al mundo con información incompleta. Este fenómeno es especialmente frecuente en la enfermedad de Parkinson; otro paciente de la misma consulta que Alice, por ejemplo, decía ver animales que correteaban por el papel pintado estampado. Muchos experimentan también alucinaciones visuales vívidas sin estímulo alguno que las desencadene.

Hemos establecido así varios principios fundamentales sobre nuestro cerebro primitivo. Primero, que esta estructura evolutivamente antigua impulsa nuestras necesidades y conductas básicas a través de sistemas compartidos con todos los vertebrados. Segundo, que, aunque los humanos hemos desarrollado habilidades cognitivas sofisticadas, seguimos limitados por la búsqueda de eficiencia del cerebro. Nuestra capacidad de interpretación, predicción y sensación de certeza —tan óptima para animales más simples en un mundo más previsible, gobernado por los reflejos— puede dejarnos expuestos en nuestro complejo entorno actual. Tercero, que nuestras experiencias y percepciones no son representaciones directas de la realidad, sino interpretaciones configuradas por los modelos predictivos del cerebro y la experiencia previa. Necesitamos aprender a trabajar con ellas, a moldear con sutileza su expresión, en lugar de intentar anularlas en vano.

IMPLICACIONES PRÁCTICAS

Estos hallazgos ofrecen lecciones que podemos aplicar a diario. Por ejemplo, cuando sientas que la ira te arrastra o que las emociones se apoderan de ti al responder a algo o a alguien, intenta visualizar a las neuronas profundas de tu hipotálamo —más o menos del tamaño de una uva, a unos ocho centímetros detrás del centro de tu nariz— dirigiendo esa reacción. O, si es otra persona la que reacciona, visualiza lo que sucede tras su nariz: su respuesta cerebral también surge de predicciones, no de un reflejo fiel de lo que ocurre ahora; sus experiencias pasadas y sus asociaciones aprendidas son las que generan esa respuesta rápida.

Cuando proceses señales visuales o auditivas, presta atención a hasta qué punto tu cerebro ya anticipa lo que va a percibir. Observa cómo algo inesperado atrapa tu atención: a menudo es el desajuste entre la predicción y la realidad lo que te hace prestar atención.

Cuestiona tus certezas. Esa sensación de «tener razón» que a menudo experimentamos es un fenómeno cerebral, no un indicio directo de verdad. Reconoce el poder del procesamiento inconsciente y acepta que tu mente fabrica percepciones que no siempre reflejan la realidad objetiva. Reflexiona sobre el camino que te llevó a tu convicción: examinarlo puede sacar a la luz sesgos o supuestos que no habías advertido. Luego aplica el mismo prisma a los demás.

Las creencias firmes suelen tener raíces profundas. Cuando te topes con alguien que ve las cosas de forma muy distinta, piensa en las «semillas» que lleva consigo: las experiencias que cimentaron su manera de entender el mundo. En lugar de desafiar su postura, intenta comprender qué asociaciones la sostienen. Acércate desde ahí e introduce con delicadeza información o perspectivas nuevas. Es más fácil que alguien revise sus ideas si amplías el terreno que si le plantas cara.

Practica la metacognición: piensa sobre cómo piensas. Observa con regularidad cómo nacen tus ideas, cómo evolucionan, cómo se influyen entre sí. Eso te dará una comprensión más matizada de ti mismo y de tus reacciones.

Aborda las situaciones como quien resuelve un crucigrama: no te quedes con la primera lectura. Examina cada pieza con flexibilidad, abierto a que encaje de formas que no habías previsto. Esa apertura puede revelarte lo que una lectura automática deja escapar.

Y haz pausas. Cuando te enfrentes a un problema difícil o notes que te precipitas hacia una conclusión, para. A veces basta una breve distracción; mejor aún, consulta con la almohada. Dejar que el cerebro procese la información puede aportar una claridad sorprendente al día siguiente.

Las experiencias tempranas ejercen una poderosa influencia sobre nuestro desarrollo y sientan las bases de nuestra forma de entender el mundo. Reconocerlo puede ayudarnos a comprendernos mejor a nosotros mismos y a los demás, y a abordar con empatía y lucidez la educación, las relaciones y la crianza.

Tras explorar cómo interpreta y predice nuestro cerebro primitivo, examinaremos ahora uno de los comportamientos más fundamentales surgidos de esa base: nuestra capacidad de imitación.

Capítulo 5

EL CEREBRO IMITADOR

Las enfermeras me preguntaron si podía adelantar la cita de mi paciente de las once, porque estaba alterando a los demás. «¡Gordo cabrón! ¡Gordo cabrón!». Esto lo gritaba Sam, una colegiala de dieciséis años con coletas, chaqueta gris y la corbata a media altura del pecho. También echaba la cabeza hacia atrás mientras lanzaba los brazos hacia delante, repitiendo el gesto varias veces en rápida sucesión. Los movimientos venían en ráfagas —secos, casi rítmicos— seguidas de una quietud momentánea, mientras los observadores alternaban a su vez miradas tensas y movimientos vacilantes.

Hemos recorrido las estructuras y procesos esenciales del cerebro, desde el movimiento y la motivación básicos hasta la fijación de metas, la predicción y el procesamiento de información. Pero ¿para qué utiliza la evolución estas capacidades? ¿Qué patrones de conducta despliega esta compleja maquinaria neuronal? Del mismo modo que Maslow propuso una pirámide de necesidades, podemos pensar en las funciones de nuestro cerebro como una jerarquía de prioridades evolutivas, donde cada función cumple un papel vital para la supervivencia. Ahora exploraremos una de las directrices más simples y, a la vez, más poderosas del cerebro: «copiar». Se trata de un mecanismo fundamental de imitación que nos permite adaptarnos con rapidez a entornos cambiantes y aprender. Veremos cómo sustenta conductas más complejas como la empatía, la influencia social y la evolución cultural.

Como seres sociales, los humanos hemos evolucionado para vivir en grupo por seguridad, para compartir recursos y resolver problemas en común. Una regla general que sigue nuestro cerebro es «copiar», una función imitativa que utilizamos incontables veces al día, nos demos cuenta o no. Puedo ilustrar ahora mismo lo poderoso y ubicuo que es este instinto con una sola palabra: «oscitación». Tal es la fuerza del contagio que basta con saber que significa «bostezo» para que probablemente notes cómo se te abre la boca.

Principio de la condición humana: «Estamos diseñados, en esencia, para imitar».

Esta regla básica de imitación se aplica a todos los grupos. En una manada puede implicar desviarse a la izquierda cuando lo hace el vecino; en una bandada, moverse al unísono, o en un banco de peces, los giros perfectamente coordinados. Los humanos no somos distintos, ya se trate de funciones básicas como bostezar, de movimientos algo más complejos como reflejar los gestos de la mano de nuestro interlocutor, o, como veremos, de conductas imitativas inconscientes mucho más elaboradas.

Como ocurre con muchos fenómenos humanos, hay un punto arbitrario en el que ciertos comportamientos se medicalizan, se etiquetan como anormales y se elevan a la categoría de síndrome. Un ejemplo fue descrito en 1878 por el neurólogo George Miller Beard, que viajó a la remota región del lago Moosehead, en Maine, para investigar un extraño trastorno que afectaba a los leñadores locales francocanadienses. Al sobresaltarse, estos hombres daban un salto, levantaban los brazos y a menudo proferían exabruptos. Más desconcertante aún: también obedecían órdenes repentinas, y a veces saltaban desde una altura o golpeaban a otra persona sin motivo aparente. Si esa tendencia a imitar y obedecer se hubiera limitado a talar y apilar árboles, habría resultado útil. Sus conductas más insólitas, en cambio, de poco servían.

Durante la pandemia de la COVID-19 se produjo un contagio imitativo relacionado: la explosión de un síndrome de Tourette de base psicológica que muchos jóvenes —incluida mi paciente Sam— «contrajeron» viendo vídeos de TikTok. Lo habitual es que los tics aparezcan de forma gradual antes de los diez años y mejoren en la adolescencia tardía (como en el caso de Billy, a quien conocimos en el capítulo 4). Este patrón difiere mucho del brote de la covid, que recibió la etiqueta de «tics de TikTok». Conviene señalar que estos tics no se consideraban conscientes ni deliberados, al menos en su mayor parte.

Estos ejemplos más extremos de imitación son fascinantes, pero quizá resulte más interesante —y sorprendente— que la imitación también sostenga buena parte de nuestro comportamiento cotidiano.

Imitar es un mecanismo cerebral básico e inconsciente que ha impulsado nuestra evolución, aunque a veces ese instinto simiesco nos haga quedar en ridículo. Es la base de la sincronización conductual, algo que todos podemos observar a diario. Contempla a dos personas que caminan juntas y fíjate en cómo acompasan el paso. Ocurre incluso entre especies distintas: entre un perro y su dueño, por ejemplo. Sienta a dos personas en mecedoras y comprueba cómo, al poco tiempo, su balanceo se sincroniza. O contempla el vuelo de los estorninos al atardecer, esa hermosa coreografía sincronizada.

Principio de la condición humana: «Nuestros cerebros están diseñados para la sincronización, lo que favorece el aprendizaje y la mentalidad de rebaño».

La sincronización masiva no solo ocurre en aves o peces, sino en cualquier animal gregario, incluidos los humanos. Es ubicua y rápida. Las expresiones faciales —ya sea un ceño fruncido o el amago de una sonrisa— son reflejadas por el observador en los 900 milisegundos posteriores al movimiento inicial. De hecho, nuestra capacidad imitativa es tan veloz y automática que los músculos faciales se ajustan ante imágenes de sonrisas y ceños fruncidos que aparecen y desaparecen antes de que la consciencia las registre. Cuanto más fuerte es la señal sensorial y mayor la atención mutua, más intensa es la imitación. Así, dos personas que caminan juntas acompasan el paso con mayor facilidad si pueden oír el sonido de sus zapatos o si van cogidas de la mano.

Es evidente que buena parte de nuestra conducta diaria deriva de la tendencia del cerebro a imitar, pero ¿por qué evolucionamos con esta función? Su primer papel tiene que ver con la supervivencia inmediata: conseguir comida, escapar de los depredadores, desplazarse con mayor eficiencia. Imitar permite que más ojos y oídos detecten amenazas. Si un ave echa a volar de repente, para las demás, eso puede significar peligro, así que la seguirán de forma refleja. La seguridad es, de hecho, un motor fundamental de la vida en grupo. Históricamente, los humanos éramos mamíferos igualmente vulnerables, y conservamos un poderoso instinto gregario. Ese instinto pervive en cómo, sin darnos cuenta, sincronizamos los movimientos: basta observar a un grupo de personas caminando juntas o bailando. (Disculpe, ¿le apetecería participar en una sincronización cinestésica bilateral con coherencia temporal precisa?). Observa cómo, cuando alguien dirige la mirada hacia otro punto, los demás le siguen: un movimiento con una clara ventaja de supervivencia.

Más allá de la supervivencia, la imitación también fomenta el aprendizaje. Los primates son particularmente buenos en esto, de ahí la expresión «hacer el mono». Dale una escoba a un chimpancé y copiará al cuidador: la pasará por el suelo.[17] También imitan a otros al cascar nueces, hasta acompasar el ritmo del golpe. Nikhil Chaudhary, profesor de Antropología en Cambridge, me mostró un vídeo relacionado con esto: una bebé de una comunidad cazadora-recolectora golpeaba repetidamente un hueso con un machete para imitar a su hermana mayor, que intentaba acceder a la médula. Cualquier trabajador social se habría llevado las manos a la cabeza.

La tercera consecuencia —y la más profunda— de nuestra capacidad de imitación se entiende mejor si antes explicamos cómo ejecuta el cerebro ese proceso.

La neurociencia de la sincronización

En términos sencillos: para copiar un movimiento, observamos lo que hace el otro, lo cotejamos con las capacidades de nuestro propio cuerpo y lo reproducimos. Es el mismo proceso que sigue un bebé al sacar la lengua imitando a su progenitor, o un delfín al mover las aletas siguiendo los gestos de un socorrista. Los mecanismos subyacentes son los que hemos visto en capítulos anteriores: cómo se planifican y se ponen en marcha los movimientos, y cómo opera el cerebro predictivo.

Como hemos comentado, el cerebro mantiene un modelo dinámico del mundo que integra experiencia pasada, estímulos presentes y expectativas futuras. Percibir es actualizar ese modelo: ajustar la representación de cómo están las cosas en cada momento. De ahí se deriva un segundo modelo: qué debe hacer el cuerpo para alcanzar el objetivo en curso, es decir, qué movimiento ejecutar. Como vimos en el capítulo 2, el proceso consta de varios pasos: la corteza selecciona qué conjunto de movimientos activar y extrae los «registros» adecuados de la *jukebox* de los ganglios basales; dicho de otro modo, busca el libro correcto en la biblioteca. A esta selección se la denomina ideación motora.

Cuando este proceso se altera, ya sea de nacimiento (lo que se conoce como dispraxia) o tras una lesión cerebral sobrevenida, la persona tiene dificultades con tareas complejas que exigen movimientos coordinados. En la consulta, lo exploramos pidiéndole al paciente que reproduzca posturas de nuestras manos o que represente por mímica tareas cotidianas, como golpear un clavo con un martillo.

La imitación tiene su origen en lo que a veces se denomina acoplamiento acción-percepción. Observar a otra persona realizando una acción activa los mismos procesos perceptivos que cuando la realizamos nosotros. Por tanto, algunas de las mismas neuronas y redes neuronales intervienen tanto en la percepción de las acciones ajenas como en la ejecución de las propias. Son las llamadas neuronas espejo. Están ampliamente distribuidas por el cerebro y demuestran que este funciona como un sistema unificado, que transita sin fisuras de lo que percibimos a lo que hacemos. La información no llega a una especie de sabio que, desde algún rincón de nuestra cabeza, dicta las órdenes de movimiento. No hay una «neurona directora general» ni ninguna sala de control central. El cerebro funciona como un sistema complejo en el que interactúan innumerables neuronas, algo parecido a la meteorología: surgen patrones y corrientes sin que ningún elemento individual esté al mando. Esto cuestiona la idea común de un modelo lineal «percepción–decisión–acción». (Exploraremos este sistema con más detalle en los próximos capítulos).

Como mencionamos en el capítulo anterior, muchos hallazgos en neurociencia se han identificado primero en el sistema visual por su mayor facilidad de estudio. Por ejemplo, se descubrieron neuronas que se activaban tanto cuando un mono agarraba una manzana como cuando veía a otro hacerlo. Estudios posteriores encontraron neuronas espejo similares en otras regiones del cerebro. Dado que el cerebro conecta directamente lo que percibe con lo que puede ejecutar, estas neuronas solo se activan ante acciones biomecánicamente posibles. Los movimientos que no encajan con el repertorio motor natural se proyectan con más dificultad sobre nuestras propias representaciones. El proceso depende del procesamiento predictivo que vimos en el capítulo anterior: el cerebro debe calcular primero si la acción es reproducible antes de que las neuronas espejo entren en juego.

Estos mecanismos imitativos son más potentes en las interacciones cara a cara, cunado las neuronas espejo tienen acceso al flujo más rico de información social. Cuando podemos ver en tiempo real el abanico completo de expresiones, gestos y movimientos de otra persona, nuestros mecanismos imitativos se activan con mayor intensidad. Un ligero arqueo de ceja, un sutil cambio de postura, el ritmo de la respiración: estas señales sutiles despiertan patrones equivalentes en nuestro propio sistema motor y generan un nivel más profundo de sincronización inconsciente.

Esto explica por qué las videollamadas, aunque útiles, no producen el mismo grado de sincronización conductual que las reuniones presenciales: nuestro cerebro evolucionó para procesar y reflejar la presencia tridimensional de otro ser humano. En negociaciones empresariales, los acuerdos tienen más probabilidades de prosperar cuando se cierran en persona. Los profesores logran mayor implicación y mejores resultados en clases presenciales que en línea. El efecto se amplifica con el tamaño del grupo: pensemos en la diferencia entre asistir a un concierto en directo y verlo en *streaming*, o entre manifestantes que marchan juntos y quienes se coordinan en línea.

Nuestras neuronas espejo parecen funcionar mejor ante la presencia directa del otro, sin pantallas de por medio, tal como ha sido durante toda nuestra historia evolutiva.

Este proceso crea una «resonancia motora» entre nosotros y los demás: las neuronas que representan una acción motora se activan simultáneamente en quien la ejecuta y en quien la observa. Esto permite al observador percibir la acción y, salvo que intervenga la inhibición, reproducirla de forma automática. De ahí nace el contagio motor, pero también, como veremos en los dos próximos capítulos, el contagio y la influencia social.

IMITAR O NO IMITAR

La señora F era una maestra jubilada, derivada a mi consulta por problemas cognitivos. Lo primero que advertí fue que se acariciaba la nariz cada vez que yo me tocaba la mía. Cuando puse a prueba su reacción con gestos más evidentes —rascarme la barbilla, tirarme de la oreja—, me imitaba punto por punto. Su marido, sentado a su lado, nos observaba con una mezcla de preocupación y tristeza. «Se ha vuelto como una marioneta de cuerdas invisibles —me explicó—. Al principio pensábamos que era por ser complaciente —ya sabe, los profesores tienden a asentir con sus alumnos—. Pero ahora copia a todo el mundo, todo el tiempo. La semana pasada, en el supermercado, siguió cada movimiento de una desconocida a lo largo de tres pasillos: cogía productos que no necesitaba, se detenía cuando la otra se detenía. Incluso empezó a cojear cuando visitamos a nuestra vecina, que tiene mal la cadera». Quizá fuera una suerte que la señora F no pareciera consciente de su propia mímica; las pruebas posteriores revelaron que se debía a una enfermedad poco frecuente: la variante conductual de la demencia frontotemporal.

El sistema de neuronas espejo del cerebro nos permite comprender las acciones ajenas y, llegado el caso, imitarlas.* Cuando deducimos

---

* Aunque el concepto de neuronas espejo ha sido influyente para explicar la empatía y cómo entendemos las acciones ajenas, este campo es objeto de debate continuo. Críticos como Gregory Hickok sostienen que mecanismos alternativos, las intenciones de otra persona, nuestro cerebro reproduce esas intenciones en sus propias vías neuronales. Sin embargo, en condiciones normales, no imitamos automáticamente cada acción que vemos. Esto se debe a los mecanismos de control inhibitorio de los lóbulos frontales, que regulan la actividad del sistema de neuronas espejo. Cuando estas áreas se dañan, puede aparecer la ecopraxia, una tendencia a copiar en exceso como la de la señora F. Un fenómeno emparentado es la ecolalia: la repetición involuntaria de las palabras de otro, o de las propias al final de una frase, cuando ya no quedan más palabras por pronunciar y el efecto inhibidor decae. Se observa en circunstancias similares, pero también en personas por lo demás sanas, como los leñadores de Maine. Un antiguo colega neurólogo también solía hacerlo (hacerlo).

Hay factores que potencian el efecto. Por ejemplo, es más fuerte cuando inicia la acción alguien conocido o un líder. En grupos humanos y animales, quienes ejercen más influencia suelen ser los de mayor edad, pero también los más audaces, y quienes mantienen vínculos sólidos con sus seguidores. Los éxitos pasados incrementan esa influencia: los animales que han conducido antes a otros al éxito acumulan capital social y tienen más probabilidades de ser seguidos. La relevancia de todo esto para el liderazgo y la influencia entre iguales resulta evidente. En las redes sociales, el efecto se amplifica con rapidez: basta con que alguien publique algo o reaccione a una publicación para que se desencadenen respuestas similares en toda su red de contactos.

Lo que más determina a quién imitamos —y, por consiguiente, nuestras tendencias conductuales— son las personas de nuestro entorno inmediato. Primero los padres, después los iguales. Podemos pensar en los patrones conductuales resultantes como en una enfermedad infecciosa con un número R, concepto familiar desde la pandemia. R es el número medio de personas a las que contagia un

---

como el aprendizaje asociativo y el procesamiento sensoriomotor general, podrían explicar muchos de los hallazgos atribuidos a las neuronas espejo. Con todo, el concepto más amplio de imitación especular sigue siendo fundamental para entender la cognición social, al margen de los mecanismos neuronales específicos.

infectado. Un R inferior a 1 haría que la propagación se extinguiera; un R superior a 1 implica un incremento exponencial.

Otro concepto útil aquí es el introducido por Richard Dawkins en su libro de 1976 *El gen egoísta*.[18] Dawkins sostenía que los genes son las unidades primarias de selección en la evolución. Introdujo además el concepto de *memes*, que definió como unidades de transmisión cultural —ideas, conductas, estilos o usos— que se difunden de persona a persona dentro de una cultura. Planteó que los memes desempeñan en la evolución cultural un papel análogo al de los genes en la evolución biológica: dos formas distintas de imitación.

Imitar tiene claros beneficios para la supervivencia, pero la propia ideación motora también, incluso cuando la imitación no llega a ejecutarse. Ser capaces de percibir la acción actual de otro es el preludio para anticipar su acción futura. Nos permite evaluar si será amigable o amenazante y, en consecuencia, planificar nuestra respuesta. De hecho, esto nos lleva al efecto más trascendente de todo el proceso: la mentalización, la capacidad de inferir el estado mental de los demás. La exploraremos en profundidad en el capítulo 11.

Cuando observamos las acciones de otra persona, nuestro cerebro parte de lo que nosotros haríamos en esa situación. Pero, al predecir nuestras acciones, también anticipamos nuestras intenciones, y esa inferencia se proyecta sobre la persona observada. De este modo, las neuronas que codifican acciones, al evolucionar el cerebro hacia su forma humana más compleja, pasaron también a codificar intenciones. Leer la mente del otro se convierte así en una extensión de la imitación motora: damos por hecho que si los demás hacen lo que haríamos nosotros, lo hacen con el mismo propósito. Si vemos a alguien coger una taza y girarse hacia la puerta, por ejemplo, suponemos que quiere marcharse, porque eso es lo que probablemente haríamos en la misma situación.

Este efecto espejo puede influir también negativamente en la conducta colectiva, como ocurre con el efecto del espectador, donde la gente vacila porque reproduce inconscientemente la inacción de quienes la rodean.* La capacidad de representar los estados mentales ajenos difumina la frontera entre nosotros y los otros, algo a lo que volveremos más adelante. Y la influencia que esa representación ejerce sobre nuestras propias acciones nos conduce directamente a la empatía.

Hay diferencias sutiles pero importantes entre captar el estado emocional del otro y sentirlo realmente, reflejar su malestar. Es bueno que un médico esté atento al estado de ánimo de su paciente, pero no hasta el punto de que todos acabemos pasándonos a la radiología. Un caso más extremo es el del psicópata, capaz de percibir el dolor de su víctima y, sin embargo, obtener placer de él. La mayor parte del tiempo, no obstante, la mayoría sentimos contagio emocional: los niveles de cortisol de los bebés suben en paralelo a los de sus madres, y los perros replican el estrés de sus dueños. Y casi todos haríamos una mueca de dolor si os contara que alguien se ha machacado un dedo con una puerta.

Sentir lo que sienten los demás es un paso evolutivo clave para la formación de grupos, pero su propósito no se limita a que evitemos los errores ajenos. Idealmente, queremos aliviar su sufrimiento y mejorar su situación: un impulso en apariencia desinteresado que, sin embargo, evolucionó porque quienes vivían en grupos cooperativos y empáticos tenían más probabilidades de sobrevivir y reproducirse. Por ejemplo, Un mono no tirará de una cadena que le proporciona comida si con ello provoca una descarga eléctrica a otro mono, aunque esté famélico.[19] Este contagio emocional nos hace menos proclives a actuar de formas que provoquen malestar visible en otros. También nos frena ante un malestar que podemos imaginar aunque no veamos, si bien este segundo efecto es más débil. Eso explica por qué resulta más fácil tomar decisiones duras cuando no hay contacto humano directo. Un consejo de administración puede priorizar inversiones con objetividad gracias a la distancia emocional; los mé-

---

* El efecto espectador implica varios mecanismos psicológicos además del efecto espejo, como la ignorancia pluralista (cuando la inacción de los demás se interpreta erróneamente como señal de que no hay un problema real) y la difusión de la responsabilidad (cuando cada persona asume que otro actuará).

dicos, en contacto directo con sus pacientes, o los diputados, con sus electores, lo tienen más difícil.

Esta es la diferencia clave entre ser amable, expresar simpatía y ser compasivo. La compasión es mucho más difícil e implica esforzarse activamente por mejorar la situación del otro. La barrera es que el destino de la otra persona puede empeorar antes de mejorar. O, al menos, que tengamos que aumentar nuestra implicación emocional y que su tristeza nos contagie mientras intentamos promover su bienestar. Eso disuade a muchos de ayudar. Me temo que es bastante común en la medicina, donde tanto los incentivos personales como los institucionales favorecen la amabilidad frente a la compasión. En muchos otros ámbitos ocurre lo mismo.

Aunque estos mecanismos imitativos evolucionaron para ayudarnos a sobrevivir y prosperar en pequeños grupos, adoptan formas fascinantes —y a veces preocupantes— en el mundo moderno. Un buen ejemplo es el del tabaquismo. La mayoría de los fumadores se arrepienten de haber empezado y querrían dejarlo. Entonces, ¿por qué empiezan a fumar? Con diferencia, el predictor más fuerte de si alguien fumará es el porcentaje de sus amigos más cercanos que fuman.[20] Si tu mejor amigo deja de fumar, tus probabilidades de dejarlo aumentan un 36 %. A la inversa, a medida que aumenta el número de amigos que empiezan a fumar, sube la probabilidad de que tú también adoptes ese vicio.

Si empiezas a fumar, eso podría inclinar a una tercera persona a fumar, y así se genera un efecto en cascada. Por el contrario, lograr que un número crítico de personas deje de fumar puede activar la cascada en sentido contrario. Un número R inferior a 1.

Ya puedes ver cómo, en grupos, emerge un bucle de retroalimentación «positivo». El efecto imitativo es mayor cuanto más gente participa, lo que produce un efecto dominó en el rebaño o ese momento de viralizarse en redes. El paralelismo con la covid vuelve a ser muy ilustrativo. Cuanto mayor es la distancia social, mayores son las barreras a la interacción y menos probable resulta el contagio.

Este principio de distancia y conexión sociales nos lleva a una cuestión crucial: ¿cómo estamos conectados exactamente unos con otros y qué conexiones importan más para el contagio conductual?

Al final, todos estamos conectados. Seis grados de separación. Pero nuestro entorno inmediato es mucho más potente. De niños, son nuestros padres; un poco más adelante, nuestros iguales; de adultos, nuestros amigos y compañeros de trabajo. Tenemos lazos fuertes y lazos débiles. Lo deseable es el contagio conductual de las cosas positivas y no de las negativas. El objetivo es contar con suficiente influencia positiva para contrarrestar la negativa.

Hablaremos mucho de bucles de retroalimentación positivos y negativos. Son ubicuos y potentes en la sociedad. En este contexto, positivo no significa necesariamente bueno ni negativo malo; aquí positivo significa creciente y negativo, decreciente. ¡Un número R «positivo» de más de 1 en la pandemia no era nada bueno!

Así como los patrones modernos de viaje aceleraron masivamente la propagación de la covid, lo mismo ocurre con las redes sociales y los memes. La influencia social actúa en nuestro organismo como una droga. Del mismo modo que un medicamento requiere una dosis específica para ser eficaz, los cambios conductuales suelen necesitar una masa crítica de influencia social para consolidarse. Piénsalo como un «punto de inflexión social». Cada conducta observada (cada información compartida) supone una dosis que se va acumulando en nuestro esquema mental. Cuando esas «dosis» alcanzan cierto umbral —una concentración crítica—, pueden desencadenar un cambio profundo en la conducta o el pensamiento de todo un grupo, incluso de una sociedad entera. Una nueva tendencia de moda, por ejemplo, no se impone de inmediato: necesita que un número crítico de personas la adopte, tras una exposición repetida, antes de difundirse ampliamente. Recuerda: las neuronas que se activan juntas se conectan juntas.

Un ejemplo es la rápida desintegración de la Unión Soviética a finales de los ochenta, que nadie había previsto. Durante décadas, el descontento con el sistema soviético había ido en aumento, pero permanecía en gran medida invisible. Sin embargo, a medida que las políticas de glásnost (apertura) y perestroika (reestructuración) de Gorbachov se afianzaban, la gente comenzó a expresar su malestar abiertamente. Que el disenso se hiciera visible actuó como catalizador y desplazó con rapidez a la opinión pública más allá de un umbral crítico.

Algunas de las consecuencias sociales de este fenómeno han sido formuladas por el sociólogo Everett Rogers con el concepto de punto de inflexión, popularizado después por Malcolm Gladwell, y también por el climatólogo Edward Lorenz, que describió lo que se dio en llamar el efecto mariposa: un cambio minúsculo en una parte de un sistema interconectado puede provocar variaciones drásticas en su comportamiento global. Dawkins señala que esto ha sido una constante a lo largo de la historia: en cada época, la gente ha creído con firmeza cosas que hoy parecen absurdas, hasta el punto de que disentir resultaba muy controvertido. Pensemos en filósofos que antaño debatían la moralidad de la esclavitud, o en el rápido cambio de actitud hacia el matrimonio homosexual que se ha producido en el transcurso de nuestras vidas laborales.

Al margen de estos grandes efectos, hay ejemplos de contagio emocional en nuestra vida diaria igual de ubicuos. Daré solo una pincelada: primero lo neutro, luego lo útil y, por último, lo dañino.

CONTAGIOS CONDUCTUALES NEUTROS

Ya hemos visto un ejemplo: la oscitación —el contagio del bostezo— mencionada antes. ¿Te he contagiado otra vez? Otro es la risa enlatada de los programas de televisión en plató: quizá no nos guste, pero nos gusta aún menos su ausencia, como dejó dolorosamente claro el silencio de los concursos durante las grabaciones sin público en la pandemia. Esto demuestra que nuestro instinto imitativo persiste incluso cuando nos resistimos conscientemente: podemos poner los ojos en blanco ante la risa enlatada, pero nuestro cerebro reacciona a esa señal social de forma automática. Aunque quizá debiéramos incluir esto entre los contagios útiles: al fin y al cabo, es más probable que nos riamos en un espectáculo de comedia en directo, y que disfrutemos más de cualquier actuación en compañía que solos en casa.

Estos ejemplos revelan algo profundo sobre nuestro cerebro social: la imitación está tan enraizada que condiciona incluso lo que disfrutamos, aun cuando seamos plenamente conscientes de su influencia. Del mismo modo que nuestras neuronas espejo se activan al ver a alguien sonreír, la respuesta a la risa ajena —en vivo o pre-grabada— está inscrita en los circuitos sociales de nuestro cerebro.

Ya hemos mencionado muchos ejemplos de imitación motora, como al caminar o en las expresiones faciales. La imitación benigna también puede ser más compleja. Frans de Waal describió a un perro que empezó a arrastrar la pata poco después de que su dueño se rompiera una pierna. Siguió así hasta que le retiraron el yeso. Como dijo Plutarco: «Si convives con un cojo, aprenderás a cojear».[21] La influencia entre iguales y el contagio abarcan desde decisiones tan pequeñas como hacerse un *piercing* o un tatuaje hasta otras tan trascendentes como cuándo tener hijos y cuántos.

CONTAGIOS CONDUCTUALES POSITIVOS

Aunque muchos contagios son neutros, los hay indudablemente beneficiosos. Un buen ejemplo procede de los primeros tiempos de los paneles solares. Las imágenes por satélite mostraron que quienes optaban por instalarlos no lo hacían al azar: si una casa los ponía, era mucho más probable que las contiguas hicieran lo mismo. El efecto resulta particularmente potente por el cambio en el aspecto de la vivienda: es más fácil reparar en que una casa tiene paneles solares que descubrir que ha puesto suelo de madera en todo el interior. Esto nos recuerda algo importante: si quieres que una conducta se difunda, hazla visible; si quieres que desaparezca, hazla invisible —cubos de reciclaje y vasos reutilizables a la vista; la comida basura, fuera de ella—.

Y esto no se aplica solo a nosotros, sino también a quienes más nos importan, como nuestros hijos. Gran parte del beneficio de un buen colegio, por ejemplo, reside en convivir con compañeros que se esfuerzan en lugar de alborotar, y en imitarlos.

CONTAGIOS CONDUCTUALES NEGATIVOS

Por desgracia, los contagios negativos van mucho más allá de imitar a alguien que picotea entre horas. Muchos de nuestros grandes problemas de la vida moderna se ven agravados por el contagio social.

Al tabaco podemos añadir el alcohol, las drogas ilícitas, la inactividad laboral intergeneracional, las conductas antisociales y la víctima de maltrato que se convierte en maltratador. El exceso de velocidad, los disturbios y, en general, el delito también tienen un fuerte componente imitativo. Menos del 30 % de la variación en las tasas de criminalidad entre ciudades se explica por diferencias en las características objetivas del vecindario y sus residentes; la fluctuación se debe mucho más al efecto del contagio social.[22]

Luego están los efectos secundarios. Un estudio sobre el consumo de alcohol entre estudiantes, realizado en una universidad donde los compañeros de habitación se asignaban al azar, halló que a quienes les tocaba un compañero bebedor tenían más probabilidades de acabar bebiendo.[23] Quienes bebían —ya fuera de antes o por imitación del compañero— tendían a sacar peores notas. O tomemos la obesidad, cuyos niveles se correlacionan estrechamente no solo entre individuos del mismo hogar —algo quizá esperable si se presupone una dieta compartida—, sino también con el peso de sus amigos.

Mencioné antes al perro que imitaba la cojera del dueño. Un fenómeno relacionado es habitual en medicina: es bastante común que las personas reproduzcan de forma inconsciente déficits a los que han estado expuestas. Por ejemplo, la epilepsia es un trastorno caracterizado por descargas eléctricas rápidas y sincronizadas en el cerebro. Algunas personas que acuden a consultas de epilepsia presentan crisis «no eléctricas», temblores que imitan un ataque epiléptico. Esto es mucho más frecuente si hay otra persona con epilepsia en la familia. La crisis no epiléptica no es menos real ni menos angustiosa para quien la sufre, y sigue siendo de origen inconsciente (de lo contrario hablaríamos de simulación).

En 1774, Johann von Goethe publicó *Las penas del joven Werther*, sobre un amor no correspondido que lleva al joven Werther a quitarse la vida. En los años siguientes, una ola de suicidios barrió Europa. Vemos patrones similares hoy: la tasa de suicidio inusualmente alta de Finlandia, pese a su elevado bienestar general, apunta al contagio social más que a las condiciones de vida. A la inversa, la difusión de historias de esperanza y recuperación puede tener un efecto protector, llamado «efecto Papageno» por el personaje de *La flauta mágica* de Mozart al que ayudaron a elegir la vida frente al suicidio.

Muchos de los ejemplos anteriores se centran en conductas individuales, pero existe también un fenómeno grupal conocido como la «tiranía de los primos». Aquí, la imitación sutil y la influencia mutua dentro de un grupo acaban generando decisiones y consensos de forma espontánea. Como una marea creciente, las ideas y las conductas se difunden poco a poco y van moldeando la acción colectiva. Esto puede producirse tanto en pequeños grupos como en organizaciones grandes, aun cuando intenten mantenerse imparciales.

**Principio de la condición humana:
«El pensamiento colectivo genera conductas
y creencias emergentes. Reconoce tanto la sabiduría
como la "tiranía de los primos"».**

Un ejemplo particularmente extremo, pero que no podemos pasar por alto porque sigue ocurriendo, es la capacidad de los humanos para perpetrar asesinatos en masa a través de las guerras. Puede que nos hayamos «domesticado» como especie, menos dados a la violencia reactiva que nuestros parientes primates, pero nuestra violencia planificada en masa es mucho peor; ha acompañado a *sapiens* a lo largo de toda su historia, y sospecho que es la razón de que las demás especies del género *Homo* se hayan extinguido. Poblaciones enteras siguen desapareciendo, y las guerras siguen ocupando un lugar central en la política mundial.

Estos ejemplos de conductas excesivas y negativas, nacidas de nuestro instinto de imitar, ilustran como ningún otro la falacia de que «lo natural es bueno». ¿Gas natural, desastres naturales? *Natural* no significa siempre «bueno» o «beneficioso». Y el principio se aplica también a nuestro propio legado evolutivo. Muchos de nuestros rasgos y conductas innatos nos han servido bien a lo largo de la historia, pero no todos resultan ventajosos en el contexto moderno. Algunos son neutros; otros, profundamente siniestros. Los pezones masculinos son una redundancia benigna; nuestra tendencia al asesinato masivo, no.

Principio de la condición humana:
«Todos somos referentes en nuestros propios ámbitos. Usa este poder con responsabilidad».

Comprender estos mecanismos imitativos profundamente arraigados —tanto los beneficiosos como los dañinos— nos proporciona herramientas poderosas para crear cambios positivos y resistir las influencias negativas. Veamos cómo poner este conocimiento en práctica.

IMPLICACIONES PRÁCTICAS

Tomar conciencia de cómo nos influyen los demás es un primer paso poderoso. Ante cada acción o intención, pregúntate: ¿me están influyendo los demás? ¿Estoy replicando su conducta? ¿Es esto lo que de verdad quiero? Procura fomentar el contagio positivo y frenar la propagación de hábitos negativos.

Para los cambios deseados, recuerda que la fuerza suele estar en el número: sumar a otros hace que una conducta sea más visible y eficaz. Cuantas más personas involucres, más sólida será la sincronización y mayor el impacto de tus esfuerzos.

En tus interacciones, elige la compasión por encima de la mera amabilidad. La compasión va más allá de la educación e implica un compromiso auténtico con el bienestar del otro, incluso cuando exige incomodidad o esfuerzo.

Las interacciones cara a cara son especialmente poderosas cuando buscas influir en otros o sincronizarte con ellos. Las reuniones presenciales permiten una comunicación no verbal más rica, con señales que refuerzan los vínculos y estrechan la conexión. La comunicación digital tiene su lugar, pero no puede sustituir del todo la sincronización que genera la presencia física. Del mismo modo, crear entornos dinámicos —donde la gente no esté rígidamente sentada, sino que se anime a interactuar y moverse— puede potenciar la difusión de ideas y actitudes a través del contagio físico y emocional.

Reconoce que eres un referente dentro de tus propios círculos, ya sea con la familia, los amigos o los colegas. Tus acciones y actitudes tienen un efecto dominó, y las pequeñas conductas van tejiendo la trama social. El cambio puede parecer lento o imperceptible, pero cada acción se suma al efecto acumulativo. Piensa en cada aportación como parte de una «dosis total» de influencia capaz de acabar produciendo cambios significativos.

Adopta una mentalidad de «agua sobre piedra» cuando busques el cambio social. Igual que el agua modela la piedra poco a poco, el cambio social suele construirse lentamente hasta alcanzar un punto de inflexión. Predica con el ejemplo y promueve conductas positivas con constancia, aunque el progreso parezca incremental; tu persistencia alimenta el impulso que acaba por transformar las cosas.

Queremos hacer visible lo positivo, con una masa crítica de referentes adecuados. Robert Cialdini, por ejemplo, psicólogo social conocido por su trabajo sobre la influencia, describió un ingenioso experimento en el que los investigadores contrataron a actores para que recogieran basura en espacios públicos haciéndose pasar por ciudadanos: el resultado fue que otros los imitaron.[24] El efecto se multiplicaba si había más de un actor. Quizá los barrenderos deberían vestir de paisano en lugar de uniforme.

En el mundo de la empresa hablamos de «líderes de opinión clave», personas cuyas opiniones y acciones ejercen una influencia desproporcionada sobre quienes les rodean en su ámbito o comunidad. Todos podemos serlo, en cierta medida. Un hábito que adopté hace años fue dejar un margen particularmente amplio al adelantar a un ciclista, para inducir conducta de copia en otros conductores. Una actualización posterior del Código de Circulación lo ha recogido. Muchos conductores no conocen el cambio normativo, pero aun así conducen de otro modo por observar a quienes sí lo conocen y copiar inconscientemente su forma de conducir.

Las intervenciones sanitarias y de salud pública suelen fracasar porque se dirigen al individuo en lugar de al colectivo. Para lograr mejoras duraderas en salud, es necesario reorientarse hacia intervenciones que aprovechen la influencia social: ir más allá de educar o aconsejar a personas concretas y crear entornos y normas sociales que fomenten de forma natural conductas saludables. En la consulta, quizá baste con dejar un plátano encima de la mesa en lugar de decirle a un paciente que coma más fruta.

Aunque la copia moldea gran parte de nuestro comportamiento, no imitamos a ciegas: buscamos reconocimiento, aprobación y estatus, como exploraremos a continuación.

CAPÍTULO 6

EL CEREBRO DE LA VALIDACIÓN

—¡Papá, papá! ¿Podemos lavar tu coche?

Mis hijos, de tres y cinco años, llegaron dando botes, llenos de entusiasmo.

—¿Cuánto? —pregunté.

—Un euro. —Su primera oferta.

—Cincuenta céntimos. —Mi contraoferta.

—Trato hecho.

Y allá se fueron. Dejaron caer la esponja en la grava y la restregaron por la carrocería. Unos minutos más tarde habían terminado, con el coche en peor estado que antes. Se plantaron ante mí, radiantes con su obra, y me ofrecieron una moneda de cincuenta céntimos.

El sentido de esta historia no es revelar mis carencias como padre, sino ilustrar el siguiente principio que eleva nuestro cerebro a un grado mayor de sofisticación. No solo imitamos las acciones ajenas: el refuerzo positivo de los demás nos impulsa con una fuerza extraordinaria, y su efecto es inmenso.

El afán de validación y estatus se comprende mejor a la luz del sistema de recompensa cerebral, descrito en capítulos anteriores. Las recompensas sociales —el elogio, la aceptación, el ascenso en la jerarquía— activan los mismos circuitos dopaminérgicos que procesan

119

otras formas de recompensa, como la comida o el dinero. Perseguir validación y estatus es, por tanto, una manifestación más elaborada de los mecanismos básicos de consecución de metas, gobernados por la señalización dopaminérgica.

Esto, por supuesto, no se agota en la infancia. Si pensamos en el entorno en el que evolucionó nuestro cerebro, quedar fuera de un grupo equivalía a sucumbir frente a quienes pertenecían a uno, lo que con toda probabilidad significaba morir sin transmitir los propios genes. Los murciélagos vampiro regurgitan sangre en la boca de los compañeros que han tenido peor suerte en la caza, con la expectativa de que el favor sea correspondido otra noche: una póliza de seguros hematológica. La sociedad humana funciona con interdependencias bastante más complejas.

LA BIOLOGÍA DE LAS RECOMPENSAS SOCIALES

Para metas simples, como localizar comida, la señal de recompensa es la vista de las bayas o el olor de las moléculas aromáticas que desprende la cocción. Las señales de aceptación en el grupo son, del mismo modo, visuales, táctiles y auditivas: las sonrisas y expresiones de bienvenida que despliegan los intrincados movimientos de nuestra musculatura facial, los arrullos de la madre al bebé, los abrazos, las caricias, las palmadas y, en el caso de muchos animales, los lametones. Todo ello recibido en el momento oportuno, según los mecanismos de consecución de metas que vimos en el capítulo 2. Estos mecanismos de señalización son comunes a todos los animales sociales. Usaré el término «validación» como término genérico para designar este refuerzo positivo de los demás.

Como recién nacidos, apenas tenemos que hacer nada para suscitar una respuesta positiva. Los bebés desencadenan una liberación de oxitocina en sus madres que facilita el vínculo, pero se trata de un proceso bastante automático que no exige esfuerzo alguno. Con el paso de los meses y los años empezamos a esforzarnos activamente para obtener ese refuerzo. Un bebé que va afinando sus vocalizaciones hasta que empiezan a parecerse al habla despierta el entusiasmo de sus padres, y percibir ese entusiasmo libera una descarga adicional de dopamina en el circuito de recompensa del bebé. Esa descarga graba en su cerebro que ese movimiento laríngeo concreto fue beneficioso, y seguirá practicándolo. Así, gracias a esta práctica impulsada por la dopamina, el balbuceo va convirtiéndose en habla inteligible. Aprendemos gracias a la recompensa social.

A medida que crecemos, adquirimos más capacidades para imitar, como la bebé cazadora-recolectora del capítulo 5 que imitaba los golpes de machete sobre el hueso, o el bebé moderno que coge un tubo de cartón y finge pasar la aspiradora.

No solo nos motiva la intensidad del refuerzo positivo, sino también la posibilidad de perderlo. Recuerda que quedarse sin el apoyo del grupo o, peor aún, ser rechazado por él, era letal. En la antigua Grecia, el destierro y la muerte se consideraban castigos de gravedad similar, del mismo modo que hoy cualquier amenaza percibida contra nuestro estatus social resulta profundamente perturbadora. (Más sobre esto en el capítulo 7).

El experimento de la cara inexpresiva (*Still Face Experiment*) del psicólogo Ed Tronick ilustra muy bien cómo este miedo al rechazo moldea la conducta.* Cuando la madre deja de emitir señales positivas —faciales y auditivas—, el bebé se esfuerza inicialmente más por obtenerlas. Recuerda los procesos de consecución de metas de los capítulos 2 y 3. Ante un obstáculo, el organismo responde primero con un pulso de cortisol —una inyección extra de combustible al motor— para que superemos el reto. Después llega la descarga de adrenalina: un acicate para reaccionar de un modo u otro. La respuesta, sea lucha o huida, la determina el contexto. En el lactante del experimento de Tronick, esto se manifiesta como una rabieta; en un adulto puede escalar hasta un arrebato de ira en toda regla. Luego, el bebé de Tronick empieza a llorar, hasta que mamá regresa con sonrisas y sonidos reconfortantes.

Emociones similares se reproducen en todos nosotros, a todas las edades y en todos los ámbitos de la vida. El teatro y el guion exacto

---

* El vídeo dura apenas un par de minutos y merece la pena: busca «experimento de la cara inexpresiva».

pueden variar, pero la trama es la misma. La necesidad de validación es una meta persistente que nos empujará a hacer cuanto sea preciso para obtenerla. Y si la validación no llega, como en el experimento de la cara inexpresiva, siguen las pataletas y después la desolación.

Principio de la condición humana: «Necesitamos señales constantes de que pertenecemos a un grupo que cuidará de nosotros».

El problema de nuestra sociedad moderna es que las habilidades que hoy se nos exigen distan mucho de las destrezas manuales y el aprendizaje práctico de antaño. Antes, el aprendizaje era sobre todo práctico, entre iguales y con respuesta inmediata; hoy, en cambio, las acciones que nos granjean la validación del grupo son sobre todo cognitivas y abstractas: evaluaciones de rendimiento en el trabajo o, por ejemplo, escribir un libro. Por supuesto, hay otras señales que nos sostienen en el camino hacia la meta, pero la calidad y la cantidad de esas señales varían enormemente.

La evolución del estatus

El mundo moderno no solo ha transformado la velocidad a la que recibimos validación por nuestros esfuerzos, sino que ha alterado radicalmente el reparto de responsabilidades dentro de nuestras estructuras sociales. En épocas remotas, todos participábamos en la recolección o en la caza, en la vigilancia de depredadores o en la construcción del campamento; la validación no solo llegaba rápido, sino que se repartía de manera bastante equitativa. Sin embargo, era inevitable que algunos destacaran en ciertas tareas, lo que nos conduce a otro impulso humano fundamental, estrechamente emparentado con el anterior: el deseo de estatus. Comparte raíz con el deseo de validación —ambos son estados motivacionales que nacen de lo que creemos que los demás piensan de nosotros—, pero incorpora un componente de comparación. Los investigadores han definido el estatus como el respeto, la admiración y la deferencia voluntaria que una persona recibe de los demás en función del valor que estos le atribuyen para el grupo: en esencia, el prestigio.

Principio de la condición humana: «Es crucial que nuestro grupo nos acepte; es preferible que nos respete».

En nuestro entorno ancestral, todos tenían una oportunidad razonable de contribuir y ganarse la estima. Pero los marcadores de estatus actuales —conseguir un empleo prestigioso o acumular seguidores en redes— dependen de habilidades especializadas y de mucha suerte, factores mucho más desiguales. Hay quienes apenas tienen ocasión de obtener estatus de ningún tipo. Otros lo intentan, pero no logran progresos suficientes hacia esas metas, lo que agrava la sensación de no estar a la altura y mina la autoestima. Como vimos con las luchas interiores de Henry en el capítulo 3, estos sentimientos pueden erosionar el bienestar mental, sobre todo en un entorno donde la comparación es constante.

Por tanto, ya no se trata solo de si «me acepta» el grupo, sino también de «qué lugar ocupo» dentro de él.

Esto importa porque, cuando escasea la comida, si la parte que te toca de lo recolectado —y, con ella, tus posibilidades de sobrevivir— depende en parte de tu posición en el grupo, tus «puntos de validación» en relación con los demás cobran una importancia enorme. Esta jerarquía se observa con claridad en los monos, que miran preferentemente a los miembros de rango superior, hasta el punto de renunciar a un sorbo de zumo ofrecido como recompensa. En cambio, necesitan que se les ofrezca más zumo para dignarse a mirar a los de rango inferior.[25] Fenómenos similares se dan en humanos: la percepción de la jerarquía social se aprecia ya en los dos primeros años de vida; se agudiza con la edad, y es entonces cuando simpatía y popularidad empiezan a ir por caminos distintos.

Esto se entrelaza con otro fenómeno muy extendido en el reino animal: la jerarquía de dominancia. La dominancia puede depender de la fuerza física pura y de los resultados de refriegas sucesivas, pero también de las relaciones; en esencia, la política: lo que un conjunto de individuos piensa de los demás, y las coaliciones que se forman como resultado. Varios animales débiles coaligados pueden derrotar sin dificultad al más fuerte del grupo. Por ello, las actividades que suscitan más señales positivas de los demás facilitan el ascenso en la jerarquía de dominancia, lo que se traduce en mejor acceso a recursos y menor vulnerabilidad en tiempos de penuria.

Cuando otros animales forman jerarquías sociales, las peleas se producen con los vecinos inmediatos en la jerarquía, no con los que están lejos. En 1922, el zoólogo Thorleif Schjelderup-Ebbe observó que las gallinas domésticas reñían con sus vecinas para establecer y mantener una jerarquía, lo que a la postre reforzaba la estabilidad social y reducía el conflicto.[26] Introdujo el término «orden de picoteo» para describirlo. Jerarquías de dominancia similares se observan en un amplio abanico de animales, incluidos primates, aves, peces, crustáceos e insectos. Estas jerarquías afloran con más claridad en épocas de mayor competencia: las langostas y los cangrejos las establecen al saturarse sus hábitats, y los salmones las forman durante la freza.

El rango de dominancia se alcanza, por lo general, mediante una serie de interacciones agresivas en las que los animales despliegan dos capacidades cognitivas clave: deben recordar quién ganó y quién perdió en encuentros previos (memoria social) y han de ser capaces de deducir el rango de los demás a partir de la observación de sus interacciones (inferencia social). Esto permite que se desarrollen jerarquías a gran escala, aunque las peleas reales solo se den entre vecinos inmediatos.[27] Nuestro equivalente moderno es un equipo deportivo, que solo puede ascender o descender una división por temporada.

El poder, aunque estrechamente relacionado con la jerarquía del estatus social, es otra cosa. El estatus puede apoyar o habilitar el poder, pero no necesariamente. El estatus es algo que los demás te conceden; el poder, algo que se ejerce sobre ellos: la capacidad de influir mediante la facultad de castigar o de controlar recursos. Los mecanismos e interacciones exactos entre validación, estatus, poder y dominancia no se conocen del todo, pero lo esencial es esto: un motor fundamental de nuestra conducta, canalizado a través del sistema dopaminérgico de consecución de metas, es recibir validación de otros seres humanos y, más allá de eso, que los demás nos tengan no solo en alta estima, sino en mayor estima que a nuestros iguales.

¿Quiénes solían obtener más estatus? A menudo los mayores y más sabios, quienes tenían la experiencia para encontrar alimento y evitar trampas, al menos hasta que la debilidad física les impedía ganar peleas. En otros animales, ese componente físico hace que el dominante suela ser un macho, pero no siempre: los grupos de elefantes suelen ser matriarcales, con la hembra de mayor edad al frente de la manada. En primates como los chimpancés y los babuinos, el estatus depende de una mezcla de fuerza física, alianzas sociales y conductas de acicalamiento: la destreza social pesa tanto como la física. La capacidad de desenvolverse en redes sociales complejas y forjar alianzas clave desempeña un papel aún mayor en los humanos. (Exploraremos el avance evolutivo que lo hace posible en el capítulo 11).

Con la rápida aceleración de las capacidades humanas, a través de mecanismos que exploraremos en el capítulo 9, lo que constituye una contribución meritoria al grupo también evolucionó a toda velocidad. Donde antes impresionaba un bisonte asado a la brasa, hoy demostramos nuestro valor ante los demás inventando la máquina de vapor, la pistola o un programa informático: cosas realmente asombrosas que atraen grandes aplausos para sus creadores. Sin embargo, estas invenciones más complejas, y todos los pasos que conducen a ellas, requieren especializaciones y aptitudes que solo una parte de la población posee, como competencias avanzadas de programación, talento artístico o pericia científica. Quienes no tienen esa suerte ni esas aptitudes se quedan atrás. Quizá por eso las amenazas externas aumentan a menudo la cohesión grupal: cuando nos vemos de nuevo en situaciones de vida o muerte, todo el mundo es necesario y todos tienen la oportunidad de contribuir y de recibir validación. Y esa cohesión se intensifica con la magnitud de la amenaza: en un estudio de 1988 con veteranos de la Segunda Guerra Mundial, los vínculos más fuertes se daban entre quienes habían combatido juntos, sobre todo si habían perdido compañeros, incluso cuarenta años después.[28]

Así pues, el reconocimiento y la recompensa individuales sientan mejor que el anonimato, pero ¿hasta qué punto es realmente ubicua esta motivación por conseguir estatus? Si observamos todo lo que hacemos en la vida moderna, casi todo está motivado, de algún modo, por el efecto que tendrá sobre cómo nos ven los demás —dónde vivir, escoger un título profesional que suene impresionante, pulir una publicación de Instagram para obtener el máximo de «me gusta», o incluso algo aparentemente trivial como elegir una marca de café que proyecte una identidad concreta—. O, más precisamente, por las opiniones de quienes ocupan un lugar destacado en nuestra memoria: la familia, los amigos cercanos, tu jefe. Puede que las personas a las que buscamos impresionar jamás lleguen a ver el resultado de nuestro trabajo; puede incluso que murieran antes o mientras nos afanábamos en él. No importa: tenemos sus metas en la cabeza, moldeadas por los mecanismos que hemos descrito, y por una historia personal y unas experiencias que condicionan profundamente nuestros actos y valores.

De hecho, ciertos comportamientos que suelen granjearnos la aprobación ajena han acabado por interiorizarse, dando lugar a lo que llamamos conciencia moral: ese sentido de obrar bien a los ojos de un observador hipotético o de un Dios externo. Nos comportamos moralmente para conseguir la aprobación no solo de nuestro grupo real, sino también de un «público» imaginado que juzga nuestras acciones. Ese público interno nos guía a actuar como la persona buena que creemos ser, merecedora de validación y de un estatus elevado.

Los entornos en los que podemos obtener estatus no solo se han vuelto menos personales; también ha cambiado la forma de recibir elogios. De niños, obtenemos validación mediante sonrisas y palabras amables; de adultos, la validación llega en forma de títulos profesionales, mejores salarios y otros abalorios. Son potentes y ubicuos, y han sido un motor fundamental del desarrollo de la sociedad moderna y de nuestras propias trayectorias vitales.

Adam Smith lo resumió: la humanidad no desea ser grande, sino ser amada.[29] Napoleón lo aprovechó: un soldado haría cualquier cosa por un trozo de cinta de colores.[30]

126

Marcadores de estatus modernos

Uno de los problemas de los símbolos de estatus actuales es que es fácil caer en una carrera armamentística. Tomemos la remuneración de los altos ejecutivos. Las negociaciones no giran en torno al salario necesario para cubrir las necesidades básicas de Maslow, para sobrevivir. Se trata de sentir que los demás te consideran igual o superior a tus pares, y esa sensación se comunica en libras. Cuando la política del comité de remuneración consiste en pagar en el cuartil superior para atraer a los mejores, el resto sigue el mismo camino, lo que desencadena un bucle de retroalimentación desbocado. Esta preferencia por situarse por encima de los demás, aunque el nivel absoluto sea inferior, no se limita al salario: se extiende a otros bienes, como el coche, que en economía se denominan bienes posicionales. Cuanto más visibles, más posicionales: la insignia y el contorno de la carrocería importan más que el número de *airbags*.

Del mismo modo, la gente dona más cuando sus contribuciones son públicas: la mayoría de las fundaciones llevan el nombre de quien las financia. La industria se ha vuelto experta en explotar nuestra necesidad de estatus con la cinta sin fin de la moda, ya sea en ropa, coches, viviendas o una miríada de objetos: diferencias sutiles que señalan nuestros logros, nuestro ascenso, nuestra posición en la escalera del estatus. En 1899, el economista Thorstein Veblen acuñó el término *consumo conspicuo* en su ensayo *La teoría de la clase ociosa*, al observar que la gente compra bienes con el propósito principal de exhibir riqueza. Ejemplos actuales son el reloj Rolex o el abrigo de Louis Vuitton.

Pero esto no afecta solo a los estratos altos; ocurre en todos los ámbitos de la vida: los resultados en la escuela, la plaza en la universidad, un título profesional o un ascenso, el barrio en el que vives, el aspecto de tu casa, tu coche, tu ropa. ¿Eres joven, estás en forma, perteneces a un club? ¿Te asocian, a través de una institución o un lugar, con el éxito? Quizá sea en la política donde se muestra con más claridad, cuando vemos a personas adineradas, aparentemente exitosas, que ya lo tienen todo y, sin embargo, hacen lo imposible por conseguir una distinción honorífica.

Principio de la condición humana:
«La búsqueda moderna de estatus es una carrera imposible de ganar para la que nuestro cerebro ancestral no está diseñado. Reconocer este desajuste es el primer paso para liberarse de él».

Las decisiones sobre qué metas perseguir y qué acciones emprender vienen determinadas por el impacto que tendrán en nuestra reputación, en nuestra intuición de lo que los demás pensarán de nosotros. Dado que la experiencia acumulada graba en nuestro cerebro qué actividades reportarán estatus, nuestra biografía condiciona profundamente el rumbo que toman nuestras vidas.

Parte de la búsqueda de estatus está enfocada hacia fuera y de forma explícita, como los políticos que quieren votos, o los actores, aplausos. Otra es puramente para nuestro público interno: podemos dejarnos la piel en un trabajo concreto porque tiene un significado para nosotros, o mantener una relación a coste personal porque perderla acarrea un coste mayor. A veces creemos actuar sin la menor atención al estatus, e incluso desempeñamos funciones que así lo aparentan. Sin embargo, al examinarlo con cuidado, raras veces es así.

Tomemos a los académicos, por ejemplo, que a menudo dicen desempeñar su papel puramente por amor a su disciplina y consideran las exigencias de la universidad —dar clase o generar ingresos captando financiación— una distracción molesta. Como experimento mental, he preguntado a algunos si, hipotéticamente, aceptarían que se les eximiese de toda tarea administrativa y se les concediese dinero ilimitado para investigar, con la única condición de que toda su obra se publicase de forma anónima y nadie supiera de su brillantez. Ninguno aceptaría. Así que, aunque de verdad amen investigar, existe una búsqueda de estatus inherente a ello. De hecho, los descaradamente llamados «indicadores de estima» del mundo académico son potentes motores de trabajo duro y creatividad, como lo son otros sucedáneos del estatus en muchos otros ámbitos. Aunque no siempre beneficien el bienestar individual, estos impulsos resultan muy positivos para la sociedad: aceleran la investigación y generan nuevas ideas y herramientas. El estatus como motivador puede ser vano, pero no siempre es en vano.

**Principio de la condición humana:
«El afán de estatus alimenta la innovación
y el progreso cultural, pero puede socavar
el bienestar individual».**

Los efectos imitativos descritos en el capítulo 5 pueden amplificar ciertos reclamos de estatus. Si alguien reviste algo —o a alguien— de estatus, es más probable que nosotros hagamos lo mismo: vestir una marca concreta, conducir un determinado modelo de coche o veranear en un destino específico. Esto genera bucles de retroalimentación positiva que se retroalimentan. Tales bucles son muy comunes en la sociedad y pueden causar muchos problemas. Un ejemplo potente es la migración selectiva: personas que se desplazan, por elección, dentro o fuera de distintas áreas geográficas. Esto puede llevar a que barrios enteros se revaloricen o se deterioren, que atraigan grandes inversiones o se hundan en la pobreza.

La búsqueda de estatus puede impulsar el progreso de la sociedad moderna, pero los nuevos y relucientes símbolos de estatus siguen pasando por el filtro de nuestro antiguo sistema dopaminérgico de fijación de metas, y la compatibilidad entre ambos es escasa. Las pequeñas dosis de estatus que se recibían con frecuencia en los grupos cohesionados de antaño han desaparecido. Hoy experimentamos largos periodos de sequía seguidos de grandes picos de estatus: un ascenso, un nuevo título, un éxito. Todo ello transcurre a través de nuestro sistema dopaminérgico, pero cuándo y cuánto estatus se obtendrá es impredecible. Somos como el jugador del casino en busca de esa descarga de dopamina. El problema en las sociedades modernas es que demasiadas personas pasan demasiado tiempo en déficit: en abstinencia de estatus o en una posición relativa desfavorable.

Cuando prestas atención, descubres este mecanismo básico de «¿me quiere el grupo y, si es así, cuánto?» por todas partes. El aspirante a político, el padre orgulloso, el artesano, el emprendedor.

También en la medicina: si bien el deseo de una etiqueta diagnóstica es a veces completamente racional, ya que puede conllevar ayudas económicas u otros beneficios, para otros un diagnóstico aporta un sentido de identidad o de posición que contrasta con lo que, de otro modo, se viviría como una existencia invisible y sin relieve.

Debemos recordar que el impulso por elevar nuestro estatus evolucionó para operar en pequeños grupos. Surgió en un contexto en el que los humanos realizaban un repertorio reducido de actividades, con estabilidad de una generación a otra. Y por eso las personas de nuestro entorno inmediato siguen siendo las que más nos preocupan y las que más nos mueven. Recuerda: los soldados luchan mucho más por los miembros de su pelotón que por su país. Hoy, sin embargo, en lugar de vivir nuestras vidas en pequeños grupos, los pormenores de nuestra existencia se exhiben a menudo en un escenario mundial a través de las redes sociales. La función «me gusta», introducida a finales de la década de 2000, se extendió con rapidez por todas las plataformas: la nueva recompensa capaz de activar nuestras vías dopaminérgicas, un reforzador secundario* como el dinero, pero de naturaleza explícitamente social.

Nuestra búsqueda de «me gusta» y votos positivos ha conducido a una sociedad más hostil y dividida. Tener al alcance de un dedo sellos de aprobación —o de reprobación— de alcance planetario ha secuestrado nuestra ansia de estatus. En efecto, la experimentación de las redes sociales dio por casualidad con nuestra adicción al estatus. Y el experimento ha arrojado resultados desagradables: las «victorias» rápidas suelen implicar denigrar a otros, intentar subir el propio estatus rebajando el ajeno. Mezquindad y polarización viralizadas. Contrasta esto con nuestros ancestros, que buscaban validación en pequeños grupos cohesionados donde las aportaciones eran personales y profundamente significativas. Un cazador diestro o un buen constructor de refugios se ganaba el respeto mediante esfuerzos tangibles que beneficiaban directamente al grupo y fomentaban la cohesión y el apoyo mutuo. En el

---

* Recompensas como la comida se denominan reforzadores primarios, pues satisfacen necesidades básicas y no necesitan que aprendamos su valor reforzante, mientras que cosas como el dinero son reforzadores secundarios, porque requieren una asociación aprendida con el reforzador primario: la campana de Pavlov vinculada a la salchicha.

mundo de hoy, la falta de reciprocidad directa —esa correspondencia entre lo que se da y lo que se recibe— y la escala impersonal de las plataformas modernas han reemplazado la hondura emocional de la validación genuina por una sensación de valía hueca y fugaz.

Otro bucle de retroalimentación nocivo, descrito por el profesor Dennis Tourish al hablar del síndrome de enajenación del liderazgo, es la tendencia de las personas en posiciones subordinadas a dar la razón sistemáticamente a quienes ocupan rangos superiores.[31] Esto mantiene en silencio las voces críticas. Los de rango superior absorben los elogios y apartan a los pocos que se atreven a disentir. Se los tacha de «difíciles» y de «no saber trabajar en equipo». Conviene asentir si se quiere ascender. Los consejos de administración buscan cada vez más la diversidad de pensamiento, pero la fuerza del deseo de estatus la sofoca enseguida.

En el lado positivo, las acciones que los demás perciben como morales aportan estatus. De hecho, una de las funciones esenciales del estatus es precisamente esa: impulsar la cooperación. En la vida moderna se manifiesta en las fundaciones que crean las personas ricas —casi siempre, como se dijo, con su nombre—. Dar sienta bien. De hecho, por término medio, los voluntarios extraen más de la experiencia que los propios beneficiarios. Todo ello está profundamente inscrito en nuestro cerebro, como en el de otros primates. Los chimpancés que aspiran a un alto estatus se esmeran más en acicalar a las hembras y jugar con sus crías, siempre a la vista de todos, igual que los políticos que se pasean entre el gentío con el bebé en brazos.[32] También sobornan con comida a posibles aliados o parejas sexuales (hablo de chimpancés, pero seguro que te vienen políticos a la mente). A los posibles aliados se los corteja durante días antes de un enfrentamiento.

Territorio e identidad de grupo

Una de las razones por las que *sapiens* llegó a dominar el mundo es que el éxito del grupo en su conjunto pasó a determinar nuestro propio estatus. Si una creencia o una afiliación grupal aporta un estatus significativo, tiende a reforzarse en la mente del individuo, con narrativas construidas para sostener que la creencia es correcta y evitar así poner en peligro el estatus asociado. En general, la lealtad al grupo se impone a otras consideraciones. Por ejemplo, unos investigadores manipularon los programas electorales de republicanos y Ddmócratas para alterar la percepción de sus políticas, y los respectivos partidarios ajustaron su apoyo en consecuencia, aun cuando las políticas se acercaban más a las del partido contrario. El cambio se produjo porque su lealtad estaba ligada al partido, no a las políticas reales. Cuando se les preguntó por su cambio de opinión, sus «abogados internos», guiados por los lóbulos frontales, defendieron su postura sin advertir manipulación alguna por parte de los investigadores. Las personas más inteligentes suelen elaborar argumentos más sólidos para justificar sus creencias, lo que las convierte, paradójicamente, en algunos de los defensores más fervientes de las ideas marginales a cuyo influjo, como vimos en el capítulo 4, todos somos vulnerables.

En un plano más mundano, el rendimiento de nuestra selección nacional, de nuestros equipos locales, la apariencia de nuestras casas y de nuestras calles nutren la imagen que tenemos de nosotros mismos. Las connotaciones de un lugar alimentan nuestro estatus y, por tanto, nuestro bienestar. Cuando la galería Turner Contemporary se trasladó a Margate, entonces una localidad costera venida a menos, se inició una espiral ascendente impulsada por artículos que afirmaban que era *cool* y que «si eres sabes usar tu dinero, te deberías mudar allí». Sospecho que muchos de los que se mudaron en ese periodo rara vez visitan la Turner Contemporary.

Sin embargo, nuestra relación con el territorio tiene una cara más oscura: poseer territorio equivale a estatus, lo que conduce a la expansión territorial y al exterminio de los grupos rivales. Hasta hace poco, la población de Europa era genéticamente muy homogénea. De hecho, en la mayor parte del mundo hay poca diferencia genética, y la mayor diversidad se encuentra dentro de la propia África. Pero, retrocediendo milenios, Europa Occidental estuvo habitada por una sucesión de tribus distintas. De cada una se dice que desapareció misteriosamente, como las demás especies humanas con las que alguna vez coexistimos. Dado nuestro historial de genocidio, no creo que esos «misterios» lo sean tanto. Las batallas territoriales siguen librándose, ya sea militar o económicamente. La geopolítica global se entiende mucho mejor si se exponen las motivaciones de estatus que la mueven. Aceptar esta tendencia oscura como intrínseca constituye un paso importante para gestionarla.

A estas alturas resulta fácil ver cómo tendencias antaño necesarias para la supervivencia se han vuelto destructivas y desalentadoras. Con el tiempo, nos hemos alejado cada vez más de los grupos cohesionados y de estatus más equilibrado en los que nuestro cerebro estaba configurado para prosperar. ¿Podemos restablecer la adquisición de estatus como un proceso local, algo que priorice cultivar relaciones y emprender acciones concretas en nuestras comunidades? ¿Y podemos frenar la pugna por el estatus que se expresa en los selfis, los «me complace anunciar...» y los linchamientos virales en redes, donde la gente compite por señalar su superioridad moral condenando las supuestas faltas ajenas? ¿Podemos aliviar la carga de aspirar a la perfección social, esa comparación insostenible con imágenes filtradas, retocadas y distorsionadas? Cuando éramos una tribu de hermanos cazadores-recolectores, había relativamente poca diferencia entre nosotros. Hoy la comparación es con millones, con dinámicas de «el ganador se lo lleva todo» y éxitos imposibles de igualar. ¿Cómo corregir el rumbo?

Implicaciones prácticas

Volviendo a nuestra vida diaria, pregúntate cuántas de tus metas y motivaciones nacen del deseo de mejorar tu reputación o tu estatus. Toma distancia y examina qué te impulsa realmente, sobre todo cuando estés alterado o cuando alguien te cuestione. Pregúntate qué papel puede estar jugando el estatus en tu reacción. Si te sientes atrapado en una situación estéril —un trabajo sin futuro o una relación tóxica—, considera hasta qué punto tu identidad y tu sentido del estatus te mantienen atado.

Recuerda que los principios de capítulos anteriores —metas alcanzables, retroalimentación y desajuste entre metas y esfuerzo— se aplican también al estatus, que no deja de ser un tipo particular de meta.

Diversifica tus fuentes de estatus para que ninguna —como el trabajo— lo absorba todo. Esto es especialmente crucial para el estatus

133

laboral, ya que perderlo puede ser devastador. Tras cambios económicos como la desindustrialización, las sociedades que no ofrecen vías alternativas de realización están abandonando a sus ciudadanos.

Cuando intentes comprender las acciones de los demás, busca las motivaciones de reputación que se esconden detrás. Esta perspectiva te ayudará a mantener una distancia saludable frente a la negatividad, a empatizar con los motivos ajenos y a forjar relaciones más sólidas.

Si quieres influir en la conducta de alguien, busca el modo de vincularla a una ganancia reputacional. Fomenta las acciones positivas asociándolas a recompensas de estatus. Presenta las tareas necesarias en clave de beneficio para la reputación. Y al intentar modificar conductas de grupo, ve reforzando el progreso individual con pequeñas dosis de estatus.

Considera el poder que ejerce el lugar sobre nuestro bienestar. La basura, las pintadas y los edificios deteriorados pueden alimentar un ciclo que se perpetúa al señalar un entorno de bajo estatus. Invertir en el aspecto y la reputación de un lugar resulta vital, tanto por razones materiales como psicológicas. Recordemos que nuestros entornos nos moldean a través de bucles de retroalimentación, positivos y negativos. Aunque se necesitan cambios sistémicos, también podemos marcar la diferencia con nuestras interacciones cotidianas. Los pequeños gestos de respeto, sobre todo hacia quienes suelen ocupar posiciones percibidas como de menor estatus, pueden tener un efecto profundo en el bienestar colectivo.

A lo largo de los dos últimos capítulos hemos explorado cómo nuestro cerebro está configurado para imitar, comparar y buscar validación. Profundicemos ahora en cómo nos influimos unos a otros y en las emociones que ello despierta.

Capítulo 7

EL CEREBRO DE LA INFLUENCIA

Colin era un calderero naval de 48 años que llevaba en paro desde el cierre de los astilleros, más de quince años atrás. Sin oficio al que volver, su mundo se había encogido, más aún al empeorar su epilepsia. Sus crisis tónico-clónicas generalizadas no solo eran peligrosas, sino profundamente humillantes cuando le sobrevenían en público, a menudo con incontinencia urinaria. La vergüenza y la imprevisibilidad de su enfermedad le mantenían aislado en su pequeño piso, lejos de toda vida social, cada vez más debilitado por la inactividad.

Al adentrarnos en el papel de nuestro cerebro social, resulta evidente que la evolución nos ha impulsado a conectar, cooperar y competir al servicio del objetivo último de la vida: persistir, mediante la propagación del ADN. El biólogo evolutivo J. B. S. Haldane resumió este cálculo genético con una frase memorable: «Daría mi vida por dos hermanos u ocho primos», una expresión matemática de cómo nuestros instintos cooperativos responden a la supervivencia genética.[33] El ADN no tiene emociones; le es indiferente cómo se consiga. Pero la pulsión por persistir ha dado lugar a estructuras biológicas complejas —los animales— capaces de transmitirlo.

La cooperación grupal es necesaria para esta propagación. Un órgano por separado, como el hígado, no puede propagarse por sí solo:

135

debe cooperar con otros órganos. Un animal no es sino un grupo coordinado de órganos capaz de replicarse. Pero, como hemos visto, también es necesario que los animales cooperen entre sí: formar parte de un grupo fue clave para nuestra supervivencia. En sintonía con el objetivo evolutivo último de propagar nuestros genes, tenemos un fuerte impulso innato a cooperar más estrechamente con nuestros parientes genéticos más próximos —padres, hermanos e hijos—. Ese favoritismo suele extenderse en círculos concéntricos: cuanto más distante es la relación, menor la cooperación. Así, aunque podamos ayudar a un vecino necesitado, probablemente haremos mucho más por un familiar.

Hemos visto cómo estos impulsos de pertenecer a grupos motivan las acciones deseadas, nuestras conductas imitativas, nuestra búsqueda de validación y de estatus, pero veremos ahora cómo esos mismos sistemas pueden disuadirnos de ciertas acciones, a la par que favorecen la especialización y mitigan riesgos.

Las interdependencias modernas se estructuran en torno a leyes, invenciones muy recientes en la escala temporal de la evolución cerebral. Si consideramos las condiciones en las que evolucionó nuestro cerebro, resulta fácil entender que alguna forma equivalente de regulación de la conducta era imprescindible. Al borde de la inanición, por ejemplo, la tentación de robar de las reservas del grupo en beneficio propio en lugar de compartir equitativamente es enorme. De ahí que evolucionaran mecanismos de control para reprimir ese impulso: coopera o serás expulsado del grupo y morirás. Cuanto mayor es el grupo y más compleja la conducta, más vigilancia se requiere —una razón clave del incremento del tamaño cerebral en los primates—.*

---

* Algunos investigadores proponen que las exigencias cognitivas de la búsqueda de fruta —identificar, recordar y calcular el momento óptimo de acceso a recursos dispersos y estacionales— influyeron en la expansión temprana del cerebro en primates, en particular en regiones implicadas en el procesamiento visoespacial. Sin embargo, esto por sí solo difícilmente explica la espectacular expansión de la corteza prefrontal observada en humanos. La mayoría de las teorías actuales se inclinan por una explicación multifactorial, con la complejidad social, la cooperación, la planificación a largo plazo y la cognición simbólica como motores clave.

EL CEREBRO SOCIAL Y EL TAMAÑO DEL GRUPO

Para que un grupo funcione de forma óptima —y recuerda, no se trata de lo bien que funcione algo, sino de si es mejor que el grupo competidor—, se necesitan mecanismos que moldeen la conducta de cada individuo. Ya hemos hablado de la imitación, la validación y la búsqueda de estatus, mecanismos clave mediante los que las acciones de uno influyen en otro.

Para valorar el aporte de alguien al grupo en función de su desempeño —comunicado mediante señales de validación y ordenado a través de jerarquías de estatus—, nuestro cerebro debe recordar las acciones, el rendimiento, de cada individuo. Esto exige la capacidad de discriminar entre personas y recordar sus hazañas y sus fracasos. Este seguimiento, esta atribución y esta clasificación exigen una potencia de procesamiento inmensa, algo que solo ha sido posible gracias a la expansión de nuestra corteza cerebral.

Robin Dunbar, profesor emérito de Psicología Evolutiva en la Universidad de Oxford, analizó el tamaño de grupos animales —en particular, de primates— y mostró una correlación estrecha entre el tamaño cerebral y el tamaño del grupo social. En humanos, nuestro grupo social alcanza su tope en torno a los 150 miembros, cifra hoy conocida como número de Dunbar. Si la reproducción lo hace crecer más allá, el grupo se escinde. Nuestro cerebro, sencillamente, no da para más. Las exigencias cognitivas de rastrear, recordar y mantener vínculos sociales con cada individuo limitan el número de relaciones significativas que podemos sostener. Nuestro neocórtex, la parte del cerebro implicada en funciones superiores como la cognición social —nuestra capacidad de comprender y desenvolvernos en las relaciones e interacciones sociales (que exploraremos más adelante)—, tiene una capacidad finita que impone un límite al número de personas con las que podemos relacionarnos de forma significativa.

Esto se ha constatado una y otra vez en la historia humana. El número medio de invitados a una boda es 145; la aldea inglesa típica medieval tenía una población de 150, y un estudio similar sobre un pueblo de los Alpes entre 1250 y 1850 reveló que su población se mantuvo estable en 145 habitantes, pese al crecimiento demográfico de fondo.

Principio de la condición humana:
«Nuestro cerebro ha evolucionado para cultivar y mantener relaciones significativas con un máximo de 150 personas».

Nótese que esto difiere del número de conocidos que puede tener una persona, es decir, del número de vínculos. Una red profesional en LinkedIn puede ser mucho mayor y, de forma similar, impulsado por la búsqueda de estatus, el número de «amigos» en redes sociales es mucho más alto. Pero esas cifras exceden con mucho lo que nuestro cerebro puede gestionar en lo que respecta a coordinar conductas: trabajar juntos en una tarea, turnarse o ajustar las propias acciones en función de las necesidades o intenciones del otro; interacciones que van más allá de los intercambios superficiales y exigen tener en cuenta las perspectivas y metas ajenas.

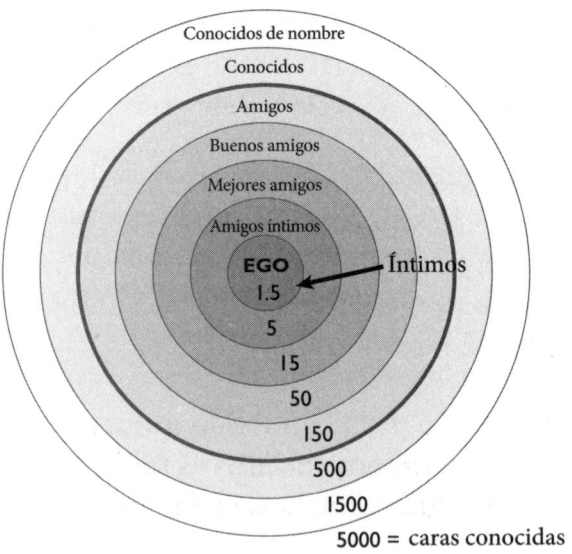

La cantidad de relaciones que realmente podemos mantener quizá se limite a 150, pero su calidad lo es todo. Las señales más significativas —y, por tanto, más influyentes— de que estamos seguros en el grupo provienen de las personas con quienes interactuamos a lo largo del tiempo y con las que previsiblemente seguiremos vinculados. El profesor Dunbar habla de círculos de amistad, que representan los grupos anidados que muestra la figura.[34] Los mejores amigos son quienes se conmoverían y se preocuparían si estás en apuros; los amigos íntimos de verdad son quienes lo dejarían todo por ayudarte: los hombros en los que llorar.

Estas relaciones duraderas y de alta calidad son un factor clave para el bienestar a largo plazo. Por ejemplo, un metaanálisis (un estudio que combina y analiza los resultados de múltiples investigaciones) de la psicóloga Julianne Holt-Lunstad halló que las personas con vínculos sociales más sólidos tenían un 50 % más de probabilidades de sobrevivir que quienes tenían lazos más débiles.[35] Otros estudios han asociado las relaciones sociales satisfactorias con tasas menores de depresión y ansiedad, mejor salud cardiovascular y menor riesgo de deterioro cognitivo y demencia.[36] Todo indica que estos beneficios actúan a través de varios mecanismos: la mitigación del estrés, el apoyo emocional y la adopción de conductas más saludables. Tanto es así que, además de vigilar la tensión arterial (TA) o la ratio de colesterol (total/HDL), yo añadiría a la lista el número HL: el número de hombros en los que puedes llorar. Para muchos es cero, o apenas uno o dos. Para el bienestar, el objetivo es cinco o más. Hay quienes pueden enumerar veinte o treinta, algo frecuente entre quienes acuden regularmente a un templo, donde la congregación ofrece apoyo social y amistad (además de los beneficios del efecto espejo ceremonial). Unirse a un coro también resulta muy eficaz por razones similares.

Principio de la condición humana: «El número de amigos íntimos es tan importante para la salud como la tensión arterial».

Por desgracia, la sociedad moderna ha eliminado muchas oportunidades de formar vínculos significativos y duraderos. Compañías como las ferroviarias o las mineras tenían sus propios grupos sociales en forma de clubes deportivos. Uno de los mejores momentos de un reciente congreso de medicina evolutiva fue cuando un residente de psiquiatría nos contó que había fundado un equipo de fútbol en una unidad psiquiátrica forense de alta seguridad, y nos habló del efecto transformador que esto había tenido en el ánimo de los internos, muy superior al de cualquier terapia de conversación. Me apresuro a añadir que no creo que el fútbol americano hubiera resultado igual de eficaz.

CUANDO EL EQUIPO GANA O PIERDE

En 1909, un pequeño equipo de fútbol de un pueblo minero de Durham, Inglaterra, ganó lo que a menudo se denomina la «primera Copa del Mundo»: el Trofeo sir Thomas Lipton. El West Auckland FC venció a Suiza 2-0 en la final, y repitió la hazaña dos años después con un 6-1 a la Juventus. ¡Qué alegría la de haber participado, qué orgullo debieron de sentir! Todo aquello se esfumó hace mucho, sustituido por una sensación de desesperanza conforme la comunidad se deterioraba económica y socialmente tras la desindustrialización, un recordatorio de lo importante que es preservar el propósito compartido y la cohesión comunitaria en tiempos de transición.

El tamaño de las familias es ahora mucho menor, y muchas personas no tienen familia alguna. Vamos al gimnasio como anónimos. Tenemos muchas relaciones transaccionales y pocas de calidad. Como sociedad, no hemos sabido llenar el vacío que dejó la desaparición de las estructuras e instituciones comunitarias tradicionales que proporcionaban un sentido de pertenencia y propósito. Un amigo médico de familia holandés que ejerce en una zona deprimida de Inglaterra me hablaba con tristeza de lo inactivos que eran sus pacientes. En los Países Bajos, si le pedía a un paciente que enumerara a qué grupos pertenecía, sus aficiones, te recitaba ocho, nueve o diez; pero, en aquella zona degradada de Inglaterra, sus pacientes apenas mencionaban uno o dos. O ninguno.

Casos como el de Colin me recuerdan el coste oculto del progreso —el paciente con el que abrimos este capítulo, a quien traté siendo residente de neurología—. Eché mano de mis conocimientos de farmacología, le ajusté la medicación y logré dejarle libre de crisis:

¡un éxito técnico! Pero, con las crisis, se fueron también sus visitas periódicas a la enfermera de epilepsia. En el seguimiento, Colin parecía más abatido que aliviado. «Bueno, supongo que estoy mejor», murmuró, evitando mi mirada. Ahora estaba libre no solo de crisis, sino también de uno de los pocos vínculos significativos que tenía.

El mismo problema se da cuando las familias se mudan con frecuencia y, por tanto, ya no están rodeadas de su tribu anterior. Los cónyuges del personal militar tienen un alto riesgo de ansiedad y depresión por este motivo. Pero donde la pérdida de vínculos familiares resulta más devastadora es en el encarcelamiento, que cercena esos lazos de raíz como casi nada. En ese vacío, la búsqueda de validación y estatus alimenta la formación de nuevas tribus y jerarquías, en perjuicio tanto de quienes quedan atrapados en ellas como de la sociedad a la que regresan. La prisión es un lugar excelente para cultivar la criminalidad.

Las personas mayores son especialmente vulnerables a la soledad: pierden a sus cónyuges, luego a los amigos cuando se mudan cerca de los hijos, y después van a parar a residencias y, al final, a cementerios. Mientras escribo estas líneas, la prensa informa de la supresión del servicio de comidas a domicilio para mayores con el fin de ahorrar presupuesto municipal. El ayuntamiento aseguró que nadie pasaría hambre, pero la principal preocupación para los ancianos no es la pérdida de comida, sino la pérdida de interacción social.

En la misma línea, la motivación para unirse a grupos religiosos, ya se trate de confesiones establecidas o de sectas, depende principalmente de los vínculos humanos, no de las creencias teológicas: muchos miembros pueden no comprender plenamente los detalles de los rituales o las creencias del grupo; son las prácticas compartidas las que proporcionan cohesión y pertenencia. Las sectas son, como cabe esperar, particularmente atractivas para quienes están socialmente aislados, en déficit de validación.

Los psicólogos Baumeister y Leary lo resumieron bien: las personas necesitan interacciones frecuentes y positivas con los mismos individuos, y necesitan que esas interacciones se den en un marco estable y duradero de afecto e interés genuino.[37] Lo más importante es la calidad de las relaciones. Contar con unos pocos amigos cercanos que se preocupen por ti importa mucho más para el bienestar a largo plazo que acumular multitud de conocidos superficiales.

Principio de la condición humana:
«Las amistades son muy costosas de mantener,
tanto en tiempo como en recursos cognitivos.
Dedica el esfuerzo necesario a tu círculo más cercano».

Hasta ahora hemos hablado de las zanahorias que motivan la cooperación e influyen en nuestras decisiones, pero también hay poderosos palos. Ya aludimos a uno en el capítulo anterior: los efectos de no recibir validación o de sufrir una caída de estatus. Veamos más de cerca cómo se manifiesta esto.

Un gran problema cuando aumenta el tamaño del grupo, como ha ocurrido en la sociedad moderna, es que resulta fácil anteponer el interés propio a la cooperación, lo que se denomina «gandulería social». En esencia, es fácil ocultar que uno no aporta nada, en parte porque sus actos no generan señales claras de validación. Las aportaciones individuales son menos visibles o reconocidas, lo que reduce la motivación, y la sensación de responsabilidad personal por los resultados del grupo se diluye, fenómeno conocido como «difusión de la responsabilidad». Aun así, nuestra historia evolutiva nos ha moldeado para equilibrar el interés propio con la cooperación, incluso cuando los beneficios no son evidentes de inmediato. Por ejemplo, dejar propina en un restaurante al que nunca volverás refleja una inclinación innata a actuar de forma prosocial, sin esperar nada a cambio.

Por desgracia, nuestra inclinación a la amabilidad no es todopoderosa. Un buen ejemplo es la tragedia de los comunes, situación en la que individuos movidos por su propio interés agotan un recurso compartido y acaban perjudicando a todo el grupo. A nivel neurológico, esta tendencia puede reflejar la dificultad de sopesar consecuencias abstractas y a largo plazo frente a recompensas inmediatas y tangibles. Ello depende de una corteza prefrontal que funcione bien, implicada en el control de los impulsos y la planificación del futuro, pero cuya capacidad tiene un límite (algo que exploraremos a fondo en el capítulo 14). Este interés propio a corto plazo se manifiesta en todo, desde la sobrepesca al cambio climático, pasando por compañeros de piso que descuidan la limpieza compartida o colegas que eluden su parte en un proyecto de grupo.

Esta tendencia puede reducirse si se fomenta el sentimiento de pertenencia en el grupo encargado de gestionar el recurso compartido movilizando las emociones ligadas a la pertenencia. Sin embargo, esto es mucho más difícil a medida que crece el grupo, dado que no podemos mantener más de unas 150 relaciones, razón clave por la que los huteritas, una secta cristiana anabaptista que vive en granjas de propiedad comunal, dividen su comunidad cuando el tamaño supera las 150 personas. Sostienen que, por encima de esa cifra, no se puede gobernar la comunidad solo con la presión de los iguales; hacen falta leyes y policía, algo contrario a su enfoque comunitario. Y probablemente los huteritas tengan razón, pues hemos visto una y otra vez que las formas más potentes de control social se apoyan en comunidades muy cohesionadas donde la influencia de los pares, más que las leyes formales, guía la conducta.

El mecanismo de control más poderoso es el opuesto a proporcionar validación —señales de seguridad en el grupo y de concesión de estatus—: retirar esas señales, ya sea por ausencia de comunicación o por la comunicación activa de lo negativo: ceños fruncidos, miradas airadas, gritos, insultos, ostracismo o incluso agresión física. Puede ser tan potente que llegue a ser letal.

Michael McPhillips, psiquiatra de Londres, se quitó la vida cuatro días después de enterarse de una investigación del General Medical Council (GMC)* tras una denuncia contra él. En su nota de despedida escribió: «A los muertos no se les puede juzgar, así que la solución obvia es que yo no esté vivo». En aquel momento, una remisión al GMC era una de las situaciones profesionales más peligrosas que podía afrontar un médico en el Reino Unido. Entre 2005 y 2013, 114 médicos murieron mientras estaban bajo investigación

---

* El GMC es el organismo que regula la aptitud de los médicos para ejercer.

del GMC: casi uno de cada doce de todas las muertes laborales en el Reino Unido en ese periodo.[38] Ninguna otra causa se le acercaba siquiera. La humillación pública pone en riesgo la vida: al individuo se le arranca de cuajo aquello que más necesita, sentirse validado, tener estatus. Este efecto puede ser particularmente acusado en quienes ocupan posiciones de alto estatus, para quienes la reputación es una fuente clave de poder e influencia. La caída en desgracia resulta psicológicamente devastadora, pues la identidad y la autoestima están íntimamente ligadas a la posición social.

Principio de la condición humana:
«Ser rechazado o perder estatus dentro de un grupo
es una amenaza que nuestro cerebro está preparado
para evitar a toda costa».

Todos sufrimos golpes menores; nuestras malas acciones, reales o percibidas, reciben el reverso de las señales de validación: ceños fruncidos, aspavientos y vocalizaciones negativas. Recordemos del capítulo 6 el malestar de los bebés cuando sus madres mantienen un rostro inexpresivo, prueba de nuestra necesidad innata de retroalimentación social. La madre del experimento de Tronick tenía el rostro inmóvil, pero podría haber adoptado una expresión de desaprobación o de agresividad. La naturaleza nos ha dado herramientas para señalar en ambas direcciones. O, en nuestros días, redactando un correo en tono severo. O, más frecuente aún, una simulación de validación negativa dentro de nuestra propia cabeza.

Según la gravedad de la falta, podemos mostrar arrepentimiento o expresarlo de palabra —bajar la cabeza, pedir disculpas—. O, ante un posible malentendido menor, podemos emitir una risa, otro mecanismo de señalización que comunica el reconocimiento de que algo dicho o hecho puede haber sido un *faux pas*. La risa evolucionó a partir de la denominada «cara de boca abierta» (ROM, por sus siglas en inglés) y el jadeo asociado que los monos usan para invitar al juego y señalar que el juego brusco no debe interpretarse como agresión.

La psicología de las señales negativas

Si la vida consiste en avanzar hacia metas, y una meta clave es la validación y luego el estatus, esas señales negativas repercutirán inevitablemente en nuestro estado de ánimo. Además, otras vías cerebrales de neurotransmisión implicadas en la respuesta afiliativa —en sentirnos bien por estar en un grupo—, como las endorfinas, también se invertirán. Podemos verlo en el caso de Matthew.

Me llamaron para valorar los movimientos de Matthew, un empresario de 58 años, otrora exitoso, con una casa grande y un generoso fondo de pensiones. Había trabajado sin descanso para construir su reputación y mantener a su familia, y sentía un profundo orgullo por sus logros. Sin embargo, cuando su empresa atravesó un bache y no alcanzó los objetivos de beneficios previstos, la consiguiente prensa negativa lo hizo entrar en barrena. Llegar a casa y encontrar a su mujer en brazos de otro fue el golpe definitivo. El asalto combinado a su estatus profesional y personal fue más de lo que pudo soportar. Ahora se encontraba en la planta de psiquiatría, adoptando posturas extrañas que mantenía como una estatua. Tenía catatonia, una manifestación poco frecuente de depresión grave. El hombre antes orgulloso y seguro de sí mismo había quedado reducido a una sombra de lo que fue, su identidad hecha añicos por la pérdida de todo cuanto había construido.

Las emociones concretas que desencadenan las señales negativas que recibimos dependen del filtro narrativo a través del cual nuestro cerebro interpreta esas señales, teñidas por la oleada emocional que, desde lo más profundo del cerebro —el hipotálamo y estructuras relacionadas—, coordina la respuesta. Cuando no logramos que los demás nos perciban como deseamos, podemos experimentar estrés, ira, ansiedad o depresión. En el caso de Matthew, alguien había pisado a fondo el freno de su persecución de metas.

Mientras que el caso de Matthew ilustra el impacto devastador de una pérdida de estatus involuntaria, surge un reto distinto cuando infringimos activamente las normas sociales. ¿Cómo se resuelven las tensiones resultantes? Una estrategia para evitar el conflicto consiste en señalar que uno no supone una amenaza: una respuesta de «cuidar y hacerse amigo» (*tend-and-befriend*) en lugar de «lucha o huida». Si un perro grande nos enseña los dientes, nos aconsejan mirar a un lado y bajar un poco la cabeza. Al personal de emergencias se le da un consejo similar cuando se enfrenta a un paciente agitado. A quienes comparecen ante un juez también se les aconseja agachar la cabeza avergonzados para señalar que han aprendido de sus errores.

Estos gestos físicos son solo una parte del baile social. Igualmente importantes son las respuestas internas que reflejan. En la lógica del «palo y la zanahoria», avergonzar a alguien comunica que no está a la altura de las expectativas sociales. Sentir vergüenza es una reacción poderosa que puede surgir de una retroalimentación negativa real o incluso solo de la anticipación de la desaprobación ajena, y a menudo conduce a una sensación de fracaso personal. Cuando nos avergonzamos de algo que no pretendíamos, puede resultar abrumador y aislante. Sin embargo, si la transgresión fue intencionada, la vergüenza suele combinarse con la culpa, un sentimiento más específico ligado a la empatía y al deseo de reparar. Si la transgresión fue accidental, lo que sentimos es bochorno. La emoción inversa al cumplir la expectativa social es el orgullo. El miedo excesivo y persistente a la vergüenza es el rasgo nuclear del trastorno de ansiedad social, que puede ser incapacitante. De hecho, casi lo único peor que una ansiedad social abrumadora es no tener ninguna: esas personas pueden ser insufribles.

Un punto clave es que el mismo desarrollo cerebral que permite que funcionen grupos sociales más grandes —al ejecutar simulaciones de las consecuencias de nuestros actos— también abre la puerta a rumiaciones problemáticas sobre el pasado y a la preocupación por el futuro. Las emociones se dilatan hasta convertirse en estados de ánimo.

Mientras que una emoción es una reacción relativamente breve e intensa a un estímulo específico —como sentir ira ante un insulto o alegría por una buena noticia de un amigo—, un estado de ánimo es un estado afectivo más difuso y duradero que tiñe nuestra percepción de conjunto. A nivel neurológico, las emociones implican la activación rápida de redes que incluyen la amígdala, el hipotálamo y la ínsula, estructuras situadas en lo profundo del cerebro, que desencadenan cambios fisiológicos inmediatos y respuestas conductuales. En cambio, los estados de ánimo se asocian a patrones más sostenidos de actividad en la corteza prefrontal y la corteza cingulada anterior, las estructuras de la «copa externa», más elaboradas y evolucionadas, que permiten la autorreflexión y la rumiación.[*] Los estados de ánimo suelen surgir de la acumulación de experiencias emocionales menores y pueden persistir incluso cuando el desencadenante original ya no está presente. Esta distinción importa porque, mientras que un estallido emocional aislado puede ser desagradable, un estado de ánimo agrio y persistente puede perjudicar gravemente las relaciones y la calidad de vida.

En el mundo moderno, donde las amenazas suelen ser abstractas y prolongadas más que inmediatas y breves, esta tendencia puede derivar en ansiedad crónica y malestar emocional. Estos problemas surgen de la combinación de las oscilaciones de nuestros barómetros internos de validación y estatus, junto con la capacidad de nuestro cerebro moderno para tejer narrativas complejas y mantenerlas en mente durante largos periodos.

IRA, AGRESIÓN Y ESTATUS SOCIAL

Cuando las acciones de otra persona nos impiden alcanzar nuestras metas, puede desencadenarse una fuerte respuesta emocional. Si la interferencia es lo bastante significativa y se pulsan los resortes adecuados, esa emoción suele ser la ira: un intento de controlar la situación mediante la intimidación o la fuerza. Los desencadenantes más potentes para cualquier animal, incluidos los humanos, suelen ser las

---

[*] Aunque estas distinciones generales cuentan con respaldo empírico, los mecanismos neuronales exactos de las emociones y los estados de ánimo siguen siendo un área de investigación activa, con evidencia de que la actividad subcortical y cortical se superpone y participa en ambos estados. Para más detalle, véase la sección de lecturas recomendadas, en particular el libro de Lisa Feldman Barrett *La vida secreta del cerebro*. Para una perspectiva más académica, véase el artículo de 2012 de Lindquist, K. A. *et al.*, en *Behavioral and Brain Sciences*.

amenazas a la prole, a la comida, a las parejas o al territorio. Cualquiera que haya cruzado un campo con vacas sabe que no hay que ponerse entre una madre y su ternero. O pensemos en el mordisco de un perro enfurecido, impulsado por su hipotálamo, su amígdala y la sustancia gris periacueductal (una zona del tronco del encéfalo implicada en la modulación del dolor y la conducta defensiva). Lo mismo ocurre con las ratas. Cuando una rata desconocida entra en el territorio de otra, se desencadena una respuesta agresiva dirigida a expulsar al intruso. Sin embargo, entre ratas que comparten espacio con regularidad, emerge una jerarquía de dominancia que permite una coexistencia relativamente pacífica. El establecimiento de rangos sociales claros reduce la necesidad de exhibiciones agresivas constantes. El paralelo con el comportamiento humano es claro: es más probable que reaccionemos de forma beligerante ante desconocidos que nos ofenden que ante amigos y colegas con los que tenemos un historial de cooperación.

Estas respuestas primitivas, como los comportamientos de rabia inducidos en gatos mediante estimulación cerebral (como vimos en el capítulo 4), suelen manifestarse de formas más matizadas en los humanos. Además de la activación fisiológica y las expresiones conductuales manifiestas de la ira, nuestra capacidad de razonamiento complejo y planificación permite formas de represalia más prolongadas y calculadas, como guardar rencor, buscar venganza o librar guerras reputacionales.

Mucha gente se enfada a diario, en un espectro que va desde la molestia y la irritación hasta la rabia. Como observó Aristóteles con su característica lucidez: «Cualquiera puede enfadarse —eso es fácil—. Pero enfadarse con la persona adecuada, en la medida adecuada, en el momento adecuado, por la razón adecuada y de la manera adecuada —eso no está al alcance de todos y no es fácil».[39] Como vimos en el capítulo 2, el desencadenante es una interferencia con la consecución de una meta, ya sea en relación con una de las necesidades básicas de Maslow o con nuestros deseos de estatus.

La ira desencadena la liberación de adrenalina, que aumenta la frecuencia cardiaca y la tensión muscular, preparando el cuerpo para la acción. Pero, de nuevo, nuestro cerebro evolucionado, con su capacidad de secuenciar pasos y de mantener planes a largo plazo, también nos permite sostener la ira. Nuestra valoración cognitiva de la ofensa percibida se pone entonces a tramar venganza y represalias durante días, semanas, meses o incluso años. Estas cogniciones a fuego lento hacen que estemos más cerca del estallido agresivo si aparece un desencadenante adicional: la gota que colma el vaso.

Esto es más probable con quienes no han acumulado un capital de buena voluntad o, peor aún, con alguien ajeno al grupo. Como vimos, la tendencia intrínseca a ayudar se despliega con mayor facilidad hacia los más cercanos: familia, amigos y miembros de la propia especie. El deseo de ayudar se relaciona con el historial previo de interacción. En escáneres funcionales que muestran qué parte del cerebro está activa, las áreas del dolor se iluminan si el sujeto ve cómo se da una descarga en la mano de otro, como cabría esperar por lo que comentamos sobre la imitación en el capítulo 5. Sin embargo, si ese «otro» le ha hecho trampas previamente en un juego, el efecto de simpatía por el dolor es menor y, en su lugar, puede activarse el centro del placer. La cosa puede invertirse por completo cuando se trata de alguien ajeno al grupo: la contraempatía hacia el competidor, el *Schadenfreude*, el placer ante la desgracia ajena.[40]

La ira y la agresión, en la circunstancia y medida adecuadas, cumplieron una importante función evolutiva, pero, como otras emociones negativas, cuando se cronifican tienen efectos adversos sobre la salud. La concentración de testosterona, hormona vinculada a la agresión y las conductas de dominancia, desempeña un papel en esta calibración. Niveles más altos se asocian a mayor agresividad y comportamiento competitivo. En nuestro pasado evolutivo, niveles moderados de agresión pudieron ser adaptativos, pues ayudaban a competir por recursos y parejas. Pero un exceso de agresión probablemente entrañaba costes importantes, al provocar represalias y el ostracismo por parte del grupo. Así, la selección pudo favorecer a quienes eran capaces de calibrar sus exhibiciones agresivas. En otras palabras, un poco de agresividad podía ayudar a asegurarse recursos y parejas, pero demasiada resultaba contraproducente. Como aún lo es para muchos hombres: es patente que las mujeres raramente llenan las cárceles.* ¿Los delincuentes más peligrosos? A menudo los mueven desencadenantes primigenios: amenazas al estatus social o la exclusión. Como cabría prever desde la lógica del estatus, estos episodios son más probables si la amenaza —la falta de respeto, el insulto— se produce en público. En un estudio de 1985 sobre homicidios en Detroit, las amenazas al estatus fueron la causa más común, a menudo con un desencadenante menor, como una discusión por el acceso a una mesa de billar.[41] Si la cultura además valora la dureza, el acto violento es aún más probable. La causa principal de las peleas en pubs, los tiroteos escolares y los crímenes de honor es, igualmente, el estatus social. Un análisis de quince casos de tiradores escolares mostró que el rechazo social estuvo presente en todos salvo dos. Esto también sucede a escala de grupos y de Estados, con guerras entre países a menudo desencadenadas por la necesidad de recuperar estatus perdido, como la humillación que Putin percibió con la desintegración de la URSS. Rusia no invadió Ucrania por el trigo.

ADAPTAR NUESTROS INSTINTOS SOCIALES A LA VIDA MODERNA

Tras explorar cómo estas adaptaciones evolutivas pueden generar desafíos en la vida moderna, veamos algunas estrategias para atajar estos problemas y fomentar el bienestar.

Johannes, un ecologista de izquierdas, y Gerd, un empresario conservador, difícilmente parecerían compañeros de viaje. Sin embargo, a pesar de sus diferencias políticas, colaboran eficazmente por su comunidad. Cada mes se reúnen para sacar adelante proyectos que mejoran su barrio. Johannes aboga por más zonas verdes y prácticas sostenibles, mientras que Gerd se centra en la viabilidad financiera y en crear un entorno

---

* En el caso de las mujeres encarceladas por asesinato u homicidio, al menos el 30 % se estaba protegiendo a sí misma o a seres queridos de violencia física o sexual.

atractivo para los negocios locales. Con diálogo respetuoso y disposición a ceder, han logrado encontrar soluciones que benefician a todos.

Este es un ejemplo emblemático de la mentalidad del pólder, una forma de acción grupal cohesionada y colaborativa que ha evolucionado en los Países Bajos. El término, claro está, procede del pólder, un terreno ganado al mar donde una comunidad convivía y trabajaba codo con codo. Impedir que se rompieran los diques era de interés común, y el tamaño del grupo era lo bastante reducido para que sus cerebros «de Dunbar» pudieran gestionarlo.

La mentalidad del pólder ilustra cómo pueden cultivarse conductas cooperativas a escala social, favoreciendo barrios más resilientes y cohesionados. Su forma de resolver problemas, en la que personas con opiniones políticas diferentes trabajan juntas por el bien común, demuestra lo beneficioso que puede ser fomentar entornos colaborativos. De hecho, como perder estatus sería doloroso, quienes ocupan posiciones más altas estarán más comprometidos con el grupo y menos inclinados a abandonarlo, algo que las organizaciones pueden aprovechar para retener talento. A la inversa, cuando a personas socialmente rechazadas se les ofrecen más señales de aceptación, su agresividad se reduce y, de manera similar, la conducta pasa de egoísta a prosocial si esta última les reporta validación.[42] Son los principios de la buena crianza, pero aplicados a adultos.

En mi propio ejemplo de pólder, vivía en lo que en el Reino Unido se llama una *unadopted road*: una calle cuyo mantenimiento no asume el ayuntamiento. Cada año, los vecinos desatascábamos los desagües, barríamos las hojas y manteníamos las zanjas limpias para evitar inundaciones y garantizar un acceso seguro. Charlábamos mientras trabajábamos. Los más mayores tenían listo el té y el pastel al final. Cuando un contable asumió la presidencia de la junta de vecinos, sugirió pagar al ayuntamiento para que hiciera el trabajo, pues disponía de maquinaria adecuada y costaría solo 50 libras. Sin duda habría sido más eficiente, pero habríamos perdido todo el vínculo social, la vacuna contra las discusiones sobre la altura de los setos. Eficiencia no es lo mismo que eficacia.

151

Sin embargo, la influencia no siempre puede ser suave o cooperativa. A veces hacen falta enfoques más duros. La iniciativa Operation Golden Flow, que evitó una crisis de heroína en la posguerra de Vietnam al exigir a los soldados estadounidenses muestras de orina limpias antes de permitirles regresar a casa, ilustra cómo incentivos fuertes pueden cambiar la conducta con rapidez. Muchos impulsos primitivos pueden reprimirse si se dan las circunstancias adecuadas, del mismo modo que algunos niños pueden resistir la tentación de comerse una nube de azúcar de inmediato si se les promete una mayor recompensa por esperar (un clásico de la gratificación diferida conocido como el «test de la nube de Stanford»).[43] Este ejemplo subraya el poder de todos esos factores externos —que influyen en nuestro desarrollo y moldean nuestras decisiones—: las exposiciones físicas y el entorno, las interacciones sociales, las normas culturales y las experiencias vitales que constituyen nuestro ambiente.

Del mismo modo que la promesa de mayor estatus nos motiva a cooperar y contribuir, la amenaza de pérdida de estatus y de desaprobación social es un potente disuasivo frente a la conducta antisocial. El miedo al castigo —ser rechazado, ostracizado o agredido físicamente por el grupo— mantiene a raya nuestros impulsos más egoístas. Pero esto, como otros instintos arraigados en nuestro pasado evolutivo de pequeños grupos, debe ahora desplegarse a través de nuestros complejos sistemas de justicia. La razón por la que podemos funcionar en grupos mucho más grandes es el establecimiento de reglas. Estas reglas trajeron consigo un sistema de aplicación, que ahora incluye a la policía, el poder judicial y las penas de prisión. Sin embargo, el desajuste entre nuestros deseos innatos de justicia inmediata y las realidades de los procesos legales modernos —lentos y deliberativos— lleva a albergar durante largo tiempo emociones negativas que fermentan en nuestros lóbulos frontales.

En nuestro entorno original, todas las emociones se resolvían de inmediato tras la infracción. Si robabas comida o dañabas a alguien, el castigo llegaba rápido, ya fuera un rechazo emocional (y caída en reputación) o una agresión física. Si no eras completamente ostracizado, podías rehabilitarte con rapidez al cooperar en la caza siguiente, al realizar actos meritorios, y los recuerdos de la ofensa se desvanecían. En cambio, el sistema de justicia moderno, con sus registros escritos y la permanencia de internet, crea una dinámica distinta. Aunque aspira a ser más benigno que la brutalidad medieval, sigue incorporando elementos de justicia «ojo por ojo», como las declaraciones de impacto de la víctima. Subyace la suposición de que la gravedad del castigo debe igualar la del crimen, con una justicia que exige equilibrar la balanza infligiendo «dolor» recíproco.

NUESTRA LUCHA CON LA JUSTICIA

¿Cuál es, entonces, el propósito del encarcelamiento y cómo lo condiciona nuestra neurología? Como hemos visto, en muchos sentidos es la respuesta de la sociedad moderna a los procesos emocionales del cerebro primitivo. Evidentemente pretende mantener las calles seguras, pero las prisiones también buscan satisfacer tanto la necesidad de motivar conductas positivas como el deseo de castigar a quienes han actuado mal, para satisfacer las necesidades emocionales de la víctima y de la sociedad. Es un sistema atrapado en una maraña entre la deontología (centrada en deberes y reglas) y el utilitarismo (centrado en los resultados y el bien mayor), entre nuestras emociones primitivas y nuestros cerebros reflexivos, entre nuestro pasado evolutivo y el presente social, y que también necesita evolucionar.

Los entornos modernos suelen crear desajustes con nuestros instintos sociales evolucionados. En el sistema penitenciario, nuestros impulsos punitivos pueden conducir a resultados disfuncionales, con emociones negativas prolongadas para la víctima y condenas poco racionales para el infractor. De modo similar, en el ámbito digital, nuestros mecanismos innatos de control social pueden verse socavados por el anonimato de las interacciones en línea, que sortean la regulación que impone la reputación. Esto campa a sus anchas en las redes sociales. Se pueden decir cosas, lanzar ataques, sin riesgo reputacional para el autor.

Después, por contagio conductual y otras distorsiones de nuestras tendencias, se produce polarización, y peor. Una posible respuesta es exponer la reputación de los autores, de forma limitada en el tiempo y proporcionada, para contrarrestar el efecto de reputación fácil que generan los «me gusta» en el perfil anónimo. Durante la mayor parte de la existencia humana nuestras reputaciones estaban totalmente expuestas: vivíamos en grupos pequeños y nuestras acciones se veían y se comunicaban. Los tiempos «anormales» no son aquellos, sino estos. Tenemos demasiado anonimato a corto plazo y muy poco a largo, lo que significa que, cuando se expone una transgresión, la memoria de ella no se desvanece.

Otra cuestión clave es quién decide qué conductas deben recibir señales negativas, utilizando nuestros mecanismos evolucionados de control social. A lo largo de la historia humana, los grupos pequeños imponían normas, y cualquier desviación se respondía con castigo colectivo. Este sistema de regulación no lo imponía una persona, sino que emergía de la dinámica grupal. Ya mencionamos el concepto de la «tiranía de los primos»: un fenómeno por el que los individuos, debido a su tendencia natural a copiar a otros y a buscar validación, acaban integrados en un sistema que se refuerza a sí mismo. Nuestro deseo de recibir validación y de alcanzar mayor estatus impulsa la conducta grupal, y pronto emerge el consenso sobre qué es aceptable o punible. El grupo no solo premia la conformidad, sino que también castiga a quienes se apartan de las normas compartidas, y ese castigo puede sentirse abrumador porque lo impone el grupo en su conjunto, no un individuo. Esta «tiranía» no suele ser explícita, pero es poderosa.

Los desajustes entre los mecanismos antiguos de control social de nuestro cerebro y nuestros complejos entornos modernos están por todas partes. Por ejemplo, eludir la culpa es algo a lo que todos nos enfrentamos en la vida diaria, especialmente en el trabajo. Conscientemente o no, tomamos decisiones constantes para protegernos de ser culpados, lo que lleva a conductas que no siempre coinciden con el interés del grupo o de la sociedad. Esto también enlaza con la rendición de cuentas. Cuando significa claridad sobre quién debe actuar, es positiva; cuando significa claridad sobre a quién culpar y esto tiene un efecto motivador, también. Sin embargo, más allá de cierto punto, el énfasis excesivo en la rendición de cuentas puede volverse contraproducente: genera aversión al riesgo, huida de la culpa y reticencia a innovar o emprender acciones necesarias pero arriesgadas. Esta es una de las razones por las que se contratan tantos consultores de gestión: no solo por su capacidad de transferir conocimiento y formular recomendaciones sin enredos emocionales, sino porque son cómodos «depositarios de la culpa» que protegen a quienes toman las decisiones internas frente a la rendición de cuentas.

Ninguno de estos desafíos es fácil de resolver. Nuestros circuitos neuronales para el juicio moral, la responsabilidad social y la rendición de cuentas se han moldeado a lo largo de millones de años de evolución. Aunque no podamos reconfigurarlos por completo, una mayor consciencia de su funcionamiento nos permite colaborar con ellos de manera más eficaz. Las siguientes estrategias pueden ayudar.

Implicaciones prácticas

Considera tu número de hombros en los que llorar (HL). ¿Tienes cinco o más personas a las que podrías recurrir en una crisis? Si no, da prioridad a cultivar esos vínculos más profundos: son tan cruciales para tu salud como controlar la tensión arterial o el colesterol.

Observa cómo se intensifican tus reacciones emocionales cuando te expones a comentarios anónimos en internet. Protege tu bienestar favoreciendo las interacciones en persona, donde las señales sociales naturales y el hecho de dar la cara propician conversaciones más constructivas.

La ira a menudo indica que nos sentimos amenazados. Reconocer esa raíz evolutiva puede ayudarte a detectar tu propia ira incipiente a tiempo, lo que te da la oportunidad de hacer una pausa y preguntarte: ¿qué límite se está vulnerando? ¿Qué me conviene más?

Sé prudente al rebajar el estatus de otra persona, porque las consecuencias pueden ser profundas. Una caída de estatus resulta muy dolorosa, y si es inevitable, anticipa los efectos que pueda desencadenar. Cuando debas hacer una crítica o transmitir una valoración negativa, recuerda que el sentido de estatus de esa persona está en juego. Preserva su dignidad centrándote en soluciones y ofreciendo vías de reconstrucción.

Nuestra capacidad de empatía convive con tendencias más oscuras —la explotación, el engaño e incluso impulsos destructivos—. Estos rasgos persisten en la humanidad y es necesario gestionarlos y contenerlos de forma consciente. Presta atención a tus propios impulsos en pugna en las situaciones sociales: la empatía, la búsqueda de estatus y el interés propio.

Sé consciente de la «tiranía de los primos»: el peligroso fenómeno por el que las conclusiones del grupo se convierten en mandatos rígidos que pueden conducir a resultados catastróficos.

Desconfía del liderazgo que concentra el poder y el estatus en una sola persona. Los grupos prósperos comparten el reconocimiento. Cuando los líderes descuidan esto, crece el resentimiento, cae la implicación y se erosiona el éxito.

La gente necesita cauces para forjar y sostener su reputación. Un enfoque cuidadosamente gestionado, en el que las reputaciones negativas tengan fecha de caducidad y se fomenten las oportunidades de labrarse una positiva, promueve un cambio hacia las buenas acciones. En general, se logra más éxito fomentando reputaciones positivas que castigando acciones negativas, pues permite a las personas sentir que tienen algo valioso que proteger, lo que favorece conductas más prosociales y un tejido social más fuerte.

La sociedad moderna ha creado expectativas cambiantes en torno al estatus y la oportunidad, pero ¿qué ocurre cuando demasiada gente persigue prestigio con muy pocas oportunidades a la altura? Este desajuste —visible en la saturación de titulados que compiten por un número limitado de puestos de alto estatus— alimenta la insatisfacción, no porque otros trabajos carezcan de valor, sino porque las expectativas de estatus se han inflado artificialmente. Si te ves atrapado en este ciclo, piensa qué te aportaría una satisfacción genuina más allá de un cargo prestigioso. Ampliar la definición de éxito podría reducir buena parte de esta frustración.

Pero este juego del estatus va más allá de los individuos. Instituciones e incluso naciones compiten por reconocimiento e influencia, a menudo a expensas de quienes dicen servir. Las universidades concentran cada vez más financiación y talento, no solo porque produzcan los mejores resultados, sino porque las personas se vinculan a ellas por estatus, lo que alimenta ciclos que se perpetúan. Del mismo modo, los líderes mundiales priorizan el prestigio global por encima de políticas que mejoran la vida cotidiana. El reto para todos es reconocer cuándo la búsqueda de estatus impulsa un progreso genuino y cuándo se ha convertido en una costosa carrera armamentística que beneficia a unos pocos.

Nuestro entorno nos moldea más de lo que pensamos. ¿Da la sociedad moderna demasiado margen a la explotación? ¿Deberíamos replantearnos cómo se distribuye el poder y conceder quizá mayor peso a las mujeres, cuyo estilo de liderazgo tiende a ser más prosocial? ¿Son hoy los hombres menos esenciales? El objetivo no es eliminar las consideraciones de estatus —están demasiado enraizadas en nuestros cerebros sociales—, sino aprovecharlas de forma productiva y, al mismo tiempo, impedir que socaven nuestro bienestar colectivo.

En estos últimos capítulos hemos visto hasta qué punto nos importa lo que los demás piensan de nosotros, y viceversa. Esa vigilancia mutua es, de hecho, la base sobre la que moldeamos la cooperación. El cambio acelerado en el tamaño y la naturaleza de los grupos modernos, aunque profundamente civilizador, supone también un reto emocional considerable. En el próximo capítulo exploraremos más a fondo la frontera difusa entre nosotros, los otros y el entorno.

Capítulo 8

EL CEREBRO EXTENDIDO

Stevie y Micky son gemelos idénticos y han acabado en mi consulta por un problema genético de nervio periférico que les causa unos pies débiles y laxos: cuando les levanto los pies y los suelto, caen inertes. Su neurología es idéntica, pero su situación vital es muy diferente: uno es obeso, está en paro y consume drogas; el otro tiene un ligero sobrepeso y trabaja. Cuando eran más jóvenes, a cada uno le asignaron una vivienda social, pero por separado y en barrios muy distintos.

El caso de Stevie y Micky es fascinante y plantea una pregunta intrigante: ¿cómo pueden dos personas que comparten un ADN idéntico acabar con trayectorias vitales tan distintas? Puede sorprender a muchos, pero entender cómo ocurre —y el alcance y la potencia de los efectos— puede ayudar enormemente a comprender cómo el mundo que nos rodea afecta a nuestro día a día y qué podemos hacer al respecto.

Ya hemos visto cuán profunda es nuestra tendencia a copiar —lo común que es la transferencia de conducta del actor al observador— y hemos ampliado esto hasta entender con qué potencia lo que creemos que los demás piensan de nosotros moldea nuestros pensamientos y acciones. Ambos son factores externos que nos influyen, pero no son los únicos. En este capítulo miraremos más allá de la influencia interpersonal para abarcar la totalidad de la influencia externa, y después nos preguntaremos dónde traza nuestro cerebro la borrosa línea entre el yo y el mundo exterior.

EL EXPOSOMA

La suma de todo aquello a lo que estamos expuestos se denomina *exposoma*. Tenemos el genoma —todo lo relativo al ADN—, el proteoma —las proteínas—, el metaboloma —los metabolitos presentes en nuestro cuerpo—, y ahora el exposoma —todo lo externo a nosotros—. El término, cuando se acuñó, respondía a la preocupación por la proliferación de sustancias químicas industriales desde la Revolución Industrial y su impacto en la salud.

Más recientemente, el exposoma se ha ampliado para incluir todo lo que no está codificado genéticamente por nuestro ADN pero aun así influye en nuestra biología. Esto incluye las bacterias del intestino, la radiación ultravioleta que incide en nuestra piel, el aire que respiramos, el entorno en el que nos desenvolvemos y las personas con las que interactuamos. Todo ello convierte al exposoma en algo enormemente complejo.

Tomemos las sustancias químicas de nuestro cuerpo: las que se originan en los microorganismos del intestino y la piel son diez veces más numerosas que las codificadas por nuestros propios genes. Los efectos de estos microorganismos en nuestra función corporal y cerebral son un área de investigación activa, con afirmaciones de distinta solidez sobre vínculos con diversas enfermedades atribuidas a las dietas modernas deficientes y a las bacterias intestinales poco saludables asociadas. La evidencia de que ejercen influencia significativa es más sólida, como cabría esperar, para las enfermedades intestinales propiamente dichas, y el trasplante fecal de un donante con intestino sano es un tratamiento eficaz —si bien, ejem, poco apetecible— para infecciones recurrentes por *Clostridium difficile*.

No es infrecuente recurrir al exposoma cuando intentamos comprender el aumento de determinadas enfermedades o afecciones, neurológicas o de otro tipo. Por ejemplo, la explosión de enfermedades autoinmunes y problemas alérgicos como la artritis reumatoide y la esclerosis múltiple en los últimos 150 años se ha atribuido a la limpieza moderna y al uso de antibióticos en la primera infancia, al reducirse enormemente nuestra exposición a gérmenes, lo que disminuye nuestra tolerancia inmunitaria. De hecho, la esclerosis múltiple ilustra varias influencias del exposoma: la distancia a la que vives del ecuador (que afecta a cuánta vitamina D genera tu piel), la exposición previa al virus de la mononucleosis infecciosa, el tabaquismo y la obesidad desempeñan papeles clave.

La obesidad, hoy reconocida como un fenómeno cerebro-cuerpo, sirve de excelente ejemplo para ilustrar el concepto de exposoma y cómo los factores ambientales inciden directamente en los circuitos neuronales que controlan el apetito, la recompensa y la motivación. Es fruto de una interacción compleja entre predisposición genética e influencias ambientales.

Más de la mitad de la población del mundo occidental es obesa o tiene sobrepeso, y está en camino de padecer diabetes o ya la padece. Con raras excepciones, si tienes un peso «normal» no desarrollas diabetes tipo 2. Ciertamente, antes del desarrollo reciente de fármacos revolucionarios para la pérdida de peso, se consideraba un billete solo de ida hacia un daño irreversible de múltiples órganos y muerte prematura. Hasta que el profesor Roy Taylor, en estudios que marcaron un antes y un después, demostró que si se pierde suficiente peso, la enfermedad es reversible.[44] La diabetes puede curarse, siempre que el paciente no recupere después ese peso.

El aumento de la diabetes puede, a su vez, rastrearse hasta la forma en que nuestra sociedad moderna choca con nuestro legado evolutivo. Como hemos comentado, comer es una de las necesidades básicas de Maslow, controlada desde el cerebro con una compleja señalización homeostática entre intestino y cerebro. Recordemos también lo que comentamos sobre la alostasis, nuestra capacidad de prepararnos para el futuro. Para el oso pardo, como para los primeros humanos, la comida no está garantizada y los inviernos son duros. Su respuesta a esta dificultad es atiborrarse de bayas en otoño, lo que los engorda enormemente y les provoca resistencia a la insulina: en la práctica, una diabetes transitoria. Pero después se duermen, dejan de comer y despiertan de la hibernación con el metabolismo revertido y una cintura considerablemente más estrecha. Los humanos, en cambio, disponemos de frigoríficos permanentemente llenos y supermercados abiertos las veinticuatro horas, sin necesidad de la actividad física prolongada que supone cazar o recolectar. Las calorías sobrantes se acumulan en distintos depósitos de grasa del organismo, aunque no de manera uniforme.*

Las células grasas no son inertes como una lona aislante, sino metabólicamente activas: secretan diversos químicos. Son estos los que hacen daño, y afectan a todos los aspectos de nuestro cuerpo y cerebro. En neurología, estamos viendo una epidemia de casos de hipertensión intracraneal idiopática, una afección prácticamente restringida a mujeres jóvenes con obesidad. Surge por producción excesiva de líquido cefalorraquídeo, lo que provoca un aumento de la presión intracraneal, cefaleas y una posible pérdida de visión. Con la pérdida de peso, desaparece.

EL PESO DE NUESTRA RED

Los estudios del profesor Taylor, que mostraron que la diabetes era reversible, implicaban una pérdida de peso intensa, y una de las cosas más interesantes que aprendió fue no incluir a pacientes si su cónyuge no se comprometía también. Esto refleja un reto habitual en la consulta. Si otros miembros de la familia tienen sobrepeso u obesidad y no están dispuestos a hacer cambios, las posibilidades de éxito son más «delgadas». Hay una influencia similar ligada al grupo de amigos, los compañeros de trabajo y el entorno más amplio. Estos retos del control de peso ilustran una idea clave: lo que parece un problema de «salud física» está en realidad enraizado en patrones de conducta regulados por el cerebro.

Esto se ha demostrado formalmente en los famosos estudios de Framingham en Estados Unidos, que han rastreado indicadores de salud

---

* El almacenamiento de grasa varía entre individuos y entre compartimentos. Algunas personas almacenan más en general, y distintas regiones se llenan a ritmos distintos, lo que altera la susceptibilidad a afecciones como la diabetes tipo 2 y la enfermedad del hígado graso.

durante muchas décadas.[45] El aumento de peso se correlacionó con el de los conocidos. Así, si Jack, John, Jim y Jed tenían todos un peso normal a los veinte años, John sigue en contacto con Jack pero pierde el trato con los demás, y si diez años después Jack es obeso, el peso de John tenderá hacia el de Jack, aunque vivan en zonas diferentes.

Estos efectos podrían derivarse del efecto espejo conductual que inducen las personas con las que te relacionas (como ya comentamos) o de ser arrastrado a un entorno de riesgo —por ejemplo, si soléis quedar en restaurantes con bufé libre—. O en casa, si otros compran muchas patatas fritas de bolsa y galletas. Todos son estímulos muy potentes para las metas básicas de nuestros sistemas de recompensa.

Cuando empiezas a buscarlo, ves efectos similares en muchos otros ámbitos, ya sea la correlación de los niveles de tensión arterial entre marido y mujer o fenómenos sociales más complejos, como la difusión de ideologías políticas o la adopción de nuevas tecnologías dentro de las comunidades.

A lo largo de este libro hemos explorado diversos aspectos de la conducta y la cognición humanas —como imitar, buscar validación y responder a influencias—. Todos estos conceptos nos ayudan a entender el exposoma: la compleja red de influencia externa que moldea no solo nuestra salud física, sino también nuestras conductas y patrones de pensamiento. Esto empieza a difuminar la frontera entre «yo» y «no yo» más de lo que inicialmente supondríamos. El concepto de exposoma nos ayuda a apreciar hasta qué punto estamos conectados con nuestro entorno y moldeados por él, desde el nivel celular hasta nuestras interacciones sociales más amplias, como con la pareja, para bien y para mal. Más aún para sus hijos, dados los periodos críticos del desarrollo y el crecimiento «de dentro afuera» del que hablamos en el capítulo 4, como ejemplifica Richie:

A veces tengo que elaborar informes médicos detallados, lo que puede suponer revisar todos los historiales clínicos, tanto de atención primaria como hospitalaria, desde el nacimiento. Pueden sumar muchos miles de páginas, y las historias que encierran resultan a veces muy reve-

ladoras sobre la conducta de la gente. La pregunta en el caso de Richie, de diecinueve años en el momento de la derivación, era si un accidente de coche había causado su epilepsia y sus problemas cognitivos y, por tanto, qué nivel de indemnización podría reclamar.

Las primeras anotaciones en los historiales estaban escritas a mano por el médico de cabecera: caligrafía elegante pero difícil de descifrar, trazada con pluma estilográfica de tinta añil, incluida una línea que rezaba «F etoh++», código para padre alcohólico. A partir de ahí, los registros pasan a letra impresa. Correspondencia con servicios de psicología por conductas agresivas en el colegio y una madre que no conseguía controlarlo. Todo esto revelaba más del trasfondo de Richie. El padre ya estaba ausente, pero había sido violento además de alcohólico. Las sucesivas interacciones con diversos servicios sociales a lo largo de los años aparecían salpicadas de frecuentes visitas a urgencias, con diversas fracturas y traumatismos craneales por caídas y peleas. En una de las intervenciones de la ambulancia se anotó que estaba agitado y que admitía haber fumado cannabis a diario desde los trece años para intentar calmarse. Pero el cannabis también alimentaba su paranoia, que a veces basculaba hacia el delirio. Al pasar las páginas, me pregunté si la respuesta a la pregunta que me planteaban serían las crisis epilépticas por alcohol, los llamados rum fits. *O quizá había desarrollado espasmo de los vasos cerebrales por consumo de cocaína, o encefalopatía por heroína inhalada, el llamado* chasing the dragon.

No: iba de copiloto en un coche conducido por un amigo colocado de alcohol y drogas, que adelantaba a alta velocidad cuando chocaron de frente con un camión. Sufrió extensas hemorragias cerebrales que le provocaron epilepsia y graves problemas cognitivos.

ROMPER EL CICLO

Cuando las conductas formativas que interiorizas al observar a quienes te rodean en tus primeros años son las discusiones a base de gritos y de violencia, tu futura trayectoria vital queda profundamente marcada. Esta exposición temprana crea vías neuronales que hacen más probables las reacciones violentas y más difícil la resolución pacífica de los conflictos. Aunque no determina de forma absoluta el destino de una persona —eventos aleatorios o circunstancias excepcionales pueden aun así conducir a resultados radicalmente distintos—, estas experiencias tempranas crean un «surco» poderoso del que es difícil salir. Lamentablemente, esto se reproduce caso tras caso.

Esto no significa que nuestro destino quede sellado por las experiencias tempranas, sino que esas influencias formativas generan una fuerte predisposición: una senda por defecto de la que desviarse exige un esfuerzo significativo o circunstancias extraordinarias. Usando nuestra analogía del cerebro como un árbol (del capítulo 4), intentar cambiar el ángulo una vez que el tronco ya ha crecido es muy difícil.

La manifestación más común de esto son probablemente unas habilidades interpersonales poco sofisticadas, tan importantes en la vida moderna, con una tendencia a ser un poco gritón o directamente antisocial, rastreable a menudo hasta las conductas parentales. Pero también podría ser una tendencia a fumar o a abusar de sustancias, o las imágenes y sensaciones que llevan a alguien a desarrollar una inclinación sexual particular. Por supuesto, también existe lo contrario: el arraigo de buenas conductas desde edades tempranas. La cuestión es que el entorno es potente.

Somos víctimas de nuestro entorno: de la familia en la que nacemos, del código postal en el que crecemos y de las personas con las que nos toca interactuar. El periodo más crítico para la influencia ambiental es la primera infancia. Las buenas habilidades parentales, entendidas desde una perspectiva neurobiológica, son cruciales para moldear el cerebro del niño y su conducta futura. Pero mucho de lo que determina nuestras acciones de adultos —y, por ende, nuestro destino— también tiene que ver con el exposoma. Las influencias ambientales incluyen tanto el entorno familiar inmediato (estilos parentales, dinámica del hogar) como factores externos más amplios (barrio, escuela, normas sociales). Si no entendemos estos efectos, no podremos vacunarnos contra lo negativo, abrirnos paso entre el bombardeo continuo de influencias y situarnos en el entorno más favorable. Esto puede funcionar en dos sentidos: puede requerir actos algo egoístas para eliminar influencias negativas de nuestra vida y situarnos en una posición más favorable, pero también puede suponer actuar positivamente para ayudar a otros.

Principio de la condición humana:
«Somos modelos decisivos para quienes nos rodean, especialmente para los más pequeños. Reflexiona sobre los ejemplos que recibiste en tus primeros años».

Resulta interesante examinar experimentos históricos y considerar si, en el proceso de erradicar lo malo, se habrá perdido también algo bueno. Peter Sterling, en su libro de 2020 *What Is Health?*, describe los manicomios de principios del siglo XIX como comunidades terapéuticas que incluían trabajo físico (labores agrícolas), salas bien iluminadas, buena comida, alcohol con moderación y conferencias sobre temas como astronomía y literatura. El objetivo único era mejorar el bienestar del paciente. Informes de esa época sugerían índices de recuperación superiores al 50 % en casos agudos, si bien esos análisis tempranos no alcanzarían el rigor exigido por los estándares actuales. Sin embargo, a medida que los manicomios se saturaron y se quedaron sin fondos, se abandonó la atención individualizada, lo que dio paso a condiciones más duras y a un legado empañado.

Compárese ahora ese entorno y sus efectos con los de otras instituciones con objetivos similares: la prisión, la planta psiquiátrica media o, en efecto, la «atención en la comunidad», que a menudo significa toma supervisada de medicación, pero, por lo demás, ausencia de actividad o de cualquier estructura en la vida.

Cabe también reflexionar sobre el problema de la soledad en los ancianos, la necesidad desesperada de buenos modelos y de estabilidad para algunos niños pequeños, y la crianza aloparental de otras culturas, y ver al menos parte de una solución.*

---

* La crianza aloparental se refiere al cuidado de los niños por personas que no son los progenitores biológicos. Muchas culturas a lo largo de la historia han practicado la crianza comunitaria, en la que miembros de la familia extensa, mayores y otros miembros de la comunidad comparten la responsabilidad de cuidar y educar a los niños. Este enfoque proporciona a los pequeños modelos diversos y

La dosis importa: ¿cuánto es demasiado?

Algo que tienen en común varios aspectos del exposoma, ya se trate de lo industrial, lo químico o la acción de un colega, es la dosis. Decir que algo es beneficioso o perjudicial carece de sentido si no se conoce la concentración pertinente.

El químico Linus Pauling, Premio Nobel, vivió hasta los 93 años y fue un gran defensor de tomar vitaminas en dosis altas para lograr longevidad. Yo atendí a otro académico de talla mundial en ciencias físicas que siguió el consejo de Pauling... y sufrió una parálisis como resultado. Tomaba megadosis de vitamina B6, también conocida como piridoxina, que a concentraciones elevadas causa daño en los nervios. Demostró no solo que, si algo es bueno, más no es mejor, sino también que la inteligencia puede ser cosa de un solo ámbito. El caso inverso a la sobredosis es que una dosis minúscula de algo no tendrá efecto alguno. Si lames un comprimido de paracetamol, no pasará nada; si tomas cincuenta, morirás de insuficiencia hepática; pero dos te quitarán el dolor de cabeza.

Principio de la condición humana: «La dosis importa en todo aquello a lo que estamos expuestos».

Paracelso, el padre del desarrollo farmacológico moderno en el siglo xvi, fue el primero en entender que la diferencia entre un fármaco y un veneno es solo el tamaño de la dosis —o, con más precisión, tanto la cantidad como la velocidad de exposición—. Por eso mascar hojas de coca o beber té de adormidera produce efectos mucho más suaves que la cocaína o la morfina refinadas: la purificación aumenta tanto la concentración máxima como la rapidez con que se alcanza.

Lo mismo ocurre con las influencias ambientales sobre la función cerebral. Como con los fármacos, el efecto de estas exposiciones externas depende de cuánto y con qué frecuencia. Una concentración demasiado alta de un determinado tipo de mensajes puede resultar tóxica; algunos mensajes son más potentes que otros, y el efecto varía con la edad y la vulnerabilidad individual. Las empresas de redes

---

al mismo tiempo crea vínculos sociales significativos para los miembros mayores de la comunidad.

sociales son expertas en modelizar la variedad y la fuerza de estas influencias, y en explotarlas para lograr sus objetivos.

EL CEREBRO EXTENDIDO: ¿DÓNDE ACABAMOS NOSOTROS Y COMIENZA EL MUNDO?

Ahora vemos que todos somos, a la vez, influidos e influyentes, y profundamente. El proceso de esa influencia, en lo más básico, consiste en que la información fluye desde el entorno externo a través de nuestros sentidos, se propaga como una onda por nuestra red neuronal y emerge a través de nuestro sistema motor en forma de movimientos, como respuesta al entorno, que a su vez moldea nuestro entorno, incluidos nuestros semejantes. Esta descripción implica una continuidad potencial, una confluencia de lo externo y lo interno. Sugiere la posibilidad de que el cerebro se extienda más allá de la barrera física del cuerpo y encarna el concepto de «cerebro extendido» que da título a este capítulo. El caso de Bernard nos adentra un poco más en esta idea.

Bernard tenía 63 años y había sido derivado por los fisioterapeutas porque su brazo izquierdo no funcionaba. Hicieron bien en derivarlo, porque no tenía ningún problema de fuerza y sus articulaciones también estaban bien. Su esposa lo resumió perfectamente: parecía querer desterrar su brazo izquierdo por pura fuerza de voluntad.

De hecho, para Bernard no le pertenecía. No lo lavaba ni lo metía por la manga del jersey. Peor aún, a veces ese brazo, que consideraba ajeno, se le iba hacia arriba e interfería con el derecho, o hurgaba entre las cosas —como mi martillo de reflejos, que estaba en la mesa junto a su silla—.

Tenía el síndrome de la mano ajena, un extraño fenómeno neurológico en el que una extremidad se percibe como ajena y dotada de voluntad propia, acompañada en ocasiones de actividad motora involuntaria. Suele darse cuando existe daño subyacente en la corteza parietal, una región implicada en el procesamiento sensoriomotor complejo, que queda desconectada de otras áreas corticales.

Puede parecer exotismo neurológico, pero pensemos en experiencias más comunes. Cuando te enteras de que tienes un cáncer creciendo, una bola de células descoordinadas en el abdomen, ¿lo sientes como parte de ti? Cuando tu páncreas deja de producir insulina por daño autoinmune, ¿sientes tu páncreas como algo tuyo? ¿Y tu pierna cuando la has tenido cruzada mucho rato y se te ha dormido? Todos podemos estar de acuerdo en que sería ridículo sugerir que una pierna dormida ha dejado de ser parte de ti, pero pensar en un tumor como algo ajeno parece mucho más razonable. ¿Dónde y cómo decidimos la frontera entre el yo y lo otro?

Tu cerebro intenta constantemente dar sentido al mundo, y es sorprendentemente adaptable, de maneras que cuestionan la frontera entre el yo y lo otro. Si has sufrido una amputación y recibes luego una prótesis de pierna, tu cerebro cambiará, las vías neuronales se remodelarán y, con el tiempo, esa pierna «falsa» se incorporará a tu psique. ¿Y si tu brazo y tu mano estuvieran cubiertos por una manta y que por la manta asomara una mano de goma? Si alguien le diera un martillazo, darías un respingo en el instante en que el martillo golpease la goma.[*] En cambio, si te amputaran la pierna y no recibieras una prótesis, tu cerebro podría proyectar un miembro fantasma en el espacio que antes ocupaba la extremidad, porque sigue esperando encontrarla ahí.

La mayoría nunca llega a usar una prótesis de amputación, pero todos tenemos prótesis en la vida cotidiana: instrumentos de todo tipo, como cubiertos, teclados y coches. Todos ellos son una extensión de nosotros mismos. En este sentido, somos en efecto cíborgs: esos objetos se convierten en nuestros órganos efectores, a través de los cuales ejecutamos un control preciso gracias a la retroalimentación sensorial que recibimos. Ilustran cómo no existe una frontera nítida del yo. Si existe una frontera, se sitúa en el punto donde caen bruscamente el volumen y la precisión de la retroalimentación sensorial, y más allá del cual ya no es posible ejecutar una acción motora. Puedes sentir claramente esta diferencia cuando usas una herra-

---

* Busca «experimento de la mano de goma» en internet para ver un breve vídeo que ilustra este concepto.

mienta, por ejemplo una raqueta de tenis. En el momento en que la pelota golpea la raqueta, percibes la respuesta a través del agarre, casi como si la raqueta fuera una extensión de tu brazo. Pero, si la pelota simplemente cae cerca de tus pies, no te llega ninguna información sensorial directa. La diferencia es que la raqueta está dentro de la zona de integración sensoriomotora fina, mientras que el suelo queda fuera. Del mismo modo, los conductores experimentados sienten las dimensiones de su coche como si fueran una extensión de su cuerpo, y los cirujanos expertos sienten sus instrumentos como una prolongación de sus manos.

¿Qué sentido resultaría más incapacitante perder? Casi nadie acierta la respuesta.

El tacto. Sin él, lo pierdes todo.

Sin él, no podrías ponerte de pie, sujetar objetos, hablar ni siquiera saber dónde está tu cuerpo en el espacio. Si llevamos esta idea más lejos, las señales sensoriales que recibimos proceden de otras personas, de otras cosas; en parte determinan lo que percibimos y, del mismo modo, cómo actuamos —en particular lo que decimos y lo que hacemos—. Todo ello forma parte de una serie de bucles de retroalimentación anidados.

Tomemos el sencillo reflejo rotuliano. Cruza la pierna izquierda sobre la derecha, de modo que la rodilla izquierda quede encima, y golpea con viveza la zona entre la rótula y la parte superior de la tibia con los tres dedos centrales. La mayoría notará una sacudida involuntaria de la pierna, resultado del siguiente circuito reflejo:

1. Estímulo: golpeas el tendón y se estira.
2. Entrada sensorial: ese estiramiento envía un mensaje sensorial por el nervio femoral hasta la médula espinal.
3. Procesamiento: en la médula, esta señal se interpreta como una desviación de la pierna respecto a su posición correcta.
4. Salida motora: se envía una orden de vuelta al músculo cuádriceps para que se contraiga y devuelva la pierna a la posición que la médula considera adecuada.
5. Respuesta: la pierna da un tirón al contraerse el músculo.

Este reflejo simple demuestra el bucle básico entrada-proceso-salida que constituye la base de toda función cerebral. El cerebro es, en esencia, una versión inmensamente más compleja de este sistema, con incontables bucles interconectados que forman una red coherente. Lo fundamental es que tanto las entradas como los resultados de las salidas se extienden más allá de nuestro cuerpo físico y difuminan la frontera entre el yo y el entorno. Existe un yo nuclear y un yo conectado, más amplio.

Esta idea del yo extendido tiene profundas implicaciones para la comprensión de nuestro lugar en el mundo. No somos entidades aisladas, sino que estamos profundamente integrados en nuestros entornos físicos y sociales, y continuamente moldeados por ellos. Cada interacción, cada estímulo sensorial, deja su huella en nuestros circuitos neuronales e influye en nuestros pensamientos y acciones futuros. A su vez, nuestras conductas se propagan hacia fuera y moldean las experiencias de quienes nos rodean en una intrincada danza de influencia mutua.

EL YO SIEMPRE CAMBIANTE

¿Qué ocurre si empezamos a sustituir partes del cuerpo por trasplantes de otros o por versiones artificiales? ¿En qué momento dejas de ser tú? ¿Y si te replicaran, reproduciendo las conexiones y el estado exacto de tu cerebro con todos sus recuerdos, y luego los dos yoes idénticos se separaran y fueran colocados en entornos distantes? ¿Cuál sería el tú real? Creo que la respuesta es ninguno, y ambos. Ninguno, en el sentido de que toda exposición altera a una persona —altera los circuitos de su cerebro, su estado de memoria—, de modo que, de un día a otro, no eres idéntico. Casi idéntico, sí, pero cambiado. Existe una probabilidad muy alta de predecir cómo será el tú de mañana, pero, por la aleatoriedad del entorno y de los procesos internos, el resultado no es determinista. Los yoes divergen. Esto pone de relieve, una vez más, que somos producto de nuestra historia personal y del entorno en el que nos encontramos en cada momento.

A veces me pregunto qué pensaría, cómo sería, si me transportaran en una máquina del tiempo a la Edad Media, a la época romana o más atrás aún. ¿Hasta qué punto sería flexible en mi conocimiento, cuán tolerante con las conductas de los demás? Como en el experimento mental de antes, un yo trasladado 500 o 5000 años atrás para crecer en otra época no sería «yo con exposiciones diferentes»: sería otra persona. El único yo soy el de este instante. Ahora bien, ese yo será casi idéntico mañana. Existe un cono de probabilidad: la gama en expansión de posibles versiones de mí que podrían existir a medida que el tiempo avanza. Dado cómo soy —mi estado neuronal, el modo en que proceso la información hoy—, podemos predecir con una probabilidad altísima cómo seré mañana. Esa es la continuidad que tenemos de persona, de identidad. Pero no es absoluta.

De hecho, en ocasiones se producen perturbaciones importantes en muy poco tiempo que provocan un gran cambio. Decimos que John sigue siendo John o Mary sigue siendo Mary tras esos episodios, pero, si bien en la carne esto es cierto, en la mente no tanto. Puede tratarse de una crisis epiléptica prolongada, un pequeño ictus que afecte a un área concreta del cerebro o haber presenciado un acontecimiento traumático. Sin embargo, lo más habitual es que el cambio se produzca de forma gradual, a través de una serie de exposiciones pequeñas y repetidas. Un primer ministro o un director general al que solo le dicen lo magnífico que es puede ir perdiendo el contacto con la realidad y caer en la trampa de la soberbia. Un *influencer*, rodeado de elogios constantes, puede empezar a hacer afirmaciones cada vez más audaces, convencido de su propio brillo. O, en la vida cotidiana, podemos pasar sin darnos cuenta de amistades equilibradas a rodearnos solo de personas que nos dan la razón, lo que altera sutilmente nuestra perspectiva y nuestras decisiones. Aunque la mayoría no afrontamos cambios extremos y puntuales, todos estamos moldeados por las fuerzas acumulativas de la vida. Los cambios quizá sean menos llamativos, pero, con el tiempo, también nos convertimos en versiones distintas de nosotros mismos.

Cada interacción, nos guste o no, deja huella. Como dijo Heráclito: «Nadie se baña dos veces en el mismo río, porque no es el mismo río y él no es el mismo hombre».[46] Cada interacción transforma tanto al individuo como al contexto.

Y, si las interacciones importan, la repetición importa aún más, porque nuestro cerebro se reconfigura con cada experiencia. El principio es sencillo: «las neuronas que se activan juntas se conectan entre sí». Sobre esa base aprendemos, formamos hábitos y moldeamos nuestra personalidad. Cada exposición repetida refuerza esas conexiones neuronales y labra surcos más profundos en nuestro paisaje mental. De este modo, el entorno no solo nos influye en el momento, sino que deja marcas duraderas en nuestra arquitectura neuronal. Esa conversación fugaz, esa experiencia pasajera, ese retazo de información: todo tiene el potencial de reforzar o remodelar los circuitos de nuestro cerebro. Por eso, la exposición repetida a entornos coherentes y positivos resulta esencial. Y con cada exposición no solo recordamos mejor: nos vamos convirtiendo, literalmente, en una persona distinta La pregunta es cómo llevar todo esto al terreno de lo cotidiano.

Implicaciones prácticas

Piensa en tu conectividad con todo. Aunque percibimos una transición nítida en el borde de nuestro cuerpo, en realidad se trata de un continuo. Formamos parte de una onda de actividad e influencia mucho mayor, que abarca tanto el pasado como el presente.

Acepta el cambio y el crecimiento personal: nuestro yo es fluido y se moldea con las experiencias. Rodéate de personas, ideas y lugares que te nutran.

Cuando algo te moleste, da un paso atrás y visualiza a la humanidad como parte de una superestructura enorme y dinámica —como una lámina flexible y adaptable en la que cada vida humana constituye un nodo de la malla—. Cuando un nodo se tensa o sufre una fuerza, inevitablemente aumenta la tensión o altera la forma de los nodos adyacentes.

Ninguna parte de la malla existe de forma aislada; los movimientos de una repercuten en las demás. Podemos influir en esta compleja coreografía con interacciones tan simples como profundas: una sonrisa a un desconocido o una palabra dura a un niño resuenan por igual a través de la red social. El progreso surge, por tanto, de la compasión hacia nosotros mismos y hacia quienes tenemos al lado.

Otra técnica consiste en imaginar las interacciones humanas como el tiempo meteorológico. Del mismo modo que todo fenómeno atmosférico emerge del entrecruzamiento de sistemas, las conductas humanas resultan de innumerables interacciones entre biología, historia y entorno. El llanto de un bebé, un insulto a gritos, un abrazo suave: cada uno se forma a partir de estímulos pasados y culmina en ese instante. No nos enfadamos con la lluvia que nos empapa ni guardamos rencor al viento que derriba un árbol, aunque nos hiera gravemente: nuestra reacción es fundamentalmente distinta a cuando el daño proviene de otra persona. Sin embargo, las tormentas toman forma según fuerzas ajenas a cualquier molécula, y así deberíamos percibir cada acción humana: como un remolino efímero dentro de corrientes sociales mucho mayores que fluyen a lo largo de milenios.

En este capítulo hemos visto el papel determinante de lo externo en nuestro moldeamiento. Este efecto se amplifica en el siguiente, cuando el cerebro empieza a desarrollar la capacidad de detectar diferencias sutiles en las cosas que nos rodean.

Capítulo 9

EL CEREBRO DIFERENCIADOR

Martha solo pudo acudir a mi consulta porque su marido leyó la carta de citación y la trajo. Había perdido la capacidad de leer. Empezó tardando más en terminar los periódicos y los libros que antes disfrutaba. La derivación se precipitó cuando se quejó de que las palabras en la página «ya no tenían sentido». Abogada en ejercicio, aún podía cautivar a un tribunal con su oratoria, pero su capacidad para ejercer flaqueaba al no poder consultar sus notas de caso. Por desgracia, la resonancia magnética reveló un pequeño tumor cerebral infiltrativo en la corteza occipitotemporal izquierda, una región esencial para el reconocimiento de palabras y símbolos escritos.

El caso de Martha puede sonar excepcional, pero no hace tanto tiempo, en términos evolutivos, ninguno de nosotros sabía leer. Entonces, ¿qué cambió? En este capítulo hablaremos de cómo nuestro cerebro evolucionó hasta comprender símbolos y, finalmente, palabras, y qué significa eso para nuestra percepción del mundo.

Hasta ahora hemos examinado nuestras capacidades imitativas y cómo realizamos acciones que nos reportan aprobación y, por tanto, popularidad dentro de nuestros grupos. Hemos visto cómo estas tendencias se comparten con otros animales y forman parte de nuestro acervo básico.

Pero ninguna explica el éxito desbocado de *Homo sapiens*. ¿Qué añadidos a nuestra estructura básica resultaron determinantes para nuestra dominancia? ¿Qué avances se produjeron en el desarrollo y en la evolución? Las respuestas posibles son varias.

Si bien todas las especies humanas se expandieron geográficamente, *Homo sapiens* fue particularmente inquieto: migró y se expandió a un ritmo sin precedentes. El uso del fuego para cocinar liberó tiempo para la innovación al reducir las horas y la energía dedicadas a digerir alimentos crudos —práctica compartida con otros homininos—, y el desarrollo de ropa hecha a medida permitió sobrevivir en climas más fríos. Pero nada de esto explica del todo nuestra dominancia. Otros homininos construyeron estructuras complejas y fabricaron herramientas sutiles, superando a veces a los *sapiens* en artesanía. Nuestra ventaja competitiva arrancó con unas capacidades únicas para el pensamiento simbólico, el lenguaje complejo y —esto es lo decisivo— la cooperación avanzada. Estas capacidades cognitivas condujeron a la dominación sobre otros homininos. Pero lo que en última instancia nos permitió dominar el mundo se aclara en el caso de Martha: perdió justo la facultad que hoy nos permite construir cohetes y televisores.

El recaudador de impuestos y la evolución del lenguaje

Nuestra alfabetización puede rastrearse hasta el surgimiento de la agricultura, que trajo consigo mayores rendimientos calóricos pero una reducción en la variedad de actividades que realizaba cada individuo (y, por tanto, menos oportunidades de cambios de actividad que desencadenaran liberaciones de dopamina). Más calorías significan más nacimientos y una población más numerosa. Con poblaciones mayores llegaron una mayor especialización, una comunidad más estructurada y un nuevo problema: ¿quién posee qué? ¿Y quién lleva la cuenta de esa propiedad? Se necesitaba un sistema que fuera más allá de la mente individual, y se inventó entre el 8000 y el 7000 a. C. en forma de símbolos prensados en bolas de barro y, más tarde, en tabletas de arcilla planas.[47] Al frente de esos registros estuvo otra invención decisiva: el recaudador de impuestos.

En el centro de nuestra capacidad evolucionada para utilizar símbolos se encuentra el área de la forma visual de las palabras (VWFA, por sus siglas en inglés), una pequeña región del lóbulo temporal, concretamente en el giro fusiforme izquierdo: un área tradicionalmente implicada en el reconocimiento de rostros y la percepción de objetos. En las sociedades preliteradas de nuestros antepasados, este territorio neuronal probablemente se empleaba para distinguir individuos y objetos esenciales para la supervivencia. A medida que evolucionaron los sistemas de escritura, esta región fue reclutada para procesar el lenguaje escrito, lo que ilustra cómo las redes neuronales pueden adaptarse y perfeccionar su función con el tiempo en respuesta a la exposición y el refuerzo de nuestros pulsos de dopamina. Aunque leer hoy pueda parecer tan natural como respirar, conviene recordar que es una habilidad relativamente reciente, surgida hace apenas entre 5000 y 6000 años: un suspiro en términos evolutivos.*

Junto a la VWFA, otra pequeña región del cerebro, el área temporoparietal 2 (TEP2), también se adaptó para apoyar la alfabetización al ampliar su papel desde un procesamiento sonoro más simple hasta la integración de sonidos con el significado de las palabras. Por eso, cuando leemos, a menudo «oímos» las palabras en nuestra cabeza: el cerebro vincula los símbolos escritos con representaciones auditivas del habla. No es casualidad: nuestro sistema de lectura evolucionó a partir del lenguaje hablado y aprovecha circuitos diseñados en origen para procesar sonidos.

Los símbolos del recaudador dieron paso a una forma ampliada de memoria que permitió almacenar conocimiento más allá de las mentes individuales y transmitirlo de generación en generación. Se creó, de hecho, un vasto sistema de memoria externa. Así comen-

---

* Aunque los sistemas de escritura formales como el cuneiforme y los jeroglíficos aparecieron hace unos 5000 años, la representación simbólica es mucho más antigua. Ocre grabado, huesos con muescas y marcas en cuevas sugieren que nuestros antepasados usaban símbolos al menos desde hace 70 000 años, lo que posiblemente preparó el terreno neuronal y cultural para la alfabetización mucho antes de que esta se plasmara por escrito. Esos protosímbolos quizá no transmitían un lenguaje pleno, pero demuestran que nuestro cerebro ya estaba preparado para asignar significado a las marcas: un paso fundamental en el camino hacia la lectura.

zaron miles de años de avances en el modo de registrar y compartir información, que culminaron primero en el pergamino, luego en el papel, después en la imprenta y finalmente en los soportes digitales.

Principio de la condición humana: «La alfabetización se apropia de un sistema cerebral construido para otra función».

Así, la alfabetización no fue en realidad una función cerebral completamente nueva, pero, como hemos visto, nada lo es. Todo es un apilamiento gradual sobre estructuras más básicas que construye complejidad sobre funciones más simples. Aquí adaptamos y nos apropiamos de la parte del cerebro capaz de distinguir entre un gran número de personas que se parecen mucho —captando pequeñas diferencias en la forma del rostro— para distinguir en su lugar pequeñas diferencias en las marcas de unas tabletas de arcilla. Esto permite una acumulación de conocimiento e invención que es producto de múltiples pequeños incrementos de progreso a lo largo de múltiples generaciones y personas. No estamos tanto «a hombros de gigantes» como a hombros de cientos de generaciones, sobre el conocimiento acumulado y las aportaciones de innumerables individuos, cada uno de los cuales contribuyó a esa acreción de saber. Nos gusta personificar los avances como fruto del genio individual, pero los descubrimientos científicos y las invenciones rara vez son obra de una sola persona: Darwin tuvo a Wallace, Edison contó con incontables predecesores, e incluso el teorema de Pitágoras probablemente era conocido por los babilonios. Del mismo modo que nuestro cerebro evolucionó superponiendo funciones nuevas a estructuras antiguas, el conocimiento humano se acumula paso a paso, no a saltos. Sin la adaptación de nuestro cerebro para utilizar símbolos, nada de esto habría sido posible.

Principio de la condición humana: «La innovación nunca es obra de un solo individuo: es el producto de incontables pequeños pasos acumulados a lo largo de generaciones».

178

De pastores a símbolos:
el nacimiento de nuestra memoria externa

Recuerdo estar en lo alto de una ladera con alguien de la Comisión Forestal que me aconsejaba sobre la plantación de árboles. Se maravillaba ante el horizonte y la belleza en la diversidad de color y forma del arbolado. Me sentí un poco necio, porque yo solo veía una masa verde. Con el tiempo, sin embargo, mi cerebro se afinó y aprendí a diferenciar y, con ello, a apreciar esa belleza.

Experimentamos un aprendizaje similar cuando vemos por primera vez un rebaño de ovejas: todas parecen idénticas, pero no para el pastor. O pensemos en alguien criado en un país étnicamente homogéneo que visita tierras lejanas: al principio, todos los lugareños pueden parecerle iguales. Al menos durante un tiempo, hasta que el cerebro se adapta. Para los pastores serán las ovejas; para otros, un sinfín de objetos casi idénticos que pueden llegar a diferenciarse con el entrenamiento adecuado. Pero, por encima de todo, nuestra mayor destreza es diferenciar las formas de las letras.

Junto con la capacidad del pastor de poner nombre a todas sus ovejas, los *sapiens* adquirieron, a través de la lectura y la escritura, la capacidad de registrar actividades. El resto, como se suele decir, es historia. Y nunca mejor dicho: esa capacidad de crear historias moldeó nuestro éxito, pero también contribuye a muchos de los problemas que afrontamos hoy.

Hasta hace muy poco, el «guion» de nuestro cerebro era idéntico de generación en generación, alineado con aquello para lo que la evolución lo había preparado. Hoy, en cambio, nuestras metas específicas son producto no solo de nuestras historias personales, sino también de una compleja trama de influencias transmitidas mediante relatos y escritos, mediante invenciones y las complejidades de la sociedad moderna. El publicista y su ejército de *influencers*, desde los dispensadores históricos de estatus hasta las estrellas contemporáneas de las redes sociales, ejercen un efecto desmesurado en nuestro bienestar.

La alfabetización desencadenó una cabalgata de generación en generación, de año en año, de texto en texto, hacia nuevas maneras de hacer las cosas, nuevas expectativas, nuevas metas y, ahora, nuevas luchas por alcanzarlas. Si volvemos a los principios básicos expuestos en capítulos anteriores, vemos hasta qué punto la vida moderna los pone a prueba. Hemos sido teletransportados de golpe a un mundo que lleva los principios básicos de la función cerebral al límite y más allá. Esta notable capacidad para distinguir e interpretar símbolos no solo posibilita la alfabetización: moldea de manera fundamental cómo nos relacionamos con todo nuestro mundo social.

El poder de los símbolos se extiende más allá del lenguaje escrito y penetra en el tejido mismo de nuestra identidad. Logotipos, banderas nacionales, marcas corporativas: todos explotan la capacidad ancestral del cerebro para reconocer y priorizar ciertos rostros o grupos. Estos símbolos, como los marcadores tribales de antaño, moldean nuestras lealtades y condicionan nuestro sentimiento de pertenencia. La diferencia es que ahora esos marcadores pueden producirse en masa, comercializarse e instrumentalizarse. La asociación inconsciente de prestigio a un logotipo o la oleada emocional que suscita una bandera nacional tienen su raíz en circuitos neuronales que evolucionaron para un mundo mucho más simple. La identidad moderna es, por tanto, un tapiz complejo tejido con recuerdos individuales y símbolos sociales que se moldean mutuamente con nuestro cerebro colectivo.

La ciencia de la belleza

Del mismo modo que el cerebro reutilizó los circuitos de reconocimiento facial para la lectura, aplica capacidades discriminatorias similares a los juicios estéticos. Nuestras preferencias están moldeadas tanto por la exposición como por la notable capacidad del cerebro para detectar diferencias sutiles. Variaciones mínimas en rasgos faciales, proporciones corporales o incluso patrones abstractos hacen que una persona u objeto nos resulte hermoso y otro, aparentemente similar, menos atractivo.

Francis Galton, primo de Charles Darwin, inventó una forma de crear imágenes compuestas de personas superponiendo múltiples fotografías. Lo hizo en busca de lo que creía que serían rasgos físicos comunes en criminales o en personas con determinadas enfermedades. En su lugar, observó que los compuestos resultaban más atractivos que los individuos. La manipulación digital moderna confirma esta regla general para la atracción facial: lo promedio es lo más deseable. Toma mil fotografías, fusiónalas en una sola y obtendrás belleza. Durante mucho tiempo, esto se ha explicado por una preferencia evolutiva por la normalidad como marcador de aptitud: quienes presentan asimetrías, desviaciones o deformidades tienen más probabilidades de padecer un trastorno genético subyacente o una enfermedad adquirida. Sin embargo, una explicación alternativa es que se trata simplemente de un reflejo del rostro promedio al que hemos estado expuestos desde el nacimiento, ponderado sobre todo por las exposiciones tempranas a la familia y a los vecinos. Esta preferencia por lo promedio no solo se aplica a rostros humanos, sino también a otros objetos, como los relojes, lo que sugiere que es improbable que esté vinculada a ideas inconscientes sobre salud o aptitud.

No obstante, no todas las desviaciones respecto a la media se perciben como poco atractivas. El cerebro parece encontrar agradables ciertas salidas de lo típico cuando son «manejablemente distintas»: lo bastante novedosas para resultar interesantes, pero no tan extremas como para alterar la fluidez perceptiva. Esto concuerda con la hipótesis de la distintividad óptima, según la cual una ligera singularidad aumenta la atracción al ampliar nuestros modelos internos de predicción sin desbordarlos.

Aunque se prefiera lo promedio, nuestro concepto de promedio está sesgado hacia lo familiar. Un buen ejemplo es la preferencia de las personas altas. Cuando se les muestran fotografías de rostros, prefieren aquellas en las que los rasgos aparecen un poco más bajos de lo habitual, porque en su experiencia cotidiana suelen mirar los rostros desde arriba. Las personas bajas, por el contrario, prefieren fotografías con rasgos situados un poco más altos que la media.

Las cosas congruentes con nuestra expectativa, como vimos en el capítulo 2, resultan placenteras. Esta preferencia por lo predecible explica también por qué nos atraen los fractales: nuestro cerebro está preparado para buscar patrones fáciles de procesar. Los fractales, con sus estructuras repetidas a distintas escalas (como las ramas de los árboles o los ornamentos arquitectónicos), encajan con las expectativas de armonía visual del cerebro, lo que los hace naturalmente atractivos. En relación con esto, como vimos en el capítulo 4, el cerebro mantiene una predicción del mundo y, cuando detecta una discrepancia, intenta o bien modificar el mundo para ajustarlo al modelo interno, o bien actualizar el modelo interno para ajustarlo al mundo.

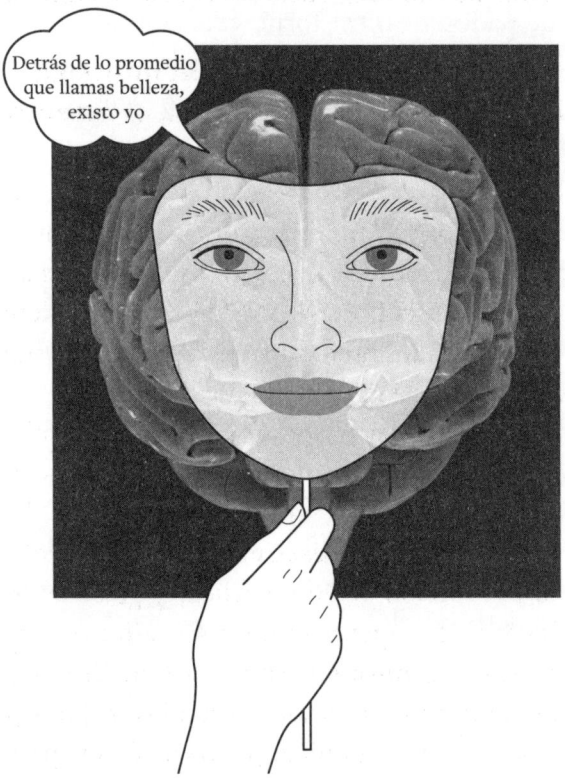

La ilusión de la belleza: lo que percibimos como atractivo es mera normalidad estadística de un rostro que no es más que el envoltorio, mientras que el verdadero yo reside en la totalidad de la actividad neuronal oculta bajo él.[48]

Esto se manifiesta como preferencia por lo promedio, por la «normalidad». La normalidad sugiere familiaridad, y la familiaridad sugiere seguridad. Nuestros antepasados evolucionaron en entornos donde lo desconocido podía indicar peligro, mientras que lo familiar era sinónimo de previsibilidad y protección. Este «efecto de mera exposición» rige buena parte de nuestra percepción, desde los rostros que nos resultan atractivos hasta los objetos que juzgamos estéticamente agradables. El cerebro está predispuesto a favorecer lo que conoce, porque lo conocido rara vez amenaza. Y esto se extiende mucho más allá de los rostros: ya sea la curva de un jarrón o el contorno de un edificio, la forma más familiar suele ser la más reconfortante.

Principio de la condición humana: «La atracción es, en esencia, el cerebro que reconoce lo familiar».

La atracción, sin embargo, no depende solo del promedio. Los rostros femeninos con rasgos más femeninos y, a la inversa, los masculinos con rasgos más masculinos se consideran más atractivos, aunque no en todas las sociedades no industrializadas, lo que sugiere que las exposiciones repetidas de los medios nos influyen.

También tendemos a sentirnos atraídos por estímulos supernormales, como alimentos procesados ricos en azúcares simples, sal y grasa, luces brillantes o las afirmaciones exageradas de la publicidad. Los fabricantes de alimentos diseñan cuidadosamente sus productos —como la proporción 50:50 de azúcar y grasa en los dónuts, o la forma de las Pringles, que maximiza el contacto con la lengua— para fomentar el sobreconsumo. En una ironía de la evolución, los alimentos que dominan el mercado no son los mejores para nuestro bienestar, sino los que han «evolucionado» mediante presiones selectivas: están diseñados para resultar lo más atractivos posible, un recordatorio de que los procesos evolutivos son indiferentes a la salud y obedecen solo a lo que sobrevive.

También preferimos ciertos contrastes, como objetos oscuros sobre fondos claros, porque esa es la configuración habitual de nuestro mundo visual. Los bebés nacen con una visión muy pobre y fijan la mirada especialmente en las zonas oscuras de los rostros, que corresponden a ojos y boca. Esta tendencia innata se explota en los adultos al realzar la prominencia de ojos y boca con máscara de pestañas, delineador y pintalabios.

**Principio de la condición humana:
«Al cerebro le gusta lo familiar, pero le atrae la novedad.
Un rasgo llamativo puede eclipsar el conjunto».**

Sin embargo, antes de desanimarnos demasiado con la idea de que nuestra belleza está fijada y es universal, conviene señalar que realmente está en los ojos de quien mira: los estudios sugieren que más de la mitad de lo que nos parece atractivo lo determinan el gusto individual y el contexto, no un patrón fijo u objetivo.[49] La plasticidad del cerebro permite que estas preferencias cambien con el tiempo, lo que explica por qué los cánones de belleza evolucionan tanto a nivel personal como social.

Pero la plasticidad y nuestras variadas exposiciones ofrecen algo más que una explicación de los cambios en los cánones estéticos: proporcionan una hoja de ruta para replantear activamente nuestras preferencias. La exposición a nuevas experiencias —ya sean culturales, artísticas o sociales— reconfigura de forma gradual nuestras redes neuronales y nos permite apreciar una gama más amplia de belleza. Del mismo modo que el pastor aprende a distinguir diferencias sutiles entre las ovejas de su rebaño, nosotros también podemos entrenarnos para encontrar belleza en la diversidad, cuestionando los moldes estrechos impuestos por las normas sociales. Esta plasticidad es un don que nos permite ampliar nuestros horizontes estéticos y, por extensión, enriquecer nuestra conexión con el mundo que nos rodea.

Este principio se extiende más allá de los rostros a todo nuestro mundo visual. Un amigo arquitecto me dijo que toda vivienda se vuelve bella a los setenta años aproximadamente. No por la pátina, sino por las asociaciones sociales que se forman durante ese tiempo y se transmiten culturalmente, lo que moldea de forma gradual la percepción del cerebro.

Del mismo modo, nuestros gustos necesitan ser guiados poco a poco hacia la complejidad. De niños, preferimos lo dulce y lo salado, los olores de la fruta y la leche, y nos desagradan lo agrio, lo amargo y los olores a pescado. Son preferencias útiles que nos orientan hacia alimentos seguros y nos alejan de los venenosos, y comienzan antes del nacimiento. Las sustancias químicas del líquido amniótico que amortigua al bebé en desarrollo reflejan la dieta de la madre y moldean sutilmente sus futuros gustos. Los nacidos de madres que consumieron con frecuencia anís o ajo durante el embarazo, por ejemplo, tienden a preferir esos sabores. Estas exposiciones tempranas sientan las bases de unas preferencias gustativas que siguen evolucionando a lo largo de la vida. De adultos, nos gusta más aquello que nos hemos acostumbrado a probar, y para modificar nuestras preferencias es necesario avanzar de forma gradual hacia lo más intenso. Es como aprender a apreciar un tinto de Burdeos pasando antes por el vino blanco, el rosado y tintos más suaves antes de dar el salto final.

Así, la familiaridad es un factor que influye en la deseabilidad de un objeto, pero ¿cuáles son los demás? En general, nuestro cerebro está preparado para procesar la simetría en determinados cocientes matemáticos, como la proporción áurea (aproximadamente 1,618:1), que se encuentra con frecuencia en la naturaleza, el arte y la arquitectura. Esta facilidad de reconocimiento se relaciona con la teoría de la fluidez estética, según la cual los objetos más fáciles de percibir o procesar tienden a juzgarse más bellos. Sin embargo, también nos atraen el contraste y la novedad, de ahí que a veces rasgos únicos o no promedio —como un color de ojos llamativo— puedan considerarse más bellos que rasgos perfectamente regulares. Esto enlaza con el procesamiento de diferencias y de contraste del cerebro, descrito en el capítulo 4, que hace que esos rasgos destaquen.

Es evidente que el estatus desempeña además un papel importante en lo deseable que nos resulta un objeto; nuestra capacidad para discriminar pequeños detalles permite a los fabricantes utilizar la estética visual como factor de diferenciación —Apple es un ejemplo magistral—. Las historias asociadas a los objetos también son decisivas para su atractivo: tendemos a calificar las imágenes como más atractivas si nos dicen que proceden de un museo en lugar de haber sido generadas por ordenador. Los objetos también resultan más atractivos si podemos identificarnos con la manera en que fueron creados, en especial si podemos imaginarnos creándolos nosotros mismos. En un estudio fascinante, se mostraron a los participantes imágenes de alguien que sujetaba un pincel, bien con un agarre preciso, bien descuidado. Más tarde, al pedirles que valoraran cuadros, quienes habían visto el agarre preciso puntuaron las obras más alto.[50] Esto sugiere que cuanto más claramente puede nuestro cerebro imaginarse participando en el proceso creativo, más aprecia el producto final. Es una demostración elocuente de cómo los mecanismos de «espejo» de nuestro cerebro, analizados en el capítulo 5, moldean nuestras experiencias estéticas. Al simular las acciones e intenciones que hay detrás de una obra de arte, sentimos una conexión más intensa con ella y extraemos mayor placer y significado. Lo mismo ocurre cuando vemos deporte.

La familiaridad es también un ingrediente esencial en la música. Para resultar placentera, la música necesita ser predecible, pero con la variación justa para mantener a raya el aburrimiento. La canción pop arquetípica se construye en torno a una melodía breve y repetitiva que evoluciona ligeramente en cada vuelta. Del mismo modo, los compositores clásicos confiaron en armonías mayoritariamente consonantes y entretejieron momentos de sorpresa para sostener nuestra atención.

Estas ideas se explotan ampliamente en publicidad, en particular el anhelo simultáneo de novedad y familiaridad en la proporción adecuada. Al presentar versiones ligeramente modificadas de productos conocidos o asociarlos con estatus y deseo, los anunciantes ejercen una influencia sutil pero poderosa sobre nuestras preferencias. Las campañas publicitarias se diseñan para activar los mismos circuitos neuronales que nos ayudan a discernir diferencias sutiles —ya sea en rostros o en objetos—, lo que dificulta resistirse al atractivo de lo «nuevo y mejorado». Sin embargo, reconocer estos mecanismos en acción nos permite tomar decisiones más conscientes y deliberadas.

Principio de la condición humana:
«Los deseos fabricados parecen reales…
hasta que los desenmascaramos».

Implicaciones prácticas

La alfabetización ha impulsado a la sociedad humana hacia complejidades que exceden con mucho aquello para lo que nuestro cerebro fue diseñado en origen, lo que genera estrés e insatisfacción. Esta capacidad de registrar y acumular conocimiento a lo largo de generaciones ha traído consigo objetivos a largo plazo, a menudo en conflicto y a veces inalcanzables, que contribuyen a muchos de los desafíos comentados en capítulos anteriores. Comprenderlo nos permite desvincularnos de forma estratégica de algunas de esas fuerzas cuando así lo deseemos.

Los rostros que nos resultan atractivos suelen ser aquellos que reflejan rasgos familiares y promedio: el resultado del modo eficiente en que nuestro cerebro procesa la información. Reconocer que se trata de un filtro cognitivo en funcionamiento nos permite empezar a ampliar nuestro concepto de belleza. Esta comprensión ayuda a desligarnos de cánones rígidos de atractivo que pueden causar frustración o desdicha, y nos libera para apreciar una gama más amplia de cualidades en los demás —y en nosotros mismos—. Del mismo modo que la alfabetización expandió nuestra memoria colectiva, también ha transmitido y homogeneizado a escala global los cánones de belleza a través de libros, revistas y medios digitales, lo que genera presiones sin precedentes que nuestro cerebro no ha evolucionado para gestionar.

Del mismo modo, cuando codiciamos objetos —ya sea el último producto o una posesión anhelada—, a menudo se debe a que el cerebro responde a señales sutiles de estatus, novedad o familiaridad que los publicistas saben explotar. Comprender cómo funcionan estos procesos neuronales nos permite dar un paso atrás y preguntarnos si esos deseos son auténticos o simplemente fabricados. Al hacerlo, podemos tomar decisiones más conscientes y evitar el dolor y el gasto innecesarios que a menudo acompañan a la persecución de deseos fugaces impuestos desde fuera.

Para ampliar de verdad nuestras preferencias —ya sea en gustos, belleza o experiencias—, la exposición es fundamental. Expandir nuestros gustos requiere un proceso lento y deliberado de encuentro con cosas nuevas a lo largo del tiempo. Del mismo modo que el paladar evoluciona al exponerse a alimentos o músicas más complejos, nuestra apreciación de formas diversas de belleza, arte e ideas también exige paciencia y apertura.

En última instancia, comprender cómo los mecanismos del cerebro influyen en nuestras preferencias estéticas, nuestras elecciones de consumo y, en definitiva, nuestras decisiones vitales, nos da la posibilidad de detenernos, reflexionar y recuperar las riendas de lo que decidimos.

Hemos visto cómo el éxito desbocado impulsado por nuestro afán de estatus ha sido posible gracias a la alfabetización, que creó un sistema de memoria externa extendido a lo largo de cientos de generaciones y miles de millones de personas, pero que también nos impone objetivos complejos, a largo plazo y a veces inalcanzables que ponen a prueba nuestro cerebro. Hasta qué punto nuestro cerebro y nuestro cuerpo pueden adaptarse a los rápidos cambios que ha propiciado la alfabetización será el tema del próximo capítulo.

Capítulo 10

EL CEREBRO ADAPTABLE

Trajeron a Saba en silla de ruedas. Apenas podía sostenerse en pie: sus músculos estaban muy débiles y la movilidad de sus articulaciones, muy limitada. Necesité la ayuda de una enfermera para trasladarla a la camilla de exploración. Exploré la movilidad pasiva de sus articulaciones para evaluar el tono en busca de espasticidad o flacidez, indicios de un trastorno del sistema nervioso central o periférico, respectivamente. Comprobé asimismo si presentaba reflejos vivos y un signo de Babinski positivo —elevación del dedo gordo al rascar el borde externo de la planta del pie—. Es una prueba neurológica fundamental que desconcierta a los pacientes que acuden por cefalea y acaban recibiendo cosquillas en los pies. Busqué también si, por el contrario, presentaba la arreflexia propia de una lesión del nervio periférico.

Su rango de movimientos pasivos parecía mecánicamente restringido y mostraba debilidad generalizada, pero la evaluación quedaba enturbiada por el dolor al movimiento y por dudas sobre el grado de esfuerzo, con un patrón de debilidad colapsante. Sus reflejos y la respuesta plantar eran normales, y el cosquilleo provocaba una retirada de toda la pierna más marcada de la que podía conseguir de forma voluntaria.

¿Cuál era su problema neurológico? La respuesta es que no había un problema de fondo en su sistema nervioso. Su organismo, sencillamente, se había adaptado a un periodo prolongado de inmovilidad en cama.

Aunque la historia de Saba parezca tratar sobre todo del deterioro físico, ilustra un principio fundamental que se aplica por igual a nuestro cerebro: el sistema nervioso y el cuerpo forman una red integrada y adaptativa. A lo largo de este capítulo exploraremos cómo la adaptación física y la neuronal se reflejan mutuamente. Empezaremos por los cambios más visibles en músculos y articulaciones para adentrarnos después en la notable plasticidad de nuestro cerebro. Este recorrido mostrará cómo los estilos de vida modernos afectan tanto a nuestras capacidades físicas como cognitivas de maneras a menudo sorprendentemente paralelas.

Los seres humanos tenemos aproximadamente 3000 millones de pares de bases de ADN y en torno a 20 000 genes (según cómo se cuenten). Aunque podemos generar mucha complejidad a partir de las reglas sencillas con las que opera el cerebro, nuestro ADN no puede especificar al detalle todos los aspectos de nuestro desarrollo. Además, un mismo organismo puede nacer en geografías muy distintas. Por eso, pese a compartir unas bases genéticas idénticas, todos los seres humanos somos únicos, ya que una parte significativa de nuestro desarrollo la dicta el entorno. El principio es claro: que el entorno moldee la forma final del cuerpo y, en particular, del cerebro, el órgano que más ha cambiado en la evolución reciente.

Empecemos por las estructuras que hacen de interfaz con nuestro sistema nervioso. El caso de Saba ilustra que, si no se usan, los componentes que conforman las articulaciones se adaptan a su nuevo rango limitado. Lo mismo ocurría con sus músculos, algo que sucede con una rapidez sorprendente cuando dejan de utilizarse con regularidad.

Recordemos a John, del capítulo 1, con una enfermedad de la motoneurona, cuyos músculos se atrofiaban porque habían perdido los nervios que los conectaban. Nuestro sistema nervioso gobierna el cuerpo y nuestro cuerpo influye en el sistema nervioso. Los músculos de John no eran anómalos en sí; simplemente habían perdido su acoplamiento normal. Es como si «pensaran»: «Ya no me necesitan, así que mejor desaparezco». Sin embargo, no son tan pesimistas de entrada. Cuando empiezan a percibir que no se les requiere, las fi-

190

bras musculares, al verse privadas del nervio que las inerva, emiten una llamada: «¿Me necesitáis?». Cada nervio consta de muchas fibras nerviosas más pequeñas, como un cable formado por múltiples hebras. Si las ramas nerviosas cercanas captan esa señal, brotan ramificaciones laterales para conectarse con la fibra muscular que llama. Esto evita la atrofia completa de esa fibra, pero también significa que una señal eléctrica que recorre esa fibra nerviosa activa ahora una porción mayor de músculo, lo que vuelve el movimiento resultante más burdo. Es algo que se observa con frecuencia tras la lesión de un nervio periférico. Si el nervio se secciona por completo, deja de enviar señales al músculo, que entonces se atrofia y debilita. Si solo está parcialmente dañado, se produce recuperación, pero la precisión del movimiento puede verse mermada.

ADAPTACIÓN MUSCULAR: ÚSALO O PIÉRDELO

Ocurre lo contrario cuando hacemos ejercicio. Cuando los músculos detectan que se están utilizando, su estructura se mantiene. Si perciben que el uso se acerca a los límites de su función, crecen: es el principio que sustenta el entrenamiento con pesas o, en realidad, cualquier tipo de actividad física.

La rapidez y el alcance de esta adaptación se observan con claridad en las unidades de cuidados intensivos (UCI). A veces llaman al neurólogo porque un paciente ha superado la infección grave, el fallo orgánico o lo que fuera que lo llevó a la UCI, pero no se mueve. Al igual que los músculos de Saba se debilitaron por la inmovilidad prolongada, la causa a menudo no es un problema cerebral, sino lo poco que se ha movido: no se han perdido neuronas, sino músculo. Un miembro inmovilizado pierde masa muscular a un ritmo aproximado del 1,5 % diario. En dos semanas se ha perdido un 20 %. Algunas estancias en UCI duran muchos meses, de modo que la pérdida puede ser enorme.

Este proceso lo experimentamos todos, en menor medida, en algún momento de la vida, por ejemplo cuando la gripe u otras enfermedades nos dejan inactivos. Con una gripe fuerte, nuestro cerebro y nuestro cuerpo se ven abocados a un estado de inacción, algo que en el capítulo 3 comparamos con una forma de depresión. Durante ese periodo de inactividad nuestros músculos se debilitan, pero los fortalecemos de nuevo a medida que nos recuperamos.

Al cambiar la capacidad de nuestros músculos, por supuesto, el resto del cuerpo acusa la tensión de esos cambios. Los músculos por sí solos no sirven de nada: necesitan estar anclados a los huesos para generar movimiento. Están insertos en un armazón de tejido conectivo, unidos a los huesos a través de tendones que mueven articulaciones, sujetas a su vez por ligamentos. La superficie articular está cubierta de cartílago y muchas articulaciones se lubrican con líquido sinovial. Todos estos componentes adaptan su estructura en respuesta a la actividad.

Cuando empezamos a recuperarnos de una enfermedad prolongada y a movernos, conviene que la transición sea gradual. Si nos movemos demasiado y demasiado rápido, alcanzaremos los límites funcionales de músculos y tejidos asociados, con microdesgarros y sensación de agujetas. El cerebro y el cuerpo son adaptativos, pero solo puede producirse cierta adaptación a la vez, y el sistema nervioso calibra la cantidad de esfuerzo para ajustarla a lo que nuestro cuerpo puede ofrecer de forma sostenible sin lesionarse. Eso es lo que experimentamos como fatiga.

La sensación de fatiga es una señal de aviso, no muy distinta de la luz de reserva de gasolina en un coche. Del mismo modo que esa luz se enciende antes de que el depósito esté vacío para evitar que el motor se gripe, la fatiga integra señales tanto de nuestros músculos como del sistema nervioso central para avisarnos de que nos acercamos a nuestros límites y necesitamos descansar.

Las personas responden de maneras distintas a estas señales. Unas paran en cuanto se enciende la luz de aviso; otras fuerzan mucho más allá. Los deportistas experimentados aprenden a interpretar esa señal: saben cuánto margen les queda y cómo apurar sus últimas reservas sin causarse daño.

La implicación es algo que todos sabemos, aunque a veces nos cueste llevarlo a la práctica. Al rehabilitarnos de una gripe u otro episodio que nos haya dejado inmovilizados, hay que avanzar de forma gradual, tantear dónde han quedado nuestros límites y reconstruir poco a poco la resistencia, igual que tuvo que hacer Saba. Durante este periodo de recuperación es normal experimentar molestias y dolores, que desaparecerán cuando el cuerpo vuelva a estar en forma. Por desgracia, no es raro ver en consulta a pacientes atrapados en una espiral descendente como la de Saba: la inmovilidad debilita los músculos, la debilidad genera dolor y el dolor impone más inmovilidad.

Principio de la condición humana: «Tanto el cuerpo como el cerebro tienen un margen de funcionamiento normal que se adapta a nuestras conductas».

Otro aspecto importante de cómo nuestro cuerpo se adapta al entorno es la especificidad de la tarea. En parte, resulta obvio: nuestro cuerpo se vuelve muy hábil en las actividades concretas para las que lo empleamos con regularidad. Si haces pesas con el brazo izquierdo, será ese brazo el que desarrollará músculos voluminosos.* Pero la cosa es más compleja. Podemos movernos de múltiples maneras y en múltiples direcciones y, por tanto, nuestros músculos y tejidos de unión pueden verse expuestos a fuerzas en planos diversos. Si, sin embargo, solo exigimos a músculos y ligamentos un esfuerzo en un plano vertical bien ordenado —caminar en línea recta o correr sobre superficie lisa—, un tropiezo repentino o un movimiento lateral puede provocar un desgarro, porque los músculos se ven sometidos a fuerzas en un plano distinto. El mensaje es claro: acondiciona tu cuerpo para las fuerzas ocasionales a las que podría verse expuesto si quieres evitar lesiones. Esto no solo es relevante para deportistas, sino para todos. Con la edad, los tropiezos y torceduras son más frecuentes, y el alcance del daño resultante puede mitigarse con acondi-

---

* La fuerza del brazo derecho también puede aumentar ligeramente gracias a un fenómeno conocido como «educación cruzada» (*cross-education*), que parece tener un origen neuronal —el cerebro mejora su capacidad para activar los músculos— más que un efecto local del aumento del tamaño muscular en el brazo derecho.

cionamiento preventivo, es decir, con ejercicios diseñados para prevenir la lesión antes de que se produzca.

Así como nuestros músculos son dinámicos —se encogen o crecen según las exigencias a las que se ven sometidos—, también lo son el hueso y el cartílago. Mucha gente piensa que el cartílago se desgasta como un neumático, lo que lleva a limitar el movimiento ante las primeras molestias con la esperanza de ralentizar el deterioro. Pero esa suposición es errónea: la actividad mantiene sanas las articulaciones, siempre que no se superen los límites funcionales del tejido.

Comprender cómo estimular de manera óptima estos tejidos resulta esencial para conservar la función. Nuestro cerebro adapta nuestros hábitos de movimiento en función del dolor y de nuestras expectativas, pero el enfoque más eficaz suele ser contraintuitivo. En lugar de inmovilizar una articulación tras una lesión, los ejercicios que restauran de forma gradual el movimiento y la capacidad de carga permiten que los tejidos se fortalezcan en respuesta a la demanda. De hecho, esta adaptación es un proceso general del cuerpo: desde la formación de callos en manos o pies por fricción hasta el aumento de glóbulos rojos en altura para compensar el menor oxígeno.

Pero de todas nuestras estructuras interconectadas probablemente el cerebro sea la más adaptable. La contrapartida de que no nazcamos con todas nuestras capacidades preformadas es precisamente su notable plasticidad: la capacidad de reorganizarse en respuesta a la experiencia.

Desarrollo cerebral y plasticidad temprana

Como aprendimos al principio de este libro, el cerebro es una herramienta coordinadora y predictiva que proporciona alostasis: actúa ahora en previsión de un estado futuro. Además, nuestro cerebro no tiene una configuración fija desde el nacimiento, sino que cambia a medida que crecemos. Los humanos, por ejemplo, no nacemos con la capacidad de hablar, realizar tareas complejas o manejar relaciones: el potencial está ahí, pero es necesaria la exposición a estímulos adecuados para que esas capacidades se desarrollen.

Para comprenderlo mejor, conviene explorar con algo más de detalle cómo se forma el cerebro, un proceso que, como vimos en el capítulo 4, es evolutivamente antiguo. Para empezar, el espermatozoide y el óvulo se fusionan para formar una célula, que se divide repetidamente hasta constituir un cúmulo. Este se escinde en dos grupos: uno proporcionará sustento al embrión —en humanos, la placenta— y otro se aplana hasta formar un disco de tres capas. Los lados de ese disco se curvan y se unen para formar un tubo, como al enrollar tres hojas de papel. El tubo interno da lugar al intestino; la capa externa, a la piel y el cerebro, y la intermedia, al resto —músculos y tejidos conectivos, entre otros— (¡más de un neurólogo estaría encantado de ceder las miopatías a los reumatólogos como consecuencia!). La capa externa, conocida como neuroectodermo, pellizca un tubo central que queda por debajo: es el precursor del cerebro. A continuación se ofrece una representación visual de este proceso.

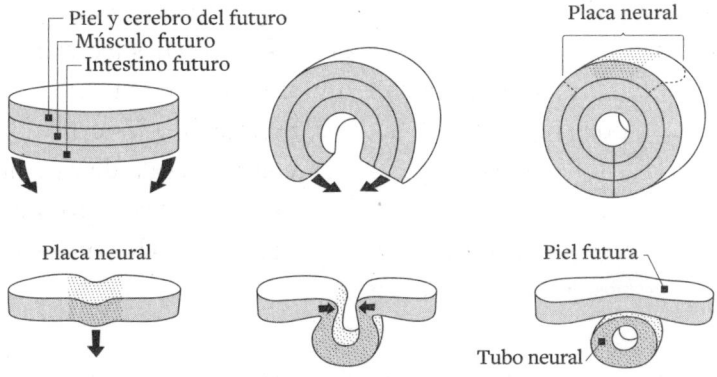

Si el plegado es incompleto y las estructuras nerviosas de la línea media no «cierran» del todo, se produce espina bífida, en la que parte de la médula queda expuesta o malformada. En torno al día 30 del desarrollo humano, el tubo neural ya se ha formado. En esta fase, las células madre neurales —precursoras capaces de generar varios tipos celulares— proliferan en el centro del tubo, especialmente en lo que será el extremo cefálico: el cerebro en desarrollo. Durante el segundo trimestre del embarazo, unas células de andamiaje se extienden radialmente desde el centro y por ellas ascienden las neuronas en formación. Después, las células extienden sus «cables» de conexión: los axones y las dendritas.

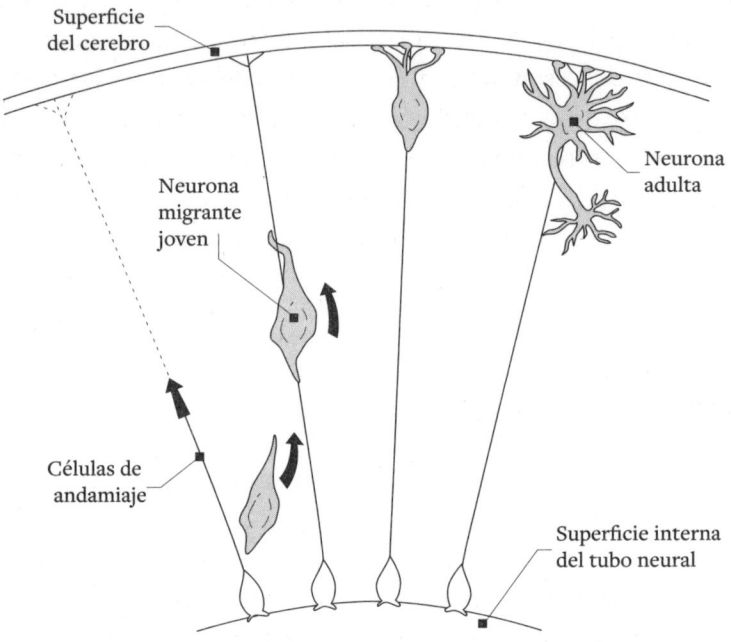

Representación de la migración neuronal durante el desarrollo cerebral. Las neuronas en formación migran a través de células de andamiaje desde la superficie interna del tubo neural hacia la superficie del cerebro, donde maduran hasta convertirse en neuronas adultas.

Factores ambientales como el alcohol, los traumatismos y ciertos fármacos pueden alterar la migración de estas células de andamiaje e influir en el desarrollo cerebral prenatal. Richie, el niño con daño cerebral grave que conocimos en el capítulo 8, probablemente afrontó dificultades así incluso antes de nacer.

Como hemos visto, muchos de los mismos conjuntos de instrucciones para la migración y la conexión celulares se reutilizan una y otra vez. Es un legado de nuestra herencia evolutiva y tiene implicaciones para la plasticidad. Sería como dar a un electricista una regla sencilla: un enchufe cada cinco metros de pared. El resultado variará según la forma y el tamaño de cada habitación, pero la lógica subyacente será siempre la misma.

Aún en el útero, las áreas cerebrales comienzan a responder a estímulos externos como la música, la voz y el tacto. Pero es tras el nacimiento, con la exposición plena al entorno, cuando tiene lugar la mayor parte del crecimiento y el modelado del cerebro. No podría ser de otro modo: de lo contrario, la cabeza del bebé no pasaría por la pelvis materna. En relación con nuestro tamaño corporal, el cerebro de *sapiens* es muy grande, y esto solo se logra retrasando la mayor parte del crecimiento cerebral hasta después del nacimiento. El cerebro humano triplica su tamaño durante los dos primeros años de vida.

UN COMPROMISO EVOLUTIVO: REPARACIÓN FRENTE A PRECISIÓN

Mencionamos antes que, cuando se secciona un nervio periférico, este vuelve a crecer, aunque pueda reconectarse de forma incorrecta. En cambio, una vez establecidos los nervios del cerebro, no pueden regenerarse (con algunas excepciones limitadas que veremos más adelante). Puede deberse a la múltiple estratificación y reutilización de paradigmas. Es como intentar modificar las conducciones del drenaje bajo una casa cuando la planta baja ya está construida. En el cerebro, existen moléculas específicas que bloquean los intentos de regeneración y «blindan» los nervios una vez colocados en el sitio correcto. Aunque pueda parecer un defecto, cumple una función esencial: una vez establecidos los circuitos cerebrales, el recrecimiento podría alterar redes finamente ajustadas —como cables cruzados en una placa— y provocar convulsiones o pérdida de función. Es otro ejemplo de compromiso evolutivo: se ha sacrificado la capacidad de reparación en favor de preservar los cálculos neuronales precisos que sustentan el pensamiento, la memoria y el movimiento. Se ha intentado inhibir estas moléculas con fármacos para favorecer la recuperación tras lesiones cerebrales o medulares, pero, aunque los resultados han sido prometedores en modelos animales, aún no se han traducido en beneficios para los humanos.

Las estructuras más profundas del cerebro, como el tronco encefálico y los ganglios basales (véanse los capítulos 2 y 3), quedan «bloqueadas» antes y de manera más completa. Esto se debe a que se desarrollan primero, pero también a que su arquitectura está más conservada evolutivamente y es menos susceptible a la modificación por la experiencia. En cambio, los componentes más externos del cerebro conservan mayor flexibilidad durante más tiempo, sobre todo durante los periodos críticos del desarrollo, en los que la exposición a estímulos sensoriales pertinentes resulta importante para el ajuste óptimo de sus conexiones. Así, nuestro tronco arbóreo es en gran medida fijo, pero las hojas exteriores pueden ser moldeadas por el entorno.

Un estudio clásico sobre periodos críticos dependientes del tiempo se debe a los premios nobel Hubel y Wiesel, que demostraron que cerrar un ojo a un gatito durante un periodo prolongado provocaba cambios en la corteza occipital (visual) correspondiente que solo se revertían parcialmente al restaurar la visión.[51] Estos experimentos sentaron las bases del tratamiento del estrabismo en niños, orientado a forzar al cerebro a aprender a procesar las señales del ojo más débil. Del mismo modo, los implantes cocleares se colocan lo antes posible, sabiendo que los seres humanos tenemos una capacidad mayor para el desarrollo del lenguaje en la primera infancia. En conjunto, estos hallazgos ayudan a explicar por qué las experiencias tempranas pueden tener efectos tan profundos y duraderos en los circuitos cerebrales.

Sin embargo, niños de hasta doce años que habían estado ciegos por cataratas densas desde el nacimiento son capaces de percibir algo de visión inmediatamente tras su retirada, lo que significa que al menos un componente de estas habilidades sensoriales es innato. Del mismo modo, aunque es mucho mejor colocar implantes cocleares en la infancia, puede recuperarse parte de la audición incluso cuando la operación se realiza a edades más avanzadas en niños con sordera congénita.

Con todo, la ausencia de estímulos sensoriales repercute claramente de forma negativa en el desarrollo del cerebro, y la exposición y la práctica son necesarias para que adquiramos habilidades humanas como hablar nuestra lengua materna. En sentido amplio, esto demuestra la plasticidad cerebral: la capacidad del patrón de disparo neuronal para adaptarse a los estímulos a los que ha estado expuesto. Y ocurre a múltiples niveles.

El primer nivel de adaptación se da en una sola proteína implicada en la transmisión de una señal, ya sea por la unión de una hormona, un neurotransmisor o un fármaco. Imaginemos que vamos en un tren ruidoso y los demás pasajeros hablan muy alto. Al final, decidimos ponernos unos auriculares con cancelación de ruido para amortiguar el sonido. Algo parecido hace un receptor proteico cuando recibe una estimulación de alta intensidad de forma repetida: modifica su estructura, se vuelve menos sensible y baja el volumen de la señal entrante.

La adaptación también opera a nivel celular, como en los melanocitos cutáneos, que aumentan la pigmentación con la exposición a los rayos UV. En el cerebro, sin embargo, la adaptación más habitual discurre en dirección opuesta a la de nuestro ejemplo: la transmisión del mensaje se refuerza cuando las neuronas disparan de forma sincrónica. Como vimos, la dopamina es esencial para consolidar conexiones neuronales cuando dos áreas se activan juntas de manera consistente. Ese fortalecimiento es un mecanismo fundamental del aprendizaje. A la inversa, si dos áreas previamente vinculadas dejan de activarse juntas, la conexión entre ellas se debilita con el tiempo. Esta poda de conexiones en desuso resulta especialmente importante durante el desarrollo, porque ayuda a esculpir circuitos neuronales eficientes y depurados.

Otra posible adaptación afecta a conjuntos enteros de neuronas, a regiones completas del cerebro. Aunque cualquier área puede mejorar su función con la práctica, esta adaptación regional es mucho más limitada, en parte porque no puede producirse una regeneración masiva de neuronas, a diferencia de lo que ocurre en el sistema nervioso periférico. Por eso los ictus resultan tan incapacitantes: hay partes del cerebro que se pierden de forma irreversible.

La excepción son los ictus que ocurren *in utero*, tras los cuales la recuperación es mucho mejor: no es raro descubrir que un paciente tiene una porción de cerebro ausente al realizarle una neuroimagen por otra razón. Pequeños ictus en adultos de edad avanzada también pueden pasar desapercibidos, ya que rutas menos transitadas se activan y fortalecen hasta asumir parte de la función perdida. En estos casos no se trata de crear vías completamente nuevas, sino de que sistemas de respaldo infrautilizados tomen el relevo. Sería como si un terremoto destruyera una carretera principal y el tráfico se desviara por una secundaria, que después se ensancha para absorber el mayor flujo. No es una ruta nueva, sino la adaptación de lo ya existente.

Vemos ejemplos de esta adaptabilidad en la clínica con pacientes que han sufrido un ictus en las áreas del lenguaje. En diestros, el lenguaje se ubica predominantemente en el hemisferio izquierdo, mientras que en los zurdos la representación es más bilateral. Con todo, incluso en diestros, parte de ese procesamiento reside en el hemisferio derecho no dominante, que puede activarse más si el izquierdo resulta dañado. Se libera así la capacidad latente del hemisferio no dominante.

En términos prácticos, estos ejemplos de plasticidad cerebral demuestran que las exposiciones tempranas son importantes, pero que la adaptación sigue siendo posible ante exposiciones más tardías. El aprendizaje activo resulta esencial para la rehabilitación, si bien está en gran medida constreñido por la arquitectura existente y se produce no mediante la construcción de vías nuevas, sino por cambios cuantitativos en la conectividad.

LOS COSTES DE UN CEREBRO FLEXIBLE

Aunque la adaptabilidad neuronal es en general beneficiosa, a veces puede derivar en resultados indeseables. Cuando el cerebro intenta reorganizarse tras una lesión, por ejemplo, las nuevas conexiones pueden resultar inestables, como un circuito eléctrico defectuoso. En algunos casos, esto puede crear un foco epileptógeno: un nudo de tejido cerebral hiperexcitable capaz de desencadenar de forma súbita una crisis epiléptica.

Otro ejemplo es la distonía, en la que el patrón de contracción muscular se desordena. Recordaremos del capítulo 4 que la selección de un movimiento concreto lleva aparejada la inhibición del contrario. Si flexiono el codo, por ejemplo, se contrae el bíceps, pero el tríceps —el músculo antagonista que extiende el brazo— se relaja. Si ambos se contrajeran a la vez, el brazo se quedaría rígido y no habría movimiento. Todos nuestros movimientos implican patrones complejos de contracción y relajación muscular. En la distonía, ese patrón se enreda en el cerebro, de modo que se contraen más músculos de los deseados o en momentos inapropiados. Un ejemplo clásico es la «distonía del escritor», en la que se contraen demasiados músculos de los dedos, lo que provoca una presión excesiva sobre la punta del bolígrafo o incluso la incapacidad total de escribir. Los movimientos muy repetitivos son los más vulnerables: teclear, o las acciones propias de barberos, cirujanos o músicos.

Algunos tipos de epilepsia obedecen a diferencias en el modo en que se desarrolla el cerebro, más que a una lesión. A medida que se forma, las neuronas migran a sus destinos finales guiadas por señales químicas. Cierto grado de desorganización es normal, pero a veces se crean cúmulos de neuronas sobreactivas que pueden causar crisis más adelante. Algunos pacientes saben que determinadas actividades, como hacer cálculos matemáticos, pueden desencadenar una crisis al estimular esos cúmulos. Esta «epilepsia refleja» podría ser más frecuente de lo que pensamos.

De hecho, cualquiera puede sufrir una crisis si se dan las condiciones adecuadas: cada uno de nosotros tiene un umbral particular. Si nuestras neuronas fueran demasiado poco activas, la función cerebral sería pobre; si fueran demasiado activas, las crisis serían constantes. La evolución nos ha dotado de un equilibrio, aunque la vida moderna puede trastocarlo en ocasiones. (Un ejemplo relacionado son las cefaleas, de las que hablaremos en el capítulo 13).

Formación de nuevas neuronas en la edad adulta

La última cuestión sobre la adaptación cerebral es si pueden formarse neuronas nuevas. Durante mucho tiempo se pensó que, tras la neurogénesis inicial, la única dirección era cuesta abajo: una poda extensa de neuronas durante la primera infancia seguida de un lento declive en su número, que se acelera en el otoño de la vida.

El primer gran hallazgo que cuestionó esta idea llegó a finales de la década de los noventa, cuando a pacientes con cáncer de piel se les inyectó BrdU, un marcador químico para rastrear la formación de células nuevas.[52] El objetivo era medir la proliferación tumoral, pero, en la autopsia, el marcador apareció también en el cerebro, concretamente en la capa de células granulares del giro dentado del hipocampo, la parte del lóbulo temporal encargada de codificar recuerdos nuevos. El hallazgo desató un gran entusiasmo: ¿podían formarse células cerebrales nuevas después de todo?

Investigaciones posteriores han demostrado que la neurogénesis adulta se produce sobre todo en el hipocampo —la región implicada en la formación de la memoria— y, en menor medida, en el bulbo olfatorio, que procesa el olfato.[53] Una línea de evidencia especialmente llamativa proviene de estudios con datación por carbono-14. Un artículo fundamental comparó los niveles de carbono-14 radiactivo —que aumentaron durante las pruebas nucleares de la Guerra Fría— en el ADN de distintas células cerebrales.[54] Como la incorporación de carbono-14 refleja el momento en que «nace» una célula, los investigadores pudieron demostrar que algunas neuronas del hipocampo en adultos se habían formado mucho después del nacimiento. Más recientemente, técnicas avanzadas de resonancia magnética han aportado indicios de formación de neuronas nuevas en el cerebro humano, aunque estos estudios son técnicamente complejos —se basan en medidas indirectas como el volumen tisular y la difusión de señal— y sus resultados siguen siendo objeto de debate.[55]

La pregunta natural que sigue es: ¿podemos fomentar la formación de neuronas hipocampales? En estudios con animales, los expuestos a un entorno enriquecido —con experiencias novedosas, interacción física y social y oportunidades de exploración— generan más neuronas. Además, la actividad física también estimula la formación de células nerviosas nuevas. Algunos trabajos sugieren que el ejercicio influye más en la proliferación, mientras que el enriquecimiento ambiental favorece sobre todo la supervivencia, con un efecto aditivo cuando se combinan.

El factor de crecimiento endotelial vascular (VEGF) es un ejemplo de sustancia que puede promover la neurogénesis. Nuestro organismo produce más VEGF durante el ejercicio físico, especialmente el aeróbico. Como su nombre indica, el VEGF estimula el crecimiento de nuevos vasos sanguíneos, que a menudo se desarrollan al unísono con tejido neuronal nuevo. Esta coordinación entre riego sanguíneo y circuitos cerebrales resulta esencial para sostener el crecimiento neuronal.

En capítulos anteriores hemos hablado de la importancia de «hacer cosas» y de que el ejercicio físico es una estrategia muy eficaz para mejorar de inmediato nuestro bienestar, además de mantener sanas las articulaciones y protegernos de lesiones musculoesqueléticas. Ahora vemos que también puede desempeñar un papel preventivo relevante a la hora de frenar el deterioro de la función hipocampal. El VO_2 máx, una medida de la capacidad aeróbica, se correlaciona con el volumen del hipocampo y la resistencia cognitiva, incluso controlando por edad, sexo y nivel educativo. Esto sugiere que el ejercicio puede beneficiar directamente la salud cerebral, al margen de otros factores del estilo de vida. Se han observado efectos neuroprotectores similares en personas con enfermedad de Parkinson, en las que la actividad física regular puede ayudar a ralentizar la progresión. Estos hallazgos subrayan el vínculo profundo entre forma física y función cerebral.

Principio de la condición humana:
«El cuerpo y el cerebro se adaptan a los estímulos
que reciben. Una vida variada en lo físico
y lo mental aporta mayor resistencia».

El hipocampo posterior está especialmente implicado en la memoria espacial y la navegación. En el célebre estudio con taxistas londinenses, se demostró que esta área aumentaba de tamaño durante los tres o cuatro años que tardaban en aprenderse todas las calles, un efecto que no se observó en los grupos de control, como médicos que adquirían grandes cantidades de conocimiento en un periodo similar.[56] Sin embargo, tras la jubilación, el volumen se reduce. Aunque «úsalo o piérdelo» no siempre sea aplicable a la función cerebral, sí lo es con frecuencia, y este caso no es una excepción.

En un mundo dominado por los GPS, preocupa que estemos «atrofiando» nuestros hipocampos posteriores y nos volvamos más vulnerables a déficits cognitivos en la vejez. Hay cierto consuelo para los jugadores: se ha demostrado que navegar por entornos virtuales, como el videojuego *Super Mario World*, también produce cambios estructurales en el hipocampo.[57]

Una función esencial de los lóbulos frontales es la cognición social, y la investigación ha demostrado que la falta de interacción social reduce las conexiones en esta región del cerebro. Esto cobra especial importancia al considerar los efectos de la soledad o de un círculo de amistades limitado. Hay indicios de que una de las consecuencias de los confinamientos durante la pandemia fue una aceleración de las demencias, aunque también podría deberse a la descompensación por la pérdida de rutina, en particular de la actividad física. No es infrecuente que una persona mayor y frágil necesite apoyo residencial poco después de que muera su perro: pierde tanto la rutina física diaria como la compañía.

Cabe preguntarse si un estilo de vida activo y enriquecido, además de mejorar el rendimiento cognitivo cotidiano, puede protegernos frente a enfermedades como la demencia. La pregunta es pertinente a cualquier edad. Aunque resulta difícil separar causa y efecto, la actividad física y mental parece ofrecer cierta protección, y cuanto más intensa, mayor es el beneficio. Sea cual sea el mecanismo subyacente, mantenerse activo —mental y físicamente— es una de las mejores estrategias para conservar la resistencia cognitiva.

Principio de la condición humana:
«Todo obedece a un efecto de dosis-respuesta,
incluido el ejercicio. En términos generales,
cuanto más, mejor. Y nunca es tarde para empezar».

En suma, nuestro cuerpo y nuestro cerebro no son entidades estáticas, sino sistemas dinámicos que se adaptan constantemente a las exigencias que les planteamos. Comprender este principio nos permite tomar medidas activas para mantener e incluso mejorar nuestras capacidades físicas y mentales a lo largo de la vida. Lo esencial es una actividad constante y variada que exija esfuerzo al cuerpo y a la mente, en la dosis adecuada.

Implicaciones prácticas

Muchos de nosotros experimentamos en la vida diaria el mismo deterioro adaptativo que Saba. Los trabajos sedentarios, los largos desplazamientos y las comodidades modernas nos mantienen en un nivel de movimiento inferior a aquel para el que nuestro cuerpo está diseñado. Músculos, articulaciones e incluso el cerebro requieren estímulos constantes y variados para mantener su estructura y función. Sin ellos, se atrofian.

Una vez superadas las exigencias del colegio y la universidad, nuestros retos cognitivos a menudo disminuyen, y la tecnología moderna puede reducir aún más la necesidad de esfuerzo mental activo. Como le ocurrió a Saba al intentar volver a caminar, reactivar el compromiso cognitivo en etapas avanzadas de la vida puede resultar cada vez más difícil, pero no debemos darnos por vencidos. Nuestro cerebro sigue siendo enormemente adaptable, incluso con la edad. Del mismo modo que músculos y articulaciones requieren una reintroducción gradual del movimiento, lo mismo ocurre con los retos cognitivos y emocionales. Dar pequeños pasos hacia la reactivación permite una adaptación sostenida y ayuda a evitar la sensación de verse desbordado.

De todas nuestras capacidades de adaptación, la neuroplasticidad del cerebro es la más notable. Se manifiesta con más fuerza en el desarrollo temprano, pero permanece durante toda la vida, aunque a un ritmo más lento. Incluso en la edad adulta, la exposición a estímulos nuevos —aprender un idioma, practicar un instrumento o asumir una tarea compleja— remodela el cerebro.

Haz ejercicio por tu salud física y cerebral, porque la actividad física no solo mantiene en forma músculos y articulaciones: estimula la neurogénesis, ayuda a prevenir el deterioro cognitivo y mejora el pronóstico de las grandes enfermedades de la vida tardía. El ejercicio regular es una de las mejores estrategias para mantener la salud cerebral a largo plazo, pero ha de ser constante y, a menudo, más vigoroso de lo que creemos. Muchos sobreestimamos lo que nos movemos: estudios con sensores portátiles demuestran que la actividad declarada rara vez coincide con la real. Además, parece que es el ejercicio más intenso el que aporta los mayores efectos neuroprotectores: nuestro cuerpo y nuestro cerebro responden mejor cuando los exigimos lo suficiente.

Presta atención a las señales de aviso tempranas. La fatiga, el dolor o el agotamiento mental son la forma que tienen el cuerpo y el cerebro de decir: «Cuidado». Escúchalos, pero recuerda que el reacondicionamiento gradual te permite ampliar tus límites con el tiempo.

De todas las áreas del cerebro, las más evolucionadas para adaptarse y planificar son los lóbulos frontales, tema del siguiente capítulo.

Capítulo 11

EL CEREBRO SECUENCIADOR

Es el trajín de la ronda matutina. Envuelto en el tenue olor a desinfectante, el pasillo amanece revuelto: la señora Lightfoot se ha orinado en el suelo del pasillo, el señor Jones, en la sala 3, lleva un rato lanzando objetos a las enfermeras y el señor Peterson, en la sala 4, no para de soltar comentarios racistas a una de las doctoras jóvenes. Nada de esto es excepcional en la planta de neurología, donde las enfermeras veteranas sortean con destreza situaciones que abrumarían al personal de otras plantas. Los tres pacientes tienen que ser trasladados a boxes individuales. ¿A qué se debe semejante alboroto tan temprano? En realidad no es culpa suya: los tres tienen problemas en los lóbulos frontales.

Los lóbulos frontales son esenciales para dar forma a nuestra conducta, ya que nos permiten inhibir acciones impulsivas y planificar secuencias de comportamiento en el tiempo. Actúan como un sistema de control interno que equilibra los impulsos inmediatos con los objetivos a largo plazo. Sin ese sistema —como vemos en la señora Lightfoot, el señor Jones y el señor Peterson—, las acciones se vuelven desorganizadas, inapropiadas o quedan a merced del instinto en lugar de la deliberación.

Como hemos visto, nuestras acciones y motivaciones surgen de un entrelazamiento complejo de impulsos internos e influencias externas, moldeados por nuestras historias personales y el entorno.

En cada momento son posibles varias líneas de acción; elegir una implica descartar otras. La selección, la secuenciación y la inhibición de la acción constituyen una función central de los lóbulos frontales, junto con el seguimiento y registro de las acciones ajenas. Esta capacidad resulta esencial para modelar el comportamiento del grupo y nos permite comunicarnos y persuadir a otros para actuar —o no— de determinada manera. La sofisticación de la función frontal es nuestro último perfeccionamiento evolutivo, y en este capítulo exploraremos en qué se diferencian nuestros lóbulos frontales de los de otros animales y qué papel desempeñan en la vida cotidiana.

Para empezar retomemos ideas de los capítulos 1 y 2: la vida está supeditada a la persistencia, que exige movimiento con todas sus complejidades. Nuestros lóbulos frontales forman parte esencial de este sistema de control del movimiento. Son estructuras antiguas, pero se han expandido de forma masiva en la evolución reciente, lo que ha hecho posible conductas nuevas. Antes exploramos el circuito que va del mesencéfalo a través de los ganglios basales hasta la corteza motora, implicado en la ejecución más directa del movimiento para alcanzar el objetivo. Este circuito se sitúa en la parte posterior (trasera) del lóbulo frontal. Por delante de él discurren circuitos paralelos, incluidos los que se originan en el área tegmental ventral (VTA), que evalúan la recompensa potencial de completar determinadas acciones y cuáles serían las más beneficiosas. Son, de hecho, niveles superiores de gobierno y control que se sitúan por delante de los circuitos de ejecución directa de la acción.

Esta planificación secuencial y el cálculo de recompensas a más largo plazo constituyen un proceso muy complejo. Como un jugador de ajedrez, nuestros lóbulos frontales —en coordinación con circuitos de procesamiento más profundos como los ganglios basales— sopesan múltiples factores, evalúan cómo podría desarrollarse una secuencia de hechos y anticipan las consecuencias de cada acción posible. Y, al igual que el ajedrecista que al final debe mover la pieza, los lóbulos frontales siguen ocupándose en última instancia de la salida motora, solo que con mucha mayor sofisticación.

La estructura de los lóbulos frontales

El lóbulo frontal ocupa el tercio anterior del cerebro, desde aproximadamente la mitad del cráneo hasta la frente, y se divide en varias regiones.

La corteza motora primaria se encuentra en la parte posterior del lóbulo frontal, con las áreas premotora y motora suplementaria justo por delante. La corteza prefrontal se sitúa aún más adelante y consta de tres regiones: lateral (externa), medial (interna) y orbitofrontal (la cara inferior, sobre las órbitas). La región más posterior del lóbulo frontal, la corteza motora primaria, está vinculada de forma directa al movimiento.

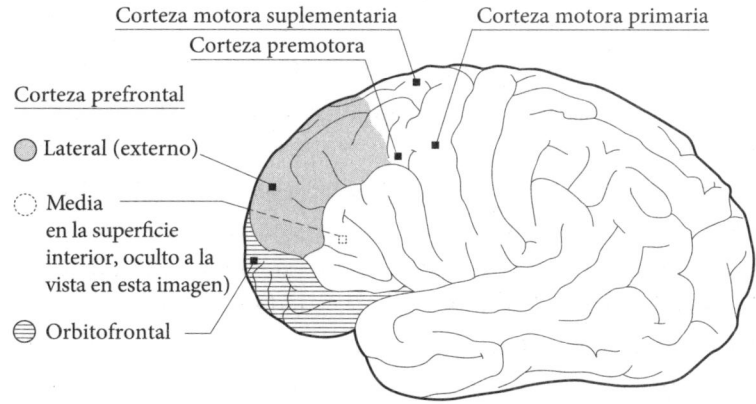

Cada parte de esta corteza corresponde a una parte concreta del cuerpo, una relación representada de manera célebre como el «homúnculo»: un mapa distorsionado de la forma humana. En ese mapa, el tamaño de cada zona corporal representa cuánta corteza se dedica a controlarla, no su tamaño real. Manos y boca aparecen enormes porque requieren un control preciso para tareas como manipular herramientas o hablar, mientras que las piernas son relativamente pequeñas porque solo necesitan un control básico para caminar y mantenerse en pie. Si se estimula el fragmento de corteza correspondiente, esa parte del cuerpo se contrae.

Sin embargo, el cerebro humano es mucho más fluido y adaptable de lo que esto sugiere. Investigaciones recientes han revelado que las representaciones de las distintas partes del cuerpo —como los dedos— no están separadas con nitidez, sino que se solapan e interactúan con otras áreas cerebrales implicadas en el movimiento y la sensación. En lugar de seguir las divisiones rígidas del homúnculo clásico, estas regiones son flexibles y pueden reconfigurarse a medida que adquirimos habilidades nuevas. Del mismo modo que las áreas del lenguaje pueden reconvertir circuitos para la alfabetización, la corteza motora también puede reorganizarse para ayudarnos a dominar movimientos nuevos, desde tocar un instrumento hasta aprender una coreografía compleja. Esta adaptabilidad refleja la notable capacidad del cerebro para afinar sus propias funciones con el tiempo.

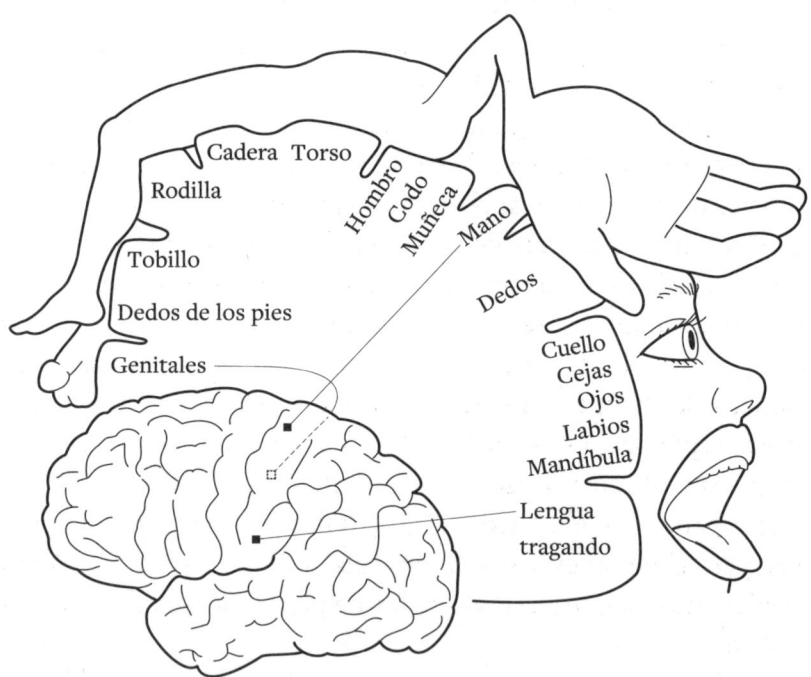

Esta adaptabilidad forma parte de una historia evolutiva más amplia: el crecimiento desproporcionado de la corteza prefrontal que se produjo con la aparición de los grandes simios y permitió el desarrollo de una cognición social compleja. Esa expansión excepcional alcanzó su punto máximo en los humanos modernos. Y lo decisivo no es solo el tamaño del cerebro, sino qué partes se expandieron. Las ballenas azules, por ejemplo, tienen cerebros mucho más grandes que los nuestros, pero buena parte de su capacidad se dedica a gestionar sus cuerpos masivos y coordinar la natación. Del mismo modo, los delfines poseen cerebros grandes, pero una porción significativa se destina al procesamiento del sónar. Como vimos en el capítulo 4, la eficacia cerebral implica compromisos: no se puede ser bueno en todo.

Además, el salto en la función cortical en *sapiens* no se debe tanto a un número absoluto mayor de neuronas como a la mucha mayor complejidad de los axones y dendritas de cada neurona y de sus células de soporte (astrocitos). Como en una ciudad, si aumentamos el número de viajeros (neuronas) pero no los dejamos salir de su estación terminal, no obtendremos la mezcla compleja ni la explosión de conocimiento. La evolución no nos dio estructuras cerebrales completamente nuevas: agrandó y refinó las existentes. Estas regiones perfeccionadas trabajan de forma coordinada para ayudarnos a movernos e interactuar con el entorno con mayor eficacia.

Todas estas estructuras del lóbulo frontal están presentes en todos los mamíferos, pero con tamaños muy dispares. Por ejemplo, la corteza prefrontal representa el 35 % de la corteza total en humanos y algo menos del 4 % en gatos. Esta variación refleja adaptaciones evolutivas: la misma arquitectura básica escalada a proporciones distintas según la especie, no un rediseño de fondo. El hacer o no hacer, y los sentimientos asociados al éxito o al fracaso de la acción, se despliegan según los patrones básicos descritos en capítulos anteriores, pero el guion exacto —la formulación de lo que se considera deseable o no— surge ahora de ciclos de pensamiento cada vez más complejos.

Nuestra corteza se compone de multitud de columnas repetitivas de células, llamadas columnas de Brodmann por su descubridor. Su organización evolucionó a partir de la disposición altamente estructurada de las células de la retina —esa parte del cerebro visible en el fondo del ojo, tratada en el capítulo 4—. Es la expansión en el número de estas columnas, en comparación con otros mamíferos, lo que nos proporciona potencia cognitiva. Del mismo modo, no es un diseño fundamentalmente nuevo de chip de silicio lo que explica la sofisticación transformadora de la computación de la IA, sino el aumento en la densidad de circuitos repetidos y la escala global alcanzable.

En primates, el crecimiento cortical más significativo se ha producido en las áreas de asociación, regiones que integran y procesan señales procedentes de otras áreas cerebrales. Podemos pensarlo a través del plano de transporte de Londres. Están las líneas de ferrocarril que llegan a las estaciones terminales, como King's Cross o Paddington, que transportan información «primaria» en forma de pasajeros. Pero es el entramado multidireccional del Metro lo que permite la conectividad eficiente de los viajeros y la «explosión de conocimiento» secundaria de las ciudades: la mezcla y conexión de personas transforma las aportaciones básicas en innovación mediante incontables interacciones nuevas. Del mismo modo, las áreas de asociación crean redes ricas que convierten información sensorial simple en pensamiento sofisticado.

Mentalización: el sistema de simulación interna del cerebro

Una habilidad particular de la corteza prefrontal es preparar una actividad motora pero mantener «echado el freno» para que el movimiento no se active. Esto permite simular cuál sería el resultado de esa acción y, si el desenlace no es el deseado, vetar la liberación de esos comportamientos manteniendo un bloqueo inhibitorio sobre la corteza motora y los circuitos relacionados.

Cuanta mayor potencia de cálculo tengan la corteza y los circuitos asociados, más sofisticado será el análisis de movimiento, dirección y temporización. Esto significa que, antes de disparar un movimiento, es posible evaluar sus resultados previsibles en función de un modelo de lo que se espera que ocurra.

Imaginemos una escena en el patio del colegio. Estamos a punto de coger nuestro almuerzo, pero Billy nos da un codazo y nos arrebata la comida. Los circuitos profundos del cerebro se disparan: su reacción por defecto es ejecutar el guion «pégale un puñetazo a Billy en la nariz». El siguiente nivel de nuestra jerarquía frontal predice lo que ocurrirá si lo hacemos y decide si da luz verde. Si sabemos, por ejemplo, que Billy ha arremetido contra quienes le plantaron cara, la luz seguirá en rojo.

Pero hay otro nivel de sofisticación, capaz de ir un paso más allá, que genera una simulación de la simulación previa: ¿qué harán John, Fred y Pete si ven a Billy atacarme tras robarme la comida? Si es probable que salgan en mi apoyo, quizá se dé luz verde a la corteza motora… salvo que un nivel jerárquico superior simule que una agresión de John, Fred y Pete provocaría una reacción mayor de la familia de Billy. La luz permanece en rojo.

Esta capacidad general de inhibir ciertas acciones y ejecutar otras en función de una simulación de cómo podrían desarrollarse los acontecimientos se denomina razonamiento prospectivo, e implica la habilidad de comparar las consecuencias a corto y largo plazo. La capacidad cognitiva de comprender que los demás tienen creencias, deseos, intenciones y perspectivas diferentes de las nuestras se conoce como teoría de la mente. Y el uso de esa predicción en el razonamiento prospectivo para influir en lo que hacemos se denomina mentalización.

Como hemos visto a lo largo del libro, muchas de nuestras capacidades mentales tienen precursoras en animales evolutivamente antiguos. Los depredadores, por ejemplo, muestran formas básicas de predicción: un gato se queda inmóvil cuando su presa lo mira, anticipando que será detectado. Los grandes simios van un paso más allá y se reconocen en el espejo, lo que revela cierta toma de perspectiva.

Sin embargo, solo los humanos desarrollan por completo la teoría de la mente: la capacidad de comprender que los demás tienen creencias distintas de las nuestras. La clásica prueba de Sally-Anne lo ilustra bien. Sally pone una pelota en una cesta y sale de la habitación. Mientras está fuera, Anne traslada la pelota a una caja. Cuando Sally regresa, ¿dónde buscará la pelota? La respuesta correcta —en la cesta— revela que entendemos que la creencia de Sally difiere de la realidad, algo que la mayoría de los animales no capta.

Esta capacidad de comprender que otra persona puede albergar una creencia distinta de lo que nosotros sabemos que es verdad constituye una demostración esencial de la teoría de la mente. Pero solo los humanos y nuestros parientes primates más cercanos poseen algo más que una teoría de la mente muy rudimentaria. Y tarda en desarrollarse.

Al nacer, el mundo gira en la práctica a nuestro alrededor, pues la mentalización de primer orden solo nos permite comprender nuestras propias necesidades. No es hasta los cuatro o cinco años cuando tomamos conciencia de que los demás pueden tener un estado mental diferente del nuestro. En esa etapa, los niños suelen superar la prueba de Sally-Anne. Hacia los diez años, la mayoría maneja la mentalización de tercer orden: «Sé que tú sabes algo». En la adolescencia temprana alcanzan la de cuarto orden: «Sé que tú sabes que yo sé algo». La mayoría de los adultos procesa la de quinto orden: «Sé que tú sabes que yo sé que tú sabes algo». Cada paso adicional permite un razonamiento social más complejo, que ayuda a desenvolverse en las relaciones, anticipar reacciones y manejar dinámicas sociales.

Por ejemplo, en el nivel de tercer orden, un niño puede comprender que su profesor sabe que no ha hecho los deberes. En cuarto orden, puede anticipar que el profesor también sabe que él es consciente de ello y espera una excusa. En quinto orden, puede inferir que el profesor sabe que planea una excusa y ajustar su respuesta de forma preventiva. Esta creciente sofisticación en la toma de perspectiva es una de las grandes ventajas de nuestros lóbulos frontales expandidos.

Aun así, para la mayoría de los *sapiens* adultos, la frase «Alice piensa que Bob sabe que Carol cree que Dave espera que Eve mienta» resulta difícil de descifrar. Esto ilustra que incluso nuestros sofisticados lóbulos frontales tienen límites a la hora de seguir múltiples capas de comprensión social. Los neandertales solo alcanzan el nivel cuatro.[*]

---

[*] Como sostiene el profesor Robin Dunbar —cuyo trabajo sobre el número de Dunbar y la hipótesis del cerebro social exploramos en el capítulo 7—. Esta inferencia se basa principalmente en estimaciones del tamaño de la corteza prefrontal derivadas de la morfología craneal, que se correlacionan con los límites del tamaño del grupo social y la capacidad de teoría de la mente.

La mejora en mentalización avanza en paralelo con el desarrollo de un mayor autocontrol en los niños a medida que maduran sus lóbulos frontales. Con el tiempo, no solo ganan control sobre los impulsos, sino que aprenden a anticipar consecuencias futuras. El entorno desempeña un papel esencial en este aprendizaje: algunos niños crecen en contextos donde las recompensas diferidas son fiables y valoradas, y otros no. Una demostración clásica de estas diferencias es la «prueba del malvavisco», en la que se ofrece a los niños elegir entre comer un dulce ahora o esperar quince minutos para recibir dos.

En un plano más prosaico, el nivel de mentalización determina también qué chistes nos hacen gracia. La mentalización de cuarto orden, típica del humor adolescente, tiende a escenarios más sencillos con desenlaces evidentes —como alguien que no ve una piel de plátano en el suelo y resbala—. Reímos cuando hay tensión e incertidumbre que se resuelve, pero la complejidad de esa incertidumbre ha de ajustarse a nuestro nivel de mentalización.

Para que el cerebro lleve a cabo esta mentalización necesita una visión más amplia de la situación y vincular un conjunto más extenso de conexiones neuronales y, por eso, nuestras áreas de asociación cortical se han expandido tanto. La corteza prefrontal funciona de manera similar a un Gobierno. La unidad local propone una acción, pero no puede ejecutarla hasta recibir el permiso del nivel superior, que tiene una perspectiva más amplia de lo que ocurre en su ámbito. La decisión puede requerir luego la firma de una instancia aún más alta, con acceso a un conjunto de información todavía mayor y capaz de analizar consecuencias imprevistas y lo que conviene más a largo plazo.

¿Qué permite hacer en la práctica esta gobernanza frontal? En términos generales, puede simular las consecuencias ambientales de una acción física —por ejemplo, disuadirnos de tomar la ruta más corta al huerto si recordamos haber visto un depredador en el camino—. Sobre todo en primates, es capaz además de modelar las respuestas esperadas de otros miembros del grupo. Esto se vuelve muy complejo cuando hay coaliciones de individuos con reputaciones y relaciones distintas. ¿Quién pertenece a qué familia cercana?

¿Quién debe qué a quién? Si les robo la comida, cosa que puedo hacer porque soy más fuerte, ¿me darán una paliza sus apoyos? Esto es cognición social —más avanzada en humanos que en otros primates y clave de nuestro éxito—. Forma parte de la sofisticación del cerebro influyente que presentamos en el capítulo 7.

Esto nos permite ir más allá del contagio emocional del capítulo 5 —esa adopción más automática del estado de ánimo ajeno— hacia un análisis más sofisticado. La teoría de la mente es el componente básico: saber que los demás tienen mentes distintas. La mentalización es poner ese conocimiento en acción: la capacidad de inferir lo que algo —y, en particular, alguien— va a hacer. Esta capacidad de simular las acciones de otras personas no solo resulta útil para comprender situaciones sociales, sino que es esencial para controlar nuestra propia conducta, ya que nos ayuda a anticipar las consecuencias de nuestras acciones antes de que ocurran. Se basa en un análisis tanto del estado emocional del otro como de su control de movimiento y posición.

Todo esto, por supuesto, está estrechamente imbricado: la capacidad de imaginar el estado mental ajeno evoluciona a partir de la capacidad de modelar nuestras propias acciones posibles, esa aptitud para pensar sobre nuestro propio pensamiento, la supervisión y el arbitraje que ejerce la corteza prefrontal. Es una función «generativa» en el sentido de que no se limita a reaccionar de forma pasiva a una señal sensorial, sino que construye un modelo propio.

El circuito especialmente implicado en este viaje mental en el tiempo —imaginar el futuro y recordar el pasado, simular cómo pueden desarrollarse las cosas— se conoce como red por defecto (*Default Mode Network*). Se compone de un conjunto conectado de estructuras situadas más hacia la superficie interna de cada hemisferio cerebral e involucra la corteza prefrontal medial. Por el contrario, la red de demandas múltiples (*Multiple Demand Network*), en la cara externa del cerebro, se activa más cuando hay actividades en marcha, especialmente si son exigentes. Así, cuando pasamos de la reflexión general a la acción focalizada, la actividad cerebral se desplaza de estas áreas internas y mediales hacia las regiones laterales (externas).

216

¿Cómo funcionan en la práctica estos procesamientos cognitivos más sofisticados, nuestras cavilaciones internas? El cerebro utiliza mecanismos similares para procesar pensamientos y para manejar acciones físicas, y se apoya en la arquitectura básica ya descrita. Del mismo modo que evaluamos objetos en el entorno y decidimos si actuar sobre ellos, el cerebro procesa también «objetos» internos —nuestros pensamientos e ideas—. A estos elementos internos se les asigna relevancia en función de las condiciones del momento, y «actuamos» sobre ellos mediante simulaciones mentales, no movimientos físicos. Por ejemplo, podemos ejecutar una simulación mental de una acción deseable, como aceptar una invitación a una fiesta, y luego simular las consecuencias, como dejar pasar un plazo importante. El cerebro evalúa si los resultados de esta simulación interna concuerdan con nuestros objetivos y decide si seguir afinando el plan o abandonarlo.

La ventaja evolutiva humana radica en nuestra capacidad de ejecutar múltiples bucles de este procesamiento de forma virtual, sin disparar acción externa alguna. Esto nos permite evaluar escenarios que pueden parecer en principio beneficiosos pero entrañan riesgos ocultos, como liarse con un compañero en la fiesta de Navidad de la oficina. A la inversa, también podemos simular acciones que resultan desagradables a corto plazo, como echar horas de más, pero que conducen a recompensas a largo plazo, como un ascenso. Estos procesos iterativos nos capacitan para sobreponernos a los deseos inmediatos en favor de resultados sopesados con más detenimiento.

CUANDO FALLAN LOS LÓBULOS FRONTALES

Algunos de estos avances evolutivos de la expansión frontal se aprecian con más claridad cuando algo falla, como en el caso de Tom.

Tom tenía 44 años y era cartero cuando lo conocí. Lo derivaron por nerviosismo. Su mujer estaba cada vez más preocupada por su conducta errática. Una vez, por ejemplo, lo encontró de pie en la puerta de casa, desnudo, masturbándose; en otra ocasión había saltado a la piscina del vecino, se había desnudado y se había dado un baño. Mientras ella relataba estos hechos en la consulta, yo observaba los movimientos excesivos en brazos, piernas y cara de Tom, como los de un niño incapaz de quedarse quieto, pero mucho más acusados. También llamaba la atención que a él no le incomodara especialmente oír esas historias. Sabía que habían ocurrido, pero carecía de conciencia de sus consecuencias para la relación con los vecinos y de lo que revelaban sobre lo que estaba pasando en su cerebro, algo que la familia ya había comprendido.

Tom tenía antecedentes familiares de enfermedad de Huntington, un trastorno genético que afecta sobre todo a los lóbulos frontales de forma temprana. Aunque sus síntomas motores —como el nerviosismo y los movimientos involuntarios— acababan de empezar, la disfunción orbitofrontal ya le había arrebatado la capacidad de anticipar consecuencias o regular impulsos. La misma falta de inhibición que provocaba su conducta inapropiada lo hacía también indiferente a sus efectos sobre los demás.

El caso de Tom ilustra lo que ocurre cuando la región orbitofrontal del lóbulo frontal está dañada: las personas pierden la capacidad de evaluar las consecuencias de sus actos. Otros síntomas frecuentes de lesión en esta área son encontrar graciosas cosas inapropiadas, interactuar de forma más automática con el entorno, discutir más, obsesionarse con cuestiones concretas y necesitar tocar y palpar objetos cercanos. Una prueba sencilla que puede hacer un neurólogo es apoyar su palma sobre la del paciente y pedirle que no la agarre. Los pacientes con daño frontal la cierran de inmediato y dicen que no pueden evitarlo. Es automático. La vida se vuelve más refleja, más impulsiva, sin plan. No sorprende que la criminalidad sea también frecuente.

Cuando funciona con normalidad, esta parte del cerebro nos permite sopesar nuestras acciones antes de llevarlas a cabo. Pero no basta con pensar: hay que decidir. Sin eso, la red por defecto y la corteza orbitofrontal conectada no serían más que un «club de debate»: un órgano consultivo sin sentido que genera ideas pero no las traduce en acción. Para pasar del pensamiento a la ejecución, dependemos del funcionamiento adecuado de la corteza prefrontal medial superior, el área situada encima de la orbitofrontal. Esta región es la que «energiza» al resto de la corteza prefrontal para iniciar y sostener acciones, como puso de manifiesto el caso de Jane, una contable a la que vi hace unos diez años.

La recuerdo perfectamente. Bastante alta, de pelo rubio liso y largo y, siendo sincero, con un porte algo apático. Había perdido el interés por su grupo de senderismo a lo largo de varios años y me la derivaron porque sus piernas parecían funcionar peor. Una neuroimagen reveló un meningioma de línea media grande, un tipo de tumor «benigno» que comprimía tanto la parte de la corteza motora correspondiente a las piernas (en la cara interna del lóbulo frontal) como la corteza prefrontal superior. Su embrague mental se había quedado en punto muerto, incapaz de activar el resto de la corteza prefrontal, proceso necesario para iniciar o sostener cualquier respuesta no refleja.

La causa de su actitud pasiva ante el déficit se reveló tras la cirugía, cuando atravesó una fase maníaca de rebote con hiperactividad extrema y estado de ánimo elevado. La extirpación del tumor había liberado de golpe los sistemas excitatorios del cerebro de la inhibición a la que estaban habituados, como un muelle que se suelta tras estar comprimido: el exceso transitorio dio paso, poco a poco, a la Jane normal, extrovertida y animada.

Principio de la condición humana: «Pensar carece de valor evolutivo si no desemboca en actuar».

Estos análisis en varios pasos y a largo plazo requieren un sistema de ejecución igualmente sofisticado para llevarse a buen término. De eso se encargan nuestras áreas prefrontales más laterales que, siguiendo el símil gubernamental, actúan como la oficina de gestión de programas y de auditoría: velan por que los proyectos se mantengan en curso y cumplan sus objetivos.

Martin, propietario de una asesoría contable, tenía 63 años cuando me lo derivaron por problemas cognitivos. Su esposa temía que no estuviera rindiendo de forma óptima. Aún podía realizar tareas rutinarias y la anamnesis que me ofreció lo hacía parecer razonablemente normal. Pero, cuando le planteé el escenario de un cambio de carrera —abrir una tienda de bocadillos— y le pregunté cómo lo haría, solo supo dar respuestas vagas, no la secuencia clara de pasos que cabría esperar de alguien con su experiencia. Había perdido la capacidad de llevar a cabo secuenciaciones complejas y mantener la concentración. Padecía una forma inusual de alzhéimer que comenzaba en la corteza prefrontal lateral.

El caso de Martin ilustra cómo los lóbulos frontales coordinan secuencias complejas, no solo en el movimiento físico, sino también en el pensamiento y la toma de decisiones. Estos procesos evolucionados permiten ejecutar acciones motoras secuenciadas y orientadas a objetivos a largo plazo, como producir herramientas o, milenios después, abrir una tienda de bocadillos. Esta misma capacidad de secuenciación se extiende al lenguaje —que nos permite construir frases— y a las interacciones sociales —que nos permite alcanzar los resultados deseados—. Un proceso similar sustenta nuestra sofisticación musical, que opera a través de la misma red (si bien en el hemisferio derecho, mientras que el lenguaje utiliza principalmente el izquierdo). Esta expansión neocortical más amplia favorece además la discriminación visual, lo que sentó las bases de la alfabetización y los superpoderes que nos confirió, como analizamos en el capítulo 9.

DE LOS REFLEJOS A LAS DECISIONES COMPLEJAS

En el capítulo 8 apuntamos que a menudo pensamos en los reflejos —como el rotuliano— y el pensamiento como cosas separadas, pero la frontera entre ambos no siempre está clara. ¿En qué punto un reflejo deja de ser solo un reflejo? Nuestra corteza prefrontal nos permite manejar relaciones causa-efecto complejas, muy por encima de respuestas reflejas simples del tipo «si A, entonces B». Nos capacita para integrar múltiples variables, experiencias pasadas y predicciones sobre resultados futuros a la hora de tomar decisiones sofisticadas en varios pasos.

Imaginemos, por ejemplo, que debemos decidir cómo llegar a una reunión conduciendo primero hasta la estación: si salgo ahora (A), tendré mucho tráfico (B), pero cogeré seguro el tren (C) y llegaré a tiempo (D). Ahora bien, si salgo más tarde (E), habrá menos tráfico (F) y puedo aprovechar el tiempo extra para acabar correos importantes (G), pero corro el riesgo de perder el tren (H) y faltar a la reunión (I). Este tipo de razonamiento —que equilibra compensaciones, tiempos y prioridades en conflicto— pone de relieve la capacidad de la corteza prefrontal para simular y evaluar escenarios complejos.

Incluso nuestros pensamientos más complejos siguen patrones de causa-efecto. Si se dieran las mismas señales de entrada en estados cerebrales idénticos, las respuestas serían las mismas. La diferencia es que, con pensamientos complejos, hay tantas variables en juego que no podemos preverlas ni medirlas todas.

En este sentido, nuestro procesamiento no difiere en realidad del de la IA que, con el modelo fijado, produce respuestas predecibles para señales definidas. Una diferencia, sin embargo, reside en cómo percibimos y regulamos estos sistemas. Dado su carácter de «caja negra» —es decir, que sus procesos internos no son transparentes para los observadores externos—, los reguladores exigen al menos cierto grado de explicabilidad. Pero, como hemos visto, nuestro cerebro tampoco es verdaderamente transparente. Rara vez sabemos con precisión por qué alguien toma una decisión, y aun así le atribuimos responsabilidad. Donde hay cerebro, hay culpa; y donde hay culpa, hay reclamación.

La IA se parece mucho a nuestros lóbulos frontales y a los circuitos conectados de los ganglios basales: realiza múltiples análisis recursivos, toma decisiones basadas en datos históricos y las actualiza en función de la deseabilidad de los resultados.* Nuestro cerebro inten-

---

* Para quienes estén familiarizados con la IA, los ganglios basales podrían considerarse el principal centro de aprendizaje por refuerzo del cerebro, análogo a los mecanismos empleados por sistemas como AlphaGo.

ta igualmente construir un mundo virtual, pero su motor particular, distinto del de la IA, es sostener una función esencial de la que hablamos en capítulos anteriores: la capacidad de cooperar y colaborar.

EL CEREBRO SOCIAL Y LA EXPANSIÓN DE LOS GRUPOS HUMANOS

Ya podemos ver el avance evolutivo que subyace a los rasgos tratados en capítulos anteriores: la capacidad de inhibir respuestas inmediatas y construir secuencias conductuales más complejas y orientadas a objetivos. La imitación y la jerarquía pueden moldear hasta cierto punto a los grupos animales, pero están limitadas por el tiempo y el tamaño. A medida que los grupos crecen, surge una paradoja: si bien un mayor número ofrece mejor protección frente a amenazas externas, también aumentan los conflictos internos. En grupos humanos tempranos de unas cincuenta personas, casi la mitad de las muertes violentas las causaban otros miembros del mismo grupo. Esta dinámica letal obligó a los grupos humanos primitivos a dividirse en campamentos más pequeños o a desarrollar mecanismos sociales e instituciones para gestionar esas tensiones internas al vivir en aldeas estables.

Lo que permitió el crecimiento por encima de ese tamaño fue la expansión de la cadena causal de mentalización: la capacidad de inferir y comprender los pensamientos, creencias e intenciones de los demás con niveles crecientes de complejidad. En el nivel uno, la cadena concierne a uno mismo: necesidades, deseos y acciones inmediatos. El nivel dos abarca a la familia cercana, lo que exige comprender sus pensamientos y conductas. En el nivel tres, la cadena se extiende a sus amigos y aliados, con relaciones más amplias dentro del grupo. El nivel cuatro amplía el alcance al introducir a una persona carismática más distante: alguien que ha alcanzado mayor estatus, como un líder.

En el nivel cinco, la mentalización se expande para considerar las influencias que actúan sobre ese líder. ¿Qué impulsa sus decisiones? ¿Qué creencias o principios superiores las guían? En este mundo virtual prefrontal de abstracciones superpuestas, esas influencias rectoras pueden conceptualizarse como la voluntad de dioses u otras fuerzas invisibles. Aquí nace la religión doctrinal, que surge junto con nuestra capacidad de contar historias complejas. Al crear narrativas compartidas sobre dioses o expectativas divinas, comunidades de más de 400 personas pudieron coordinar sus acciones no solo con los pensamientos inmediatos de familiares o líderes, sino con un conjunto unificador de creencias. Este cambio fue determinante para mantener el orden y la cooperación en grupos cada vez más grandes.

Esas doctrinas moldean las conductas y reducen las tasas de homicidio, y los grupos pueden crecer hasta alcanzar entre 1000 y 1500 personas, momento en el que se conciben —y pasan a ser realidad— sistemas legales formales con castigos y algún tipo de fuerza policial. La batalla evolutiva pasa entonces a librarse entre grupos con religiones, sistemas jurídicos y eficacia policial diferentes.

Principio de la condición humana:
«Los detalles de lo correcto y lo incorrecto, del "deber"
y el "no deber", dependen de la exposición ambiental
y del momento histórico. Son constructos sociales
que reflejan el tiempo y el lugar en que nos toca vivir».

Sin embargo, como muchos avances evolutivos, nuestras capacidades cognitivas sofisticadas tuvieron un reverso tenebroso. Del mismo modo que los pulgares oponibles nos permitieron fabricar herramientas y armas, nuestras habilidades de pensamiento en varios pasos hicieron posible tanto la cooperación como la manipulación. Estos usos potencialmente nocivos de la cognición avanzada encontrarían eco más tarde en desarrollos tecnológicos como la fisión nuclear o internet: capacidades concebidas con un propósito pero rápidamente aprovechadas para causar daño.

Nuestra mayor capacidad de mentalización nos hizo también mejores en el engaño, la manipulación y la planificación estratégica. Aunque mejoramos en la creación de herramientas y en la coordinación de acciones para cazar presas, esas mismas habilidades se extendieron a la caza de otros humanos. Nuestros lóbulos frontales no solo inhiben la agresión individual, sino que permiten coordinar la violencia grupal cuando se juzga ventajosa. Como ya se mencionó, una capacidad manifiesta de *sapiens* es la de cometer asesinatos en masa, con genocidios repetidos a lo largo de nuestra historia.

El crecimiento de la población en ciudades y naciones catalizó el auge de las democracias formales. Esta transición a una gobernanza organizada refleja la necesidad de estabilidad y cooperación en sociedades más grandes y complejas. A medida que crecían las poblaciones, también lo hacía el contingente de funcionarios y administradores, que a su vez buscaban una mayor cuota de poder y recursos.

En esencia, la ampliación del lóbulo frontal posibilita lo mejor y lo peor de lo humano. Necesitamos relaciones duraderas con otros seres humanos, pero estos pueden ser sumamente irritantes, desagradables y agresivos. Hasta cierto punto, la mediación de nuestros lóbulos frontales reduce estos aspectos negativos, pero también facilita la hostilidad calculada.

El punto que quiero subrayar es que no somos intrínsecamente tan «majos» más allá de nuestros amigos íntimos, y que el «bien» y el «mal» establecidos en la sociedad a mayor escala son constructos sociales que han evolucionado. Nuestras conductas exactas no vienen de fábrica: hay que aprenderlas. Y esto lleva tiempo: los lóbulos frontales no maduran por completo hasta bien entrada la veintena y requieren mucha exposición a un moldeado externo para que se establezcan «normas». Para que esto resulte eficaz, las instrucciones deben ser coherentes, repetidas, practicadas y reforzadas con retroalimentación rápida, con la mayor eficacia a través de quienes forman parte de nuestra red cercana. Cuando estos procesos se ven alterados —por factores como una crianza deficiente, una disciplina inconsistente o entornos sociales adversos—, las consecuencias pueden ser graves.

EL CEREBRO SOCIAL EN EL MUNDO MODERNO

El surgimiento primero de la religión y después de las leyes y el Estado se ha desplegado a través de las capacidades evolucionadas de nuestros lóbulos frontales. Podemos imaginar los lóbulos frontales como una videoconsola en la que se inserta el disco *Compendio de leyes y normas sociales*. Tenemos, por tanto, un sistema de control dual: de abajo arriba, la coordinación a través de las conductas y emociones descritas en capítulos anteriores; de arriba abajo, la imposición del orden por parte del Estado y las normas que nuestros creativos lóbulos frontales han inventado. Este control bidireccional genera a menudo choques.

Uno de los mayores retos de la sociedad moderna es cómo su mera escala y sus estructuras institucionales socavan nuestra necesidad fundamental de conexión personal: nuestro cerebro antiguo, evolucionado para grupos reducidos y reciprocidad directa, actúa ahora en un paisaje social radicalmente distinto. Muchos intercambios sociales que antes ocurrían cara a cara —ayudar a un vecino, apoyar a un amigo, contar con la familia— se externalizan hoy a sistemas y servicios. Cuando el Estado gestiona el apoyo social, quien nos ayuda queda muy alejado de toda obligación recíproca. Esto puede crear un vacío psicológico: recibimos asistencia sin las conexiones significativas que nuestro cerebro espera, y muchos se encuentran en roles pasivos, desconectados del toma y daca que caracterizaba la vida comunitaria tradicional.

Durante la mayor parte de la historia humana, pertenecer a un grupo no solo era beneficioso: era cuestión de supervivencia. Nuestra profunda necesidad de inclusión, validación y estatus nace de esta realidad evolutiva. Estamos preparados para construir vínculos sociales duraderos, como una póliza de seguro en la que la confianza se acumula con el tiempo y va tejiendo una red de apoyo mucho antes de necesitarla.

Incluso hoy, perder el sentido de pertenencia puede resultar amenazante y disparar estrés y ansiedad. Ya sea una amistad que se apaga, un despido que corta lazos sociales o la soledad de unas interacciones digitales que sustituyen a las reales, nuestro cerebro sigue respondiendo como si la exclusión social entrañara peligro. Puede que ya no corramos el riesgo de quedarnos solos en la sabana, pero el impacto emocional del aislamiento sigue siendo igual de intenso.

La tecnología digital moderna ha añadido otra capa de complejidad. Aunque puede ayudarnos a mantener conexiones a distancia, también preserva nuestra historia social de forma indefinida. Los registros digitales y las redes sociales dificultan «pasar página» de verdad respecto a relaciones o grupos del pasado. A diferencia de los procesos naturales de olvido y perdón, que resultaban esenciales para la adaptación social, la vida digital conserva interacciones y agravios de forma permanente, lo que socava nuestra capacidad de forjar lazos nuevos y empezar de cero.

Otro problema de nuestra reciente expansión cortical es que somos capaces de albergar objetivos complejos a largo plazo, potencialmente múltiples, que pueden entrar en conflicto entre sí. Esta capacidad —y el choque que genera— es lo que alimenta los problemas de bienestar tratados en los capítulos 2 y 3.

Además, esos pensamientos pueden quedarse girando en bucle, alimentando rumiaciones y preocupaciones que abordaremos con más detalle en el próximo capítulo. Del mismo modo, si una formulación concreta generada en una parte del procesamiento prefrontal no se resuelve mediante la acción, ni se cuestiona, ni se actualiza con un análisis adicional, ese pensamiento puede enquistarse.

Dado que alcanzamos la persistencia mediante la reproducción y estamos bajo amenaza constante por la competencia, nuestras preocupaciones más comunes giran en torno a lo sexual y a la paranoia. Las obsesiones e ideas sobrevaloradas pueden deslizarse hacia un bucle de pensamiento completamente aislado: un delirio. Este fracaso a la hora de resolver pensamientos que no concuerdan con la evidencia externa objetiva es un componente central de la psicosis, ya sea en los episodios breves que se observan con frecuencia tras el consumo de drogas o en la espiral catastrófica de la esquizofrenia. Como cabría esperar, la estabilidad del entorno, la proximidad de amigos que puedan cuestionar con delicadeza los delirios y el alejamiento de las drogas que los agravan son elementos terapéuticos importantes.

El científico evolutivo Randolph Nesse sugiere que la esquizofrenia representa un fenómeno de «precipicio evolutivo».[58] Como muchos rasgos complejos, tiene un componente genético fuerte en el que intervienen numerosos genes, cada uno con efectos individuales pequeños. Algunas de estas variaciones genéticas podrían tener efectos beneficiosos sutiles cuando están presentes en menor número o en ciertas combinaciones, lo que explicaría su persistencia en las poblaciones humanas. Sin embargo, cuando se acumulan demasiadas, pueden empujar el desarrollo cerebral más allá de un umbral crítico. Es como criar caballos de carreras seleccionando huesos de la caña cada vez más finos: ganan elasticidad y velocidad... hasta que, pasado cierto umbral, se vuelven demasiado frágiles y se quiebran.

En el capítulo 10 vimos cómo las neuronas migran durante el desarrollo fetal a lo largo de estructuras de andamiaje hasta alcanzar su destino cortical. Aunque este proceso es en gran medida fiable, existe variación natural: incluso gemelos idénticos muestran diferencias corticales sutiles en la resonancia magnética. La mayoría de las veces, estas diferencias carecen de relevancia. Pero ¿podrían, en algunos casos, afectar al modo en que se procesan y resuelven los pensamientos?

Una posibilidad —y aquí especulo— es que esa variación influya en la capacidad de mentalización. Si un grupo de neuronas desarrolla habilidades de razonamiento avanzadas (nivel 5), pero está rodeado de circuitos que operan a un nivel inferior (nivel 4), puede surgir un pensamiento con su propia lógica pero sin los contrapesos necesarios del resto del cerebro. En lugar de resolverse, persiste: circula en una especie de cámara de eco mental.

Dentro de este marco, la esquizofrenia —o al menos la persistencia de delirios fijos— podría reflejar un desajuste estructural en la arquitectura de resolución del pensamiento: inferencias avanzadas de alto nivel (mentalización de nivel 5) incapaces de reconciliarse plenamente en un mar circundante de procesamiento más rígido y menos adaptable (nivel 4). Esto podría explicar por qué ciertos delirios se fijan pese a la evidencia externa contradictoria: no son errores de lógica, sino islas de inferencia sin puentes hacia la corrección.

CONTROL DE IMPULSOS, CONDUCTAS LATENTES Y RETOS MODERNOS

Un tema recurrente de este libro es que pensar no sirve de nada sin movimiento. Por tanto, nuestros frontales caviladores necesitan levantarse del asiento y decidir. En el capítulo 3 mencionamos el fenómeno de la histéresis en relación con el cambio de objetivo, como una puerta que requiere más fuerza para abrirse de la que necesita para cerrarse. Es probable que un proceso similar ocurra cuando los lóbulos frontales seleccionan un objetivo y lo secuencian. Entre la parálisis total y la acción descontrolada existe una franja óptima, y encontrarla no siempre es fácil. Hemos visto ambos extremos: la apatía del doctor Winston (capítulo 2) y la incapacidad de Jane para iniciar la acción (en este capítulo). Esta vulnerabilidad y nuestro potencial latente quedan bien ilustrados por el caso de JW.

Vi al paciente JW de urgencia. Era un constructor jubilado que rondaba ya la sesentena, frágil y con un rostro inexpresivo. Tardó una eternidad en recorrer la distancia desde la sala de espera hasta la consulta con su marcha lenta, a pequeños pasos, que se congelaba durante varios segundos cada vez que intentaba cambiar de dirección. La postura, encorvada; el brazo derecho, inmóvil, salvo por el temblor característico del pulgar y el índice. Su inestabilidad postural lo hacía propenso a caerse en cualquier momento. Probablemente reconozcas el diagnóstico: enfermedad de Parkinson moderadamente avanzada, con un sistema motor muy ralentizado. Pero su lentitud particular en ese momento se debía a que había suspendido de golpe la medicación. Le había causado efectos secundarios terribles que lo habían llevado a actividades delictivas.

Había instalado cámaras ocultas para espiar a sus vecinos, especialmente cuando se desvestían. Sentía una compulsión irrefrenable. Si no lo descubrían, necesitaba asumir más riesgo, ir un poco más allá. Lo que lo impulsaba no era tanto la gratificación sexual como el vértigo de rozar el momento de ser descubierto. Pero no era él quien llevaba el volante, sino sus fármacos.

Cuando lo atraparon y le retiraron la medicación, volvió a ser una versión terriblemente discapacitada de sí mismo. Me describió una depresión grave, el deseo de tirarse a la vía del tren, y al mismo tiempo una apatía tan absoluta que ni eso le merecía la pena.

En el párkinson, como quizá recuerdes, descienden los niveles de dopamina en el circuito motor más posterior, lo que hace que los pacientes se muevan menos. El tratamiento de base consiste en administrar L-dopa, el precursor químico de la dopamina, que se convierte en dopamina en el cerebro y restaura la función. Una estrategia alternativa es administrar un fármaco que comparta parte de la estructura química de la dopamina y pueda así unirse al receptor dopaminérgico y activarlo: lo que se denomina agonista dopaminérgico. Cuando se desarrollaron estos fármacos, se promovió su uso con insistencia con el argumento de que ofrecerían un mejor control de los movimientos que la antigua L-dopa. Sin embargo, surgió un problema inquietante, como en el caso de JW, relacionado con el hecho de que existen varios subtipos distintos de receptores de dopamina.

La L-dopa se convierte en dopamina dentro de la neurona de entrada y luego se libera de forma controlada, con el patrón para el que el cerebro ha evolucionado. Administrar L-dopa como fármaco es como rellenar el «depósito» natural de dopamina del cerebro: hay más dopamina disponible, pero el cerebro sigue manteniendo cierto control sobre cuándo y cuánto liberar, como cuando los grifos funcionan correctamente. Los agonistas dopaminérgicos, en cambio, se asemejan a tener todos los grifos abiertos a la vez: un chorro continuo que inunda de forma indiscriminada zonas del cerebro, en particular las regiones de toma de decisiones.

Imaginemos los posibles pensamientos y acciones como limaduras de hierro, con la dopamina actuando como un imán suspendido sobre ellas. Quien haya jugado alguna vez con un imán y limaduras sabrá que, al acercar el imán, llega un punto en que las limaduras saltan de golpe para adherirse a él. De forma similar, la inundación dopaminérgica provocada por estos medicamentos hace más probable que ciertos pensamientos «salten» de pronto y desencadenen acciones que normalmente quedarían como posibilidades latentes.

El término amplio para estas conductas es *trastornos del control de los impulsos*, y pueden ser muy destructivos. Su intensidad abarca desde ser un poco más repetitivo en una actividad de lo habitual, pasando por el *hobby* compulsivo, hasta una impulsividad y obsesividad extremas. Incluyen las compras compulsivas, el acaparamiento hasta volver la casa inhabitable y el juego hasta perder los ahorros de toda una vida. La hipersexualidad también es frecuente, incluidas conductas que vulneran leyes y normas sociales, como el voyerismo. Los pacientes no pueden detenerse, ni siquiera cuando se trata de actos abominables.

La investigación apunta a ciertas diferencias de género: por ejemplo, las mujeres pueden volverse compradoras compulsivas en línea, mientras que los hombres son más proclives a la conducta sexual compulsiva. Las compulsiones concretas a menudo son eco de experiencias pasadas: alguien que de niño hizo punto durante una temporada puede desarrollar décadas después una compulsión irrefrenable por retomarlo. Una de las cosas más llamativas que refieren los pacientes es que se sienten poseídos, como si estas pulsiones los hubieran tomado por completo, y los estudios respaldan esta pérdida de agencia. La estimulación dopaminérgica los arrastra hacia conductas extremas.

Suspender el agonista dopaminérgico detiene la actividad anómala; reducir la dosis la atenúa. El volumen de la conducta puede subirse y bajarse administrando más o menos fármaco. Esto plantea preguntas sobre la culpabilidad en actividades delictivas. La jurisprudencia ha establecido que estos pacientes no son responsables, que las conductas son un reflejo de su enfermedad y de los fármacos y, dato importante, que son reversibles. Como consecuencia, estos fármacos rara vez se emplean hoy y, cuando se prescriben, es bajo una supervisión estricta. Aun así, los pacientes ocultarán sus actividades a clínicos y familiares: sencillamente no pueden evitarlo.

Conviene subrayar que las conductas latentes no son lo mismo que los deseos latentes; no estamos hablando de cosas que la persona secretamente deseaba hacer desde siempre. Nos limitamos a describir elementos neuronales que, en condiciones normales, puede que nunca lleguen a combinarse en pensamientos o planes de acción coherentes. No es que el cerebro esté reprimiendo un conjunto de pensamientos plenamente formado: los propios componentes podrían haber permanecido para siempre separados e inertes de no ser por este catalizador químico, que fuerza combinaciones concretas hasta convertirlas en patrones de acción dominantes.

Aunque lo anterior se refiere a casos extremos, cuando luchamos con tentaciones cotidianas —el tentempié de medianoche, la compra poco juiciosa, el correo precipitado—, estamos viviendo versiones más leves de los mismos procesos impulsados por la dopamina, solo que con los lóbulos frontales todavía en gran medida al mando.

Nuestro cerebro recibe cada día millones de bits de información, la inmensa mayoría sin que seamos conscientes de ello. Parte de esa información ejerce una influencia más fuerte sobre nuestra conducta que otra, y actúa como disparador capaz de activar patrones neuronales latentes. Esto significa que todos albergamos múltiples respuestas conductuales posibles que permanecen dormidas hasta que señales ambientales concretas o estados internos las activan. Y entonces, como hemos visto, estamos programados para identificar una meta y seguir persiguiéndola hasta que el cerebro nos dice que no.

Una observación importante que todos debemos tener presente es que, al menos en parte, el cerebro puede seleccionar conductas antes de que seamos conscientes del proceso de selección;[*] después nos engañamos pensando que fue una elección deliberada. Esta idea complica las nociones tradicionales de responsabilidad moral y justicia, y exige avanzar hacia el reconocimiento del carácter probabilístico de la conducta y de sus raíces genéticas y ambientales.

Principio de la condición humana: «Cuidado con las tendencias latentes; vigila tu entorno».

Ninguno de nosotros ha «evolucionado» más allá de nuestras propensiones más crudas; permanecen latentes la mayor parte del tiem-

---

* Las neuroimágenes demuestran que la actividad neuronal ligada a una decisión aparece segundos antes de que seamos conscientes de tomarla. Esto sugiere que nuestra mente consciente cree que elige, pero la decisión ya se ha puesto en marcha (Libet *et al.*, *Brain*, 1983). Investigaciones posteriores matizan esta idea y señalan que esas fluctuaciones tempranas quizá no representen una elección fija, sino un estado de preparación —preparar el terreno, como apuntar el arma sin apretar el gatillo (Schurger *et al.*, *PNAS*, 2012)—. Aun así, el paso consciente es, como mucho, una etapa final limitada. E incluso entonces, puede que solo se asocie a la decisión como un epifenómeno, no como una causa real.

po gracias a la estabilidad del entorno, a que nuestras necesidades básicas están cubiertas, a la contención social que ejercen nuestros lóbulos frontales y a no tomar las drogas equivocadas. Lo que se observa con más frecuencia son fallos menores de la acción del lóbulo frontal en la vida diaria: el comentario impertinente, la tentación no resistida.

Para reducir la aparición de conductas destructivas, debemos entrenar a nuestros lóbulos frontales para que entren en acción pronto y corten de raíz las señales de arranque reflejas antes de que las ejecuten las unidades efectoras aguas abajo: antes de abrir la boca, enviar el correo, escribir la publicación o alzar el puño. Como sucede con gran parte de la actividad cerebral, esto requiere práctica: el cerebro adaptable del que hablamos en el capítulo 10.

El alcohol deteriora la función de los lóbulos frontales, y por eso tantos actos violentos y sexuales se cometen bajo sus efectos: se disparan patrones conductuales más automáticos y primitivos que no se inhiben. Puede darse una secuencia letal cuando alguien, ebrio, siente cuestionado su estatus por algo tan trivial como que le derramen una pinta encima. O cuando percibe una amenaza sexual: otro hombre que mira a su novia. Vuelan los puñetazos. El equilibrio está comprometido, así que uno cae. Los reflejos están ralentizados, de modo que no alcanza a protegerse a tiempo y se golpea la cabeza. El alcohol en sangre dificulta la coagulación y comienza una hemorragia cerebral. Serán necesarios costosos cuidados sociosanitarios para atender al paciente con daño cerebral, y quizá sus hijos crezcan ahora en una familia disfuncional.

Nuestros lóbulos frontales modelan el control de los impulsos y la conducta social; pero ¿qué ocurre cuando fallan? Pensemos en un exalcohólico cuyo daño frontal lo aboca a conductas imprudentes y antisociales. O en quien se vuelve errático, comete delitos, luego desarrolla cefaleas y resulta tener un tumor frontal. O en la demencia frontotemporal (DFT), donde la degeneración de los lóbulos frontales provoca desinhibición y pérdida del freno social.

La mayoría diría que estas personas no son culpables de los delitos que cometen. Pero ¿dónde trazamos la línea? ¿Y si llegáramos

232

a reconstruir circuitos neuronales enteros y señalar las conexiones defectuosas?

Conceptos como culpa, responsabilidad, libre albedrío y autonomía —piedras angulares de nuestro sistema de justicia— son, en muchos aspectos, construcciones sociales con fines prácticos, más que verdades absolutas. A medida que la neurociencia sigue revelando cómo los circuitos cerebrales conforman la conducta, esas construcciones quedarán inevitablemente bajo escrutinio.

Este capítulo ha explorado cómo nuestros lóbulos frontales representan la cúspide de la evolución del cerebro humano: hacen posible una toma de decisiones compleja, el control de los impulsos y una conducta social sofisticada, pero también pueden fallar o ser secuestrados. Comprender sus fortalezas y limitaciones resulta esencial para gestionar nuestra conducta y diseñar sistemas sociales que trabajen con nuestra arquitectura neuronal evolucionada, no contra ella.

IMPLICACIONES PRÁCTICAS

Nuestros lóbulos frontales manejan la complejidad de las relaciones sociales, pero tienen límites. Recordemos el número de Dunbar. Cuando los grupos crecen demasiado, la colaboración se resiente: una realidad visible en empresas, gobiernos y comunidades.

Esos mismos lóbulos frontales nos permiten además crear relatos poderosos que dan forma a nuestras identidades, creencias y marcos morales. Esta capacidad ha impulsado el progreso humano, pero también nos hace vulnerables a esquemas rígidos de pensamiento, ideas sobrevaloradas e incluso delirios. Mantenerse abierto a perspectivas nuevas y cuestionar creencias enquistadas ayudará a que nuestros relatos nos sirvan, y no nos limiten.

Aunque la centralización y la eficiencia impulsan el progreso, también pueden erosionar las relaciones personales, vitales para el bienestar psicológico. Las instituciones —sean lugares de trabajo, gobiernos o redes sociales— deben equilibrar eficiencia y conexión humana para que no perdamos los vínculos profundos de los que depende nuestro cerebro. Priorizar relaciones significativas, tanto en lo profesional como en lo personal, puede marcar una diferencia notable.

Gran parte de nuestra conducta está moldeada por influencias inconscientes: experiencias pasadas, entornos y estímulos a los que hemos estado expuestos. Si bien no podemos controlarlo todo, sí podemos configurar nuestro entorno para reforzar conductas positivas y reducir las destructivas. Las conductas que reforzamos hoy moldean quiénes seremos mañana. Ser deliberados con nuestros hábitos, con las personas de las que nos rodeamos y con las experiencias que buscamos nos permite orientar nuestra propia conducta.

Nuestra expansión cortical ha permitido a los humanos extenderse por el mundo y a los *sapiens* superar a otras especies humanas, con una explosión de avances técnicos que hicieron posible la alfabetización, la formación de grupos grandes, el encadenamiento de pensamientos en varios pasos, la modelización de conceptos y la inhibición de la acción. Sin embargo, la capacidad de nuestro cerebro en evolución para crear las maravillas de la vida moderna también nos encadena a ciertas tribulaciones psicológicas, que exploraremos en el próximo capítulo.

CAPÍTULO 12

EL CEREBRO CALIBRADOR

Trajeron a Bobby a urgencias con la sirena encendida por una convulsión prolongada que no remitía. Tenía las extremidades estiradas y rígidas, con sacudidas sincrónicas; los ojos abiertos y en blanco. Echaba espuma por la boca y los labios se le estaban volviendo morados por la hipoxia incipiente. Tratar a Bobby seguía el protocolo estándar del servicio de urgencias: mascarilla de oxígeno, medición de glucosa con un pinchazo en el dedo para descartar una hipoglucemia, canalización de una vía intravenosa y una dosis de midazolam, un fármaco que busca cortar la crisis. Bobby es muy conocida en urgencias y en neurología: una «usuaria frecuente».

La epilepsia de difícil control suele darse en cerebros con cicatrices, pero la resonancia de Bobby es normal y la causa del ingreso se revela al medir la concentración del antiepiléptico en sangre. Cero. Se le olvida tomarlo. Como se le olvida la anticoncepción, y un test de orina revela que está embarazada. Otra vez.

En ocasiones, mi mente ha divagado buscando maneras de ayudar a pacientes así, con problemas médicos y sociales complejos. Para Bobby, he llegado a fantasear con un fármaco que le aumente un poco la ansiedad —probablemente inyectable y de acción prolongada, conociéndola—.

El caso de Bobby ilustra un problema fundamental del cerebro humano: la calibración. Nuestro cerebro ha desarrollado sistemas sofisticados que deben estar bien calibrados: ni demasiado altos ni dema-

235

siado bajos. La ansiedad, uno de esos sistemas, funciona como una alarma de humo cognitiva. Cuando está bien calibrada, nos alerta de amenazas reales. Pero, como en Bobby, algunas personas tienen el sistema demasiado bajo; otras, en cambio, ven su alarma dispararse ante cualquier atisbo de incertidumbre. Este reto de calibración se extiende a nuestra percepción del dolor, la regulación del sueño y otros mecanismos cerebrales fundamentales: sistemas antiquísimos que tratan de adaptarse a un entorno moderno radicalmente distinto.

Muchas de nuestras emociones han evolucionado como parte de ese sistema de calibración, afinando nuestras respuestas para ajustarlas a las circunstancias. La ansiedad agudiza la atención ante posibles amenazas, mientras que la excitación alimenta la persecución de objetivos. Pero no siempre acogemos bien estos estados. Del mismo modo que la tos limpia los pulmones y el vómito expulsa toxinas, emociones como el miedo y la preocupación evolucionaron como defensas útiles. Sin embargo, cuando surgen en contextos inadecuados —como el mareo por movimiento o la ansiedad crónica— pueden convertirse en cargas más que en beneficios. Podemos desear eliminar las emociones desagradables, pero comprender su propósito evolutivo revela por qué sería peligroso hacerlo. Nuestras emociones no son simples reacciones: son sofisticados sistemas de coordinación, moldeados por la evolución para guiar la conducta.

Esta complejidad se ilustra con claridad en el caso de Bobby, donde una ansiedad insuficiente desembocó en problemas graves. De forma similar, el miedo reducido que suele observarse en el «síndrome del varón joven» quizá fuera ventajoso en nuestro pasado ancestral durante la guerra, pero hoy termina con más frecuencia en visitas a urgencias, prisión o el cementerio.

No podemos sencillamente subir o bajar las emociones porque el cerebro no opera con módulos distintos y aislados, sino que gestiona sistemas extraordinariamente complejos y superpuestos. Las emociones actúan como fuerzas coordinadoras que nos atraen hacia lo que nos beneficia o nos alejan de lo potencialmente dañino.

Cómo experimentamos esas fuerzas depende del contexto. Nuestra capacidad para envolverlas en lenguaje añade más complejidad.

Aristóteles observó que, si alguien te golpea, sientes dolor, pero la respuesta emocional depende de quién lo inflija.[59] Si proviene de alguien de rango superior, sientes tristeza; si de alguien de rango inferior, ira. Sin embargo, muchas emociones se resisten a una categorización tan nítida, lo que refleja sus orígenes más profundos y superpuestos: son como haces de luz coloreada que se mezclan en distintas proporciones para crear un espectro de sentimientos (véase la ilustración en forma de árbol).

La pregunta esencial, entonces, es: ¿qué situación trata de optimizar el cerebro cuando genera estas emociones? En última instancia, como con la mayoría de los mecanismos evolucionados, todo se reduce a la supervivencia y la reproducción. Incluso cuando las emociones parecen orientadas a otras metas —como gestionar relaciones sociales—, en el fondo funcionan como peldaños hacia esos imperativos evolutivos fundamentales. Como observa Randolph Nesse, las emociones prosociales, como la empatía y la cooperación, existen porque proporcionan a los individuos —y en última instancia a sus genes— ventajas selectivas en entornos sociales.[60]

Ya comentamos algunas de estas fuerzas de atracción-rechazo y las cogniciones asociadas en capítulos anteriores: las repercusiones negativas de la vergüenza y la culpa, o las recompensas positivas de la validación y el aumento de estatus en las relaciones interpersonales. Con lo que ahora sabemos sobre el funcionamiento de nuestros lóbulos frontales, de evolución reciente, podemos explorar por qué algunas de estas emociones causan tantos problemas.

Nuestro cerebro evolucionó para anticipar el peligro, pero este don a menudo se convierte en maldición. Como observó el filósofo estoico Séneca hace casi 2000 años: «Algunos de nuestros bienes nos perjudican, porque la memoria nos devuelve la agonía del miedo, mientras que la previsión lo trae antes de tiempo; nadie confina la desdicha al presente».[*]

---

* La cita procede de la obra de Séneca *Cartas morales a Lucilio*, concretamente de la carta 98. Séneca aborda temas como la naturaleza de la felicidad, el manejo de la adversidad y la evitación del sufrimiento innecesario. Las recomendaciones estoicas de aceptar lo que no podemos controlar y centrarnos en la acción guiada por valores

Esa capacidad de proyectarnos hacia delante y hacia atrás —esencial para aprender, planificar y sobrevivir— también sustenta nuestras aflicciones psicológicas más comunes. La ansiedad y la rumiación son el precio emocional que pagamos por este «viaje mental en el tiempo».

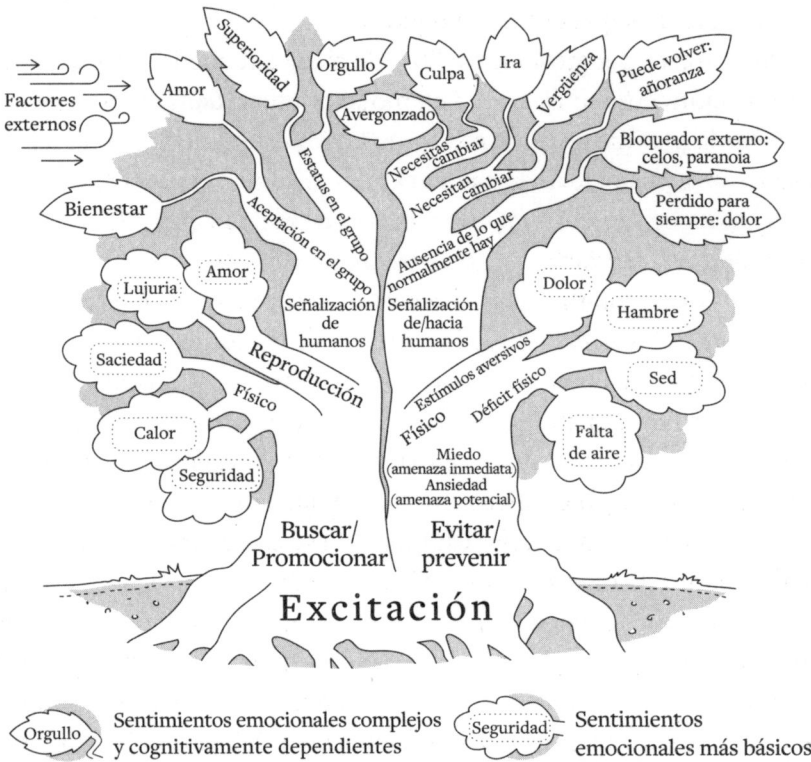

Este diagrama en forma de árbol ilustra una jerarquía evolutiva de las emociones, desde impulsos básicos de supervivencia (p. ej., hambre, miedo) hasta emociones sociales complejas (p. ej., orgullo, vergüenza, duelo). Los dos troncos principales representan motivaciones fundamentales: buscar/ promover y evitar/prevenir.*

se hacen eco de elementos centrales de la terapia de aceptación y compromiso, así como de recomendaciones esenciales de este libro: renunciar a metas inalcanzables y comprometerse con actividades que concuerden con lo que nuestro cerebro trata de hacer.

* Inspirado en el artículo de Randolph Nesse de 2004 en *Philosophical Transactions of the Royal Society B: Biological Sciences*. La estructura en árbol refleja la

ANSIEDAD: EL DETECTOR DE HUMO DEL CEREBRO

Como es tan ubicua, empecemos por la ansiedad. Afecta a muchos y a menudo se vuelve incapacitante: ¡si pudiéramos desear que se esfumara! Pero su desaparición total también causaría problemas. Podríamos acabar como Bobby, que no computa el riesgo, no se siente motivada para adoptar conductas que la mantengan a salvo y no evita situaciones que entrañan daño.

Que parezca peligrosamente libre de ansiedad puede deberse a una combinación de factores. Su red en modo por defecto quizá no sea muy eficaz en la planificación de escenarios, lo que le dificultaría anticipar riesgos. Otra posibilidad es que su falta de ansiedad no se deba a un fallo en reconocer el peligro, sino a cómo su cerebro asigna valor a distintos resultados: su crianza puede haber moldeado su percepción de forma que priorice recompensas inmediatas frente a consecuencias a largo plazo. O bien los «controles de volumen» en circuitos cerebrales más profundos que regulan la ansiedad podrían estar sencillamente más bajos, lo que la haría menos propensa a preocuparse por naturaleza.

Nuestra capacidad para anticipar los retos y responder a ellos depende de sistemas biológicos finamente ajustados. Uno de los más importantes es el sistema de respuesta al estrés del organismo. El hipotálamo, nuestra antigua interfaz de coordinación entre el cerebro y el cuerpo, desencadena la liberación de cortisol desde las glándulas suprarrenales, junto con un ajuste general de la respuesta de estrés cerebral. Esta respuesta se intensifica o atenúa en función del análisis que el cerebro hace del entorno externo y del estado interno. En tiempos remotos, los niveles de estrés fluctuaban porque variaban los riesgos a los que nos enfrentábamos, pero el entorno crónicamente exigente de la vida moderna mantiene la respuesta de estrés en un estado de activación persistente.

---

idea de que nuestras emociones más básicas arraigan en necesidades de supervivencia, mientras que las más complejas —las que implican estatus social, apego y autoevaluación— se desarrollaron después. La separación de ramas y hojas es por claridad y no implica límites rígidos. En la práctica, las emociones se combinan, se solapan y se transforman, lo que refleja la complejidad de la evolución cerebral y la experiencia humana.

La respuesta que se solapa con esta en el cerebro es la activación (*arousal*), que determina cuán preparados debemos estar para responder a oportunidades o amenazas. Dispara la alerta del cuerpo o la mente para perseguir la presa avistada o, en la vida moderna, para lanzarse por una pista de esquí, prepararse para una entrevista de trabajo o presentar una propuesta importante. Aumenta la frecuencia cardiaca, se dilatan las pupilas y se humedecen las palmas de las manos. Pero, en estos casos, la dirección es positiva. Avanzar hacia el objetivo, querer más.

Mientras la activación positiva nos impulsa hacia nuestras metas, la activación basada en la amenaza nos aparta del peligro: estamos preparados para defendernos o retirarnos, para la lucha o la huida, y sentimos miedo. En estos casos, el cerebro debe suponer lo peor para garantizar la preservación. ¿El movimiento de esas hojas lo causó el viento o un depredador al acecho? ¿El crujido de la rama lo provocó una ardilla o un lince agazapado? Si supones lo mejor y te equivocas, eres carne muerta. Si supones lo peor y te equivocas, estás perfectamente bien, aunque algo estremecido. La naturaleza ha evolucionado un punto de ajuste óptimo y dinámico de la alerta que, en el caso de las amenazas, equivale a un punto de ajuste del miedo. Pero, si cada ruido te hiciera huir, te superarían animales más audaces que también se dedican a forrajear, alimentarse y reproducirse. Debe haber una calibración adecuada, que se actualice según las circunstancias.

La ansiedad es nuestro detector de humo cognitivo. Soportamos que suene cuando se quema la tostada para asegurarnos de que, sin duda, sonará en las fases tempranas de un incendio. El umbral de activación de nuestras alarmas internas varía de una persona a otra, pero también puede modificarse. El caso de Sandra ilustra cómo puede alterarse ese punto de ajuste básico:

Sandra era una mujer de 43 años derivada por múltiples caídas. Sus síntomas iniciales eran muy inespecíficos: una mayor tendencia a caer, junto con dolor de espalda, llevó a su médico de familia a derivarla primero a fisioterapia. Pero los estiramientos no sirvieron y la enviaron a traumatología por problemas crecientes de movilidad. Le hicieron una resonancia de la columna lumbar, que fue normal. Cuando las caídas empeoraron, la vio el equipo de caídas y síncopes, que no halló nada anómalo pero, dado que cada vez caminaba de forma más extraña, la derivó a neurología con la duda de si sería un problema psicológico.

Su marcha era efectivamente extraña, algo robótica y con la espalda arqueada. Le pedí que cerrara los ojos y le di unos toques en la nariz, lo que provocó una sacudida refleja de las extremidades: una exageración de la respuesta de sobresalto troncal que todos tenemos. Un análisis de sangre confirmó mis sospechas de síndrome de la persona rígida, una enfermedad autoinmune que se ha hecho más conocida desde que se le diagnosticó a Céline Dion. Es consecuencia de la acción de anticuerpos contra la enzima GAD, lo que reduce los niveles de GABA, el neurotransmisor que imita el diazepam (Valium).* Como consecuencia, sus reflejos medulares eran más reactivos, lo que causaba rigidez en espalda y extremidades. Pero Sandra también refería haberse vuelto mucho más ansiosa, algo impropio de ella, porque circuitos similares en lo profundo del cerebro también se habían «subido de volumen».

Aunque el caso de Sandra representa un estado patológico extremo —esto es, una disfunción que altera procesos corporales o mentales normales—, la ansiedad en sí misma es una respuesta normal y esencial. Cada uno de nosotros tiene una sensibilidad basal a posibles amenazas y estresores, como tener el «volumen» de la ansiedad ajustado a un nivel propio. En los recién nacidos, estas diferencias son sobre todo genéticas, pero, a medida que crecemos, la experiencia vital desempeña un papel cada vez mayor en el moldeado de nuestros sistemas de alerta. El punto en que estas variaciones normales se vuelven «patológicas» es a menudo arbitrario y refleja un espectro más que una línea nítida.

El mayor amplificador de estas diferencias en la edad adulta, sin embargo, son nuestros lóbulos frontales. Las experiencias que vivimos y los escenarios que la corteza prefrontal aprende a incorporar

---

* El ácido glutámico descarboxilasa (GAD) es una enzima que convierte el glutamato, un neurotransmisor excitador, en GABA, el principal neurotransmisor inhibidor del cerebro.

241

a sus análisis en curso moldean cómo predecimos, evaluamos y respondemos a posibles amenazas e imaginamos resultados futuros. Es esta capacidad de proyectarnos hacia el futuro la que distingue la preocupación y la ansiedad de la simple alerta. A diferencia de la excitación, que nos impulsa hacia algo, la ansiedad trata de reducir o evitar una amenaza percibida. Cuando esta respuesta se vuelve excesiva y persistente, pasa de ser adaptativa a perturbadora. La ansiedad es, por tanto, una respuesta evolutiva normal que puede volverse disfuncional en el mundo moderno.

Principio de la condición humana: «El miedo ante peligros o amenazas reales es adaptativo. Los trastornos de ansiedad no lo son».

¿Por qué se ha vuelto tan problemática? La razón principal es que nuestro cerebro, extraordinariamente capaz de mentalizar, permite ahora crear escenarios mucho más complejos. Algunos pueden ser factibles, pero muchos otros son menos probables de lo que pensamos. Nuestro cerebro no ha evolucionado para ser un estadístico objetivo que analice anécdotas en un océano mundial de cientos de millones de datos. Recordemos el capítulo 4: es un procesador selectivo y rápido de información, tomada de nuestro entorno inmediato en situaciones que exigen atención elevada. Los medios modernos, en cambio, nos informan a diario de múltiples hechos terribles de los que antes jamás habríamos tenido noticia.

Parte del propósito original de la respuesta de alerta es buscar indicios de peligro. Con la ubicuidad de señales e información accesibles en la vida moderna, las posibles amenazas son fáciles de encontrar y, de hecho, difíciles de evitar, lo que alimenta un bucle incesante de ansiedad. Nuestros recién capacitados lóbulos frontales pueden mantener estos escenarios en su mundo virtual a largo plazo, y esa longevidad entraña el riesgo de crear bucles interminables de pensamiento que mantienen la idea ansiógena en primer plano.

Los sucesos del pasado que plantaron la semilla de futuras ansiedades pueden ser recuerdos olvidados que siguen moldeando nuestras asociaciones a largo plazo: acaso haber sufrido acoso escolar, la crítica de un progenitor, fracasos sexuales o en exámenes, el rechazo de los compañeros, escenas de violencia en casa o cosas peores. O puede ser un suceso cuyos detalles recordamos en la edad adulta y que se manifiesta como un trastorno por estrés postraumático, en el que los escenarios imaginados se entretejen en un relato de amenaza amplificada. O una amenaza futura imaginada puede volverse una obsesión que impulsa actos repetitivos y pensamientos angustiosos, rasgos característicos del espectro obsesivo-compulsivo.

Los medios modernos explotan este sesgo. La negatividad capta nuestra atención porque el cerebro está configurado para priorizar peligros potenciales, un mecanismo de supervivencia de nuestro pasado evolutivo. Los medios, recompensados por retener nuestra atención, nos inundan de tragedias y miedo y refuerzan esta respuesta. A medida que crece nuestra ansiedad, somos aún más proclives a buscar historias negativas, lo que crea un ciclo autorreforzado de miedo y consumo.

Principio de la condición humana: «Nuestros lóbulos frontales se alían con el rosario incesante de tragedias de los medios y alimentan una ansiedad constante».

Además, las metas que la sociedad nos propone hoy son mucho más complejas, más difíciles de alcanzar y entrañan un mayor riesgo de fracaso en forma de pérdida de estatus. Por eso, la ansiedad, cuando refleja el temor al fracaso, aunque distinta de la depresión, suele asociarse a ella.

CALIBRAR NUESTRAS EMOCIONES

Sin embargo, no estamos condenados a un sensor defectuoso. Podemos cambiar el umbral de ansiedad del cerebro. Vimos en el capítulo 10 que nuestro cerebro se adapta a la experiencia, y la respuesta cerebral a la amenaza es igual de flexible. Si un animal aprende que cada vez que hay un susurro en las hojas es solo una ardilla, su umbral de miedo se ajusta. Nuestro detector de humo puede calibrarse. Los niños encuentran de forma natural emocionante el juego arriesgado, y el aumento gradual de la exposición les permite calibrar sus sistemas cerebrales; pero esto se ha limitado en las últimas décadas por una combinación de aversión al riesgo, litigiosidad y la contagiosa «paternidad helicóptero».* El resultado es que pueden llegar a la edad adulta con menos resistencia y con un criterio sesgado sobre qué merece preocupación. Se asienta la ansiedad generalizada.

Principio de la condición humana: «Si crees que el peligro puede venir de cualquier parte, la ansiedad vendrá de todas partes».

La ansiedad generalizada es frecuente, pero también puede haber acontecimientos que conspiren para amplificarla en situaciones concretas. Podemos ver cómo se desarrolla en experimentos en los que monos jóvenes, que nunca han visto serpientes, no sienten miedo inicialmente ante una serpiente de juguete.[61] Sin embargo, cuando observan a un adulto reaccionar con miedo ante la serpiente de juguete, aprenden rápido a temerla. Esta respuesta se desarrolla mucho más deprisa y con mayor intensidad ante amenazas relevantes desde el punto de vista evolutivo, como las serpientes, que ante objetos neutros, como las flores, incluso cuando el mono adulto muestra la misma reacción de miedo. Los humanos también podemos llegar a temer cualquier cosa, pero los desencadenantes que con mayor probabilidad evolutiva han constituido una amenaza —como la oscuridad, el agua, las serpientes, los extraños y las alturas— resultan más potentes. Por desgracia, la evolución no ha tenido tiempo de dotarnos de fobia a los cables eléctricos, las motocicletas o las armas de fuego.

Quizá la ansiedad específica más frecuente sea la social, reflejo de la importancia de las relaciones para nuestro cerebro validador e in-

---

* Un estilo de crianza sobreprotector en el que los cuidadores se implican en exceso en la vida de sus hijos, a menudo interviniendo para evitar el fracaso o el riesgo.

fluyente. Es una cognición que tiene más que ver con lo «atractivos» que resultamos ante los demás y el miedo al rechazo —contrástese con la paranoia, que tiene más que ver con detectar amenazas procedentes de los otros—. En el trabajo, esta ansiedad puede vincularse al miedo al rechazo por parte de colegas o jefes, o a la crítica del público, lo que desemboca en un enfoque de aversión al riesgo en muchas organizaciones: el juego consiste en evitar la culpa.

Un «lugar de trabajo» que todos hemos compartido es la escuela. Tras la pandemia, se observó un problema particular, cuando el exceso de enseñanza en casa generó una ansiedad elevada ante la idea de volver a clase. Esto ilustra cómo la ansiedad puede crear ciclos autorreforzados: cuanto más evitamos las situaciones sociales, más ansiedad nos generan. Se observan patrones similares en adultos con ansiedad social. Pueden retraerse —no por indiferencia, sino por miedo—, aunque los demás lo interpreten como altanería o desinterés. A su vez, la gente se contiene, lo que confirma la callada sospecha del ansioso de que lo juzgan o excluyen, y la espiral se ahonda. Se dan muchos otros bucles de retroalimentación perjudiciales, como en personas deprimidas que no cumplen obligaciones sociales —responder mensajes, por ejemplo—. Se las percibe como groseras y se les ofrece aún menos del «alimento social» que facilitaría su recuperación.

Principio de la condición humana: «La ansiedad social no protege de la exclusión social. La agrava».

Un reto fundamental de la vida moderna es calibrar nuestro umbral de disparo de la ansiedad en medio de exposiciones impredecibles y variadas. En el mundo antiguo, las amenazas eran inmediatas y repetitivas, lo que permitía un ciclo de aprendizaje rápido: si el crujido de una rama señalaba de forma constante a un depredador, aprendías pronto la respuesta adecuada. En la vida moderna, en cambio, nos bombardean infinidad de posibles amenazas —una amenaza reputacional en el trabajo, por ejemplo—, pero cada disparador individual puede aparecer con poca frecuencia, de modo que al cerebro le cuesta calibrar una respuesta fiable. Esto puede desembocar en un estado de vigilancia elevado, porque nuestro antiguo sistema de detección de amenazas no consigue adaptarse a un mundo de disparadores interminables y novedosos.

**Principio de la condición humana:
«La ansiedad evolucionó como mecanismo esencial de supervivencia, pero la vida moderna la dispara con demasiada frecuencia y perturba nuestra capacidad natural de recalibrarla».**

Nuestra «alerta de dirección aversiva» —la ansiedad— viene acompañada de una narrativa que tejen nuestros lóbulos frontales cuentacuentos. En otros animales, el estímulo de amenaza primario es visual: ver la silueta del búho o el destello de un depredador entre la maleza. Y sigue siendo cierto que las imágenes mentales provocan en nosotros mayores reacciones emocionales que las palabras. Evoquemos la imagen de que nos atropella un vehículo al cruzar la calle y comparémosla con una descripción verbal del mismo escenario. Con todo, una desventaja de nuestro cerebro alfabetizado es la explosión de escenarios posibles que podemos crear con el lenguaje y que alimentan la preocupación.

El ratón, presa del búho, experimenta una respuesta de alerta que le salva la vida, breve y enseguida resuelta; para nosotros, en cambio, los relatos de alerta generados por nuestra sofisticación cortical más reciente son en gran medida inútiles, y a menudo implacables. Para el ratón, la respuesta es refleja, innata. Para nosotros, depende de nuestros recuerdos, las historias que nos han contado y las asociaciones que hemos formado.

Comprender estos mecanismos de la ansiedad puede ayudarnos a desarrollar mejores maneras de gestionarla. Quizá lo más importante sea reconocer que la ansiedad no indica un cerebro «roto», sino que refleja una combinación de tendencias genéticas, experiencias de vida y circunstancias, lo que nos permite ser más compasivos con nosotros mismos. Esta comprensión abre la puerta a varias estrategias eficaces de afrontamiento.

Una especialmente potente es la atención plena (*mindfulness*). En lugar de creer automáticamente los pensamientos ansiosos, podemos aprender a observarlos como lo que son: pulsos de electricidad que recorren algunas neuronas. El lóbulo frontal procesa pensamientos de forma constante, los envía a estructuras cerebrales más profundas y ajusta nuestros niveles de alerta. Reconocer este proceso puede ayudarnos a tomar distancia respecto al agarre inmediato de la ansiedad. Un sencillo replanteamiento interno puede cambiar nuestra perspectiva: «Ah, qué interesante: mi cerebro está generando este pensamiento, haciéndolo pasar por mis circuitos y desencadenando una respuesta de estrés». Esta postura metacognitiva —observar los pensamientos sin reaccionar de inmediato— puede hacerlos menos abrumadores.

Otra habilidad esencial es evaluar los pensamientos ansiosos con mayor objetividad: abordarlos más como un estadístico y menos como un pensador emocional que procesa información selectiva. Menos como un humano. La ansiedad suele amplificar los peores escenarios, pero dar un paso atrás para analizar cuán probables son en realidad puede reducir su carga emocional.

Sin embargo, quizá la forma más eficaz de recalibrar el sistema de ansiedad sea la exposición, especialmente en ansiedades situacionales. Ya hemos comentado que la exposición gradual, que parte de conceptos adyacentes a nuestro pensamiento actual, es la mejor manera de desplazar patrones de pensamiento. Pero, en algunos casos, un «salto a lo hondo» puede resultar notablemente eficaz. Por ejemplo, a un aracnofóbico puede beneficiarle más que una araña le suba por el brazo de inmediato que acercarse a una durante semanas. Ahora bien, debe manejarse con cuidado, porque la exposición ha de ser satisfactoria para resultar beneficiosa: una exposición fallida o traumática puede reforzar el miedo en lugar de atenuarlo.

Es importante destacar que la terapia de exposición no borra los viejos miedos: construye nuevas asociaciones competidoras que los sobrescriben. De hecho, cuanto más contradice una experiencia nueva a un recuerdo antiguo de miedo, con más eficacia inhibe esa respuesta vieja. Esto recuerda a las estrategias de supresión que se observan en el síndrome de Tourette y refleja el principio general de cómo el cerebro se reconfigura a través de la experiencia.

Otra herramienta potente es poner por escrito nuestras preocupaciones. El acto físico de escribir parece ayudar a romper los bucles de pensamiento repetitivo, quizá descargando tensión mental. Aún más eficaz es enumerar argumentos a favor y en contra de una preocupación concreta y valorar cuán probable es en realidad. Para ir más allá, podemos imaginar a una abogada televisiva incisiva desmontando sin piedad nuestros miedos, buscando las grietas en su lógica. O pedir ayuda a un modelo de lenguaje como ChatGPT. Esta técnica funciona mejor durante el día; por la noche, cuando la mente es más proclive a la rumiación, limitarse a listar preocupaciones sin analizarlas puede resultar más eficaz.

Antes mencionamos la estrecha relación entre ansiedad y paranoia. La ansiedad tiene más que ver con el rechazo o el fracaso; la paranoia, con cogniciones de amenaza. Nuestros lóbulos frontales y las complejas simulaciones narrativas que podemos tejer también la potencian. Nuestra capacidad para computar causalidades en varios pasos —ser sensibles a un factor lejano e invisible— nos hace más vulnerables a creencias basadas en la amenaza, al partidismo y potencialmente también a la paranoia y a temores conspirativos.

De niños creemos en Papá Noel porque nuestros primeros referentes, nuestros padres, nos dicen que existe. La vida adulta implica muchas cosas que no podemos ver, no comprendemos, no podemos verificar de forma directa y en torno a las cuales circulan relatos enfrentados, todos con al menos un elemento de verosimilitud. Es como la paciente psiquiátrica que cree que el Estado la vigila: paranoica, sí, pero a la que instalan en una sala con cámara para asegurar que no se autolesiona ni se fuga. Su miedo a ser observada parece confirmado por la realidad.

El problema de la rumiación

Hasta ahora hemos hablado de cosas centradas en el futuro, de cosas malas que podrían ocurrir: el miedo proyectado hacia delante gracias a nuestros lóbulos frontales proyectivos. La rumiación, en cambio, se centra en el pasado, en analizar hechos previos. ¿Por qué no me dieron ese trabajo que creía merecer? ¿Por qué reaccionaron así conmigo? La red en modo por defecto gira de forma constante sin formular una resolución para los pensamientos que procesa ni trasladarla a la corteza prefrontal lateral para ejecutar una acción. Esos pensamientos quedan atrapados en un bucle que arrastra una y otra vez nuestra atención hacia hechos pasados.

Las rumiaciones son análisis, intentos de resolución de problemas que se han desvirtuado y quedado atascados en un bucle. Puede deberse a que los impulsores externos siguen ahí: los vecinos siguen haciendo ruido, mi pareja sigue sin prestarme atención, el ascenso sigue sin llegar. Se correlaciona con muchos estilos cognitivos poco útiles, como el pesimismo, la baja sensación de control, la antisociabilidad, la dependencia, la ansiedad, el neuroticismo y la depresión. La rumiación consume capacidad de procesamiento cerebral, dirige la atención hacia lo negativo, nos aparta de la resolución de problemas y de ejecutar soluciones o, si el problema no tiene solución, nos impide abandonar esos esfuerzos y dedicarnos a otras actividades. Dificulta soltar metas inalcanzables y perseguir otras (como comentamos en el capítulo 3).

La rumiación puede tensar las relaciones, pues la negatividad persistente acaba desgastando a quienes nos rodean. También puede alimentar el retraimiento social o el resentimiento, y empujar a quien rumia a recrearse en ofensas percibidas y buscar compensación. En algunos, esto se entrelaza con una dependencia afectiva: ciclos de acercamiento y retirada que vuelven las relaciones inestables e impredecibles.

Pero la rumiación es un espectro. Todos la practicamos en cierta medida, porque todos tenemos lóbulos frontales capaces de dar vueltas sin cesar a los mismos escenarios. Y vivimos en un mundo de enorme complejidad que provee material de sobra para estos relatos.

**Principio de la condición humana:
«Los mecanismos de "mirar al futuro" que nos permitieron crear la modernidad también nos dotaron de la capacidad de preocuparnos y rumiar».**

En el capítulo 3 comentamos que podemos cambiar nuestra situación o cambiar el análisis que hacemos de ella, nuestras metas. En realidad, no solo puede cambiar el análisis, sino también el modo en que pensamos sobre él. Algunas personas creen que la rumiación ayudará a generar una respuesta, o que de algún modo proporcionará alivio, aunque lo más frecuente es creer que la rumiación es señal de algún daño psicológico. Quien rumia puede intentar distraerse viendo más televisión, adormecer los pensamientos con alcohol y drogas, y evitar actividades porque se siente menos capaz.

Mientras que la terapia cognitivo-conductual estándar lleva a cuestionar el contenido de los pensamientos, la terapia metacognitiva aborda estos procesos de pensamiento repetitivos y poco útiles. En esencia:

1. Entender el proceso de la rumiación.
2. Una vez hecho el análisis, darlo por concluido. De ahí el valor de poner las cosas por escrito.
3. Dedicar esfuerzos a lo que hemos señalado en capítulos previos como importante para el bienestar: interacciones sociales con sentido, hacer cosas con retroalimentación de progreso y metas alcanzables.

Pero hay un mecanismo más profundo en juego, uno que va más allá de la rumiación.

PENSAMIENTOS Y SENTIMIENTOS: UNA CALLE DE DOBLE SENTIDO

La rumiación no es solo un patrón de pensamiento: es un bucle emocional que se retroalimenta y que a su vez condiciona cómo nos sentimos. Esa retroalimentación no se limita a la rumiación: sustenta la manera en que el cerebro maneja toda experiencia. Y esta dinámica está moldeada no solo por nuestro diálogo interno, sino también por señales externas, desde los mensajes que recibimos hasta las sustancias que consumimos. Como vimos en el capítulo 8, nuestro entorno moldea nuestra mente más de lo que creemos.

En el cerebro nada opera de forma aislada. Todo está integrado, aunque en grados variables. Nuestros sistemas más profundos están conectados con los componentes superiores, más cognitivos. El tronco influye en cómo las hojas externas procesan su información, y lo que estas producen modifica a su vez los puntos de ajuste del tronco, como el nivel de activación. Los psicólogos a veces usan la expresión «lo que piensas es lo que sientes». Pero también es cierto que lo que sientes es lo que piensas. Sentados en una consulta, nuestros pensamientos son la vía principal para procesar nuestros sentimientos. Pero la relación funciona en ambos sentidos: nuestros pensamientos moldean nuestras emociones y nuestras emociones, a su vez, moldean nuestros pensamientos, como ilustra mi paciente Mandy:

Mandy, una profesora de 38 años, fue derivada por un temblor. Los alumnos habían empezado a cuchichear, lo que la hacía sentirse cohibida y empeoraba el temblor. Estaba cada vez más ansiosa ante la posibilidad de no poder continuar en su trabajo o, peor aún, de tener algo como el párkinson. Llegó hecha un manojo de nervios.

Examiné su escritura, que, aunque más legible que mi garabato, mostraba oscilaciones regulares del bolígrafo. Había un temblor fino con las manos extendidas, no el temblor de reposo lento del párkinson. Al tomarle la muñeca conté un pulso acelerado, quizá porque era una visita de alto voltaje. Pero sospeché tirotoxicosis. Los análisis confirmaron que un tiroides hiperactivo estaba acelerando su organismo. Le prescribí betabloqueantes, que bloquean los efectos de la adrenalina, y sus síntomas mejoraron de inmediato.

La ansiedad de Mandy se debió en parte a que su cerebro interpretó señales procedentes del cuerpo —como la frecuencia cardiaca elevada— como indicios de que el entorno exigía una respuesta de alerta. La sensación de ansiedad surgió a raíz de los síntomas físicos, y no al revés.

El problema de Mandy se debía a un nódulo tiroideo secretor de hormonas. Mucho más frecuente es la situación en la que el cerebro se torna ansioso y desencadena una respuesta corporal: aumento de la frecuencia cardiaca, respiración más rápida y expulsión de CO_2, lo que reduce el pH sanguíneo y provoca mareo. Esta respuesta física amplifica a su vez la ansiedad y crea un círculo vicioso que puede derivar en un ataque de pánico. Con el tiempo, esto puede generar un bucle autorreforzado: el miedo al miedo. Cuando los síntomas generados por la ansiedad se interpretan como una catástrofe inminente —sea el temor a un infarto, a atragantarse o a desmayarse—, se produce un trastorno de pánico.

Un problema relacionado se observa en el asma y la EPOC (una enfermedad respiratoria frecuente y crónica que dificulta de forma progresiva la respiración). Los pacientes realizan una actividad que los deja sin aire, se angustian pensando que su enfermedad empeora y deciden hacer menos ejercicio, lo que a su vez descondiciona más su capacidad respiratoria. O, lo que es más habitual, las personas van por la vida con una ansiedad crónica de fondo.

Esta vía de doble sentido entre mente y cuerpo puede amplificarse o atenuarse por las sustancias que ingerimos. La tirotoxicosis es relativamente infrecuente, pero beber café no. Como estimulante, la cafeína puede desencadenar y amplificar una respuesta ansiosa, por lo que el consejo sensato para los ansiosos es reducir su consumo, ya que es fácil que el nivel de cafeína vaya aumentando sin que nos demos cuenta. Los cafés suelen ser mucho más fuertes que antes y vamos adaptando nuestra percepción del sabor —recordemos el capítulo 10 y la normalización de los estímulos sensoriales—. Lo que antes habría parecido mucha cafeína, si se toma de forma regular, deja de resultar llamativo. Incluso pasarse al descafeinado no elimina por completo la cafeína, ya que aún contiene alrededor de un 5 %. El té también contiene compuestos estimulantes que contribuyen al efecto global.

Se observan efectos similares con otros fármacos de propiedades estimulantes, hoy muy extendidos por la explosión de diagnósticos de TDAH. Hay un equilibrio delicado entre aumentar el estado de alerta de una persona y agravar su ansiedad. Cada vez más se prescriben estimulantes porque los pacientes refieren sentirse somnolientos por la mañana. Cierta inercia del sueño al despertar es normal —esos diez o quince minutos de embotamiento hasta que hace efecto el café—, pero, en la vida moderna, muchos están realmente aturdidos por la privación crónica de sueño que imponen unas vidas ajetreadas. Necesitar dormir más el fin de semana para compensar es una señal clara. En algunos, la modorra se agrava por el uso de fármacos sedantes por la noche.

Los estimulantes también repercuten en nuestro sueño, con efectos en cascada sobre la ansiedad. Aquí cobran importancia la dosis y la vida media. La vida media es el tiempo que tarda el organismo en eliminar la mitad de una sustancia. En la cafeína, varía entre tres y siete horas en la mayoría de las personas, con una marcada variación entre individuos. Eso significa que un café fuerte en el desayuno se habrá reducido a la mitad a la hora de comer. Pero otras cuatro o cinco horas después no habrá desaparecido: queda un cuarto. Y a la hora de acostarse, queda un octavo. Esa cantidad quizá no baste para espabilarnos por la mañana, pero sí para mantener el cerebro «en marcha» mientras estamos en la cama intentando dormir, y es entonces cuando se desata la ansiedad, porque ya no estamos ocupados en actividades que nos distraigan. La ansiedad aumenta la activación, dificulta conciliar el sueño y nos preocupamos por cómo vamos a funcionar al día siguiente o incluso por las consecuencias a largo plazo sobre el riesgo de demencia. Al final nos dormimos, pero ahora necesitamos dormir hasta tarde para recuperar.

No tiene por qué ser así: comprender la función calibradora del sueño nos permite dar pasos para mejorarlo.

El sueño: el precio que pagamos por la complejidad

Más allá de que nos preocupemos mucho por él, ¿por qué es importante el sueño? Las personas pueden funcionar razonablemente bien tras una sola noche de sueño interrumpido. Sin embargo, cuando la privación de sueño se vuelve crónica, sus efectos se hacen más patentes, sobre todo en entornos de baja estimulación, como sentados en el sofá o en un aula. En esas situaciones, decae la concentración y aparece la somnolencia. Esto resulta mucho más peligroso si ocurre al volante: de hecho, el 20 % de los accidentes de tráfico se deben a somnolencia del conductor, a veces causada por microsueños tan breves que ni siquiera somos conscientes de ellos.

A veces el sueño interrumpido es inevitable: por ejemplo, en el 20 % de las personas que hacen turnos de forma regular. Eso se asocia a un riesgo cardiovascular mucho mayor, aumento de peso y cáncer, hasta el punto de que la Organización Mundial de la Salud ha clasificado el trabajo a turnos como probable carcinógeno. También hay indicios de que durante el sueño el sistema glinfático del cerebro —una red de drenaje que ayuda a depurar los productos de desecho de las neuronas— desempeña un papel importante en la eliminación de los subproductos naturales de la actividad celular.

El mecanismo que subyace a la mayoría de las neurodegeneraciones, ya sea párkinson, alzhéimer o enfermedad de la motoneurona, está relacionado con la acumulación de componentes celulares que se desgastan y que en condiciones normales el organismo degrada, elimina y reemplaza. Cuando el sueño se altera, hay indicios de que esos residuos se acumulan como basura no recogida. Al alcanzar cierto nivel crítico, favorecen la acumulación de más desechos y ponen en marcha una reacción en cadena. Las neuronas acaban desbordadas y degeneran.

Entonces, ¿dormimos para prevenir la neurodegeneración? Parece improbable. Esa idea confunde lo que sucede mientras dormimos con la pregunta de por qué el sueño es fundamentalmente necesario. Durante el sueño, los músculos se recuperan, las células se reparan y los recuerdos se consolidan. Pero nada de eso exige, en principio, perder la consciencia: podría ocurrir mientras descansamos tumbados en una hamaca, con la mirada perdida en el horizonte. A mi juicio, la respuesta a por qué necesitamos específicamente dormir comienza con el rasgo distintivo del ser animal tratado en el capítulo 2: el movimiento y su control.

En su expresión más elemental, ser animal implica movimiento: una señal sensorial que desencadena una respuesta motora. Con el tiempo, los animales desarrollaron un cerebro capaz de procesar una enorme variedad de estímulos y de orquestar un amplio repertorio de respuestas. Y no se trata de meros reflejos inmediatos, sino de secuencias que entrañan calcular y codificar la respuesta óptima. Aunque nuestro cerebro se asemeja en muchos aspectos a un ordenador, su forma de codificar la información es distinta. Las neuronas no son piezas de silicio fijadas en 1 o 0 que almacenan un único dato concreto: forman una trama de altísima complejidad en la que cada una interviene en múltiples procesos.

Imagina que estás en la cima de una colina de relieve complejo, llena de montículos y hondonadas, y sueltas una pelota desde un punto preciso. No sabes dónde acabará hasta que lo haces por primera vez. A partir de ahí, su recorrido será predecible. Si la sueltas desde otra posición, terminará en un lugar distinto al pie de la colina, aunque quizá recorra algunos de los mismos tramos que la primera.

Piensa ahora en un cielo tormentoso cargado de partículas. Para que surja un rayo, debe alcanzarse un umbral de «permisividad» en la atmósfera; es decir, las gotas de agua suspensas en el aire han de reunir un conjunto específico de condiciones de potencial de conductividad. La forma exacta que adopte el rayo dependerá de la configuración concreta de esas gotas —y, por tanto, del potencial de conducción en la atmósfera—, así como de la forma y la conductividad de los objetos en tierra. Si la atmósfera intermedia y el suelo se mantienen exactamente iguales, una carga idéntica introducida en el cielo producirá un rayo idéntico.

Así es, según se cree, como se produce la acción motora: el cerebro funciona como un sistema dinámico que modela y guía el movimiento, igual que el relieve de la colina determina la trayectoria de la pelota. ¿Y el procesamiento sensorial? Si la acción motora fluye hacia fuera para moldear el movimiento, la información sensorial fluye hacia dentro para interpretar las señales del entorno. En el fondo, ambos procesos no son tan distintos: el cerebro emplea mecanismos similares para integrar unos y otros y responder a ellos. De hecho, resulta en cierto modo arbitrario decidir dónde termina lo sensorial y dónde empieza lo motor, porque los dos forman parte de un bucle continuo.

Si volvemos a la analogía de la colina, el procesamiento sensorial vendría a ser una pelota impulsada de nuevo hacia arriba por fuerzas externas —ráfagas de viento, por ejemplo—. La trayectoria exacta depende de las condiciones iniciales de la pelota y de la forma del terreno, pero con el tiempo surgen patrones consistentes. De modo análogo, la red neuronal del cerebro moldea e interpreta las señales sensoriales y va afinando así nuestra comprensión del mundo.

Lo extraordinario es la complejidad estructural del cerebro. A diferencia del relieve sencillo de una colina, el cerebro opera en una infinidad de dimensiones, con conexiones sinápticas que forman una vasta red dinámica. Y, en lugar de una sola pelota, millones de impulsos nerviosos actúan a la vez, se influyen mutuamente y se modifican en tiempo real. Esa integración fluida de procesos sensoriales y motores es lo que nos permite adaptarnos a nuestro entorno con una precisión asombrosa, pese a la enorme complejidad del sistema.

Esta estrategia evolutiva de computación es potentísima, pero entraña un posible problema. El cerebro optimiza su funcionamiento a partir de la experiencia, y lo hace modificando la conectividad entre neuronas: las que se activan juntas acaban conectándose entre sí. Supongamos que las actividades de un día dan lugar a un aprendizaje concreto; en nuestra analogía, un par de montículos de la colina se vuelven más prominentes y dirigen la pelota con mayor precisión hacia la posición deseada. El problema es que esos montículos también intervienen en otras trayectorias, que ahora podrían verse alteradas. Con el tiempo, según lo que experimentemos, algunos montículos podrían crecer de forma desmesurada hasta volverse disfuncionales, interfiriendo en aprendizajes previos o dificultando otros nuevos.

El cerebro debe equilibrar la optimización para tareas específicas con el mantenimiento de la flexibilidad ante una amplia gama de situaciones. Si estuviera ajustado con precisión para un solo escenario, quizá rendiría bien en ese caso, pero fallaría en los demás. Lo que hace, en cambio, es reajustar continuamente su «mapa de contornos» interno para ponderar de forma adecuada las distintas prioridades.

Mi hipótesis es que, para lograrlo, el cerebro necesita explorar configuraciones diversas, ensayar múltiples estados posibles de conectividad y reforzar los más útiles sin que su estructura global se salga de un rango óptimo. Como esas exploraciones interfieren temporalmente en el funcionamiento normal, el cerebro se desconecta. El sueño no es necesario simplemente para fortalecer o podar conexiones neuronales, sino porque el propio proceso de recalibración exige la inconsciencia.

Así pues, el hecho de que nuestro cerebro no sea una máquina de secuencia A → B → C, sino una red compleja que funciona como un sistema integral es, a mi juicio, la razón por la que necesitamos dormir. El cerebro debe desconectar para que ese proceso de optimización pueda producirse.

Durante esa exploración de contornos posibles, es preciso bloquear la salida motora final. De lo contrario, el cuerpo ejecutaría físicamente todo lo que el cerebro está tanteando. Esto es, en parte, lo que sucede durante el sueño REM. Una zona de nuestro tronco encefálico más primitivo, próxima a la médula espinal, se activa y bloquea las señales motoras que descienden hacia ella. Cuando se lesiona esa zona en gatos, estos saltan mientras duermen como si soñaran con abalanzarse sobre pájaros.

Esto llevó a predecir que las personas con daño en esa zona también escenificarían sus sueños, tal como sucede en el trastorno de conducta del sueño REM asociado a la atrofia multisistémica y al párkinson. La pareja puede recibir patadas mientras el paciente sueña que juega al fútbol o, más inquietante aún, verse agredida si sueña con un intruso.[*] Nuestros sueños podrían ser simples subproductos del proceso de optimización del cerebro, un reflejo de las conexiones neuronales que se exploran y reajustan. Las experiencias recientes tienden a aparecer en los sueños porque esas rutas se están afinando en ese momento. Del mismo modo, vivencias o preocupaciones que han dejado huella pueden convertirse en temas recurrentes, como la persistente inquietud por llegar a un examen sin haber estudiado.

---

[*] Para evitar derivaciones innecesarias a la consulta de neurología: las leves sacudidas y sobresaltos durante el sueño, especialmente en las transiciones entre fases o con la edad, son normales y no indican un trastorno del sueño.

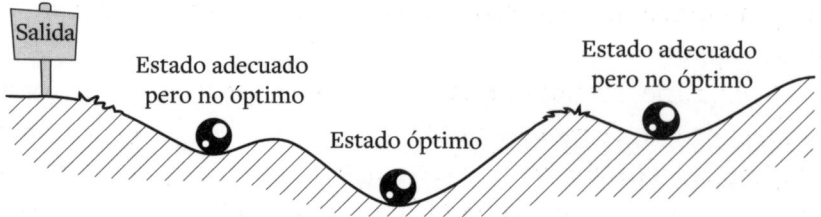

Nuestro cerebro necesita alcanzar un estado informacional óptimo a escala global.

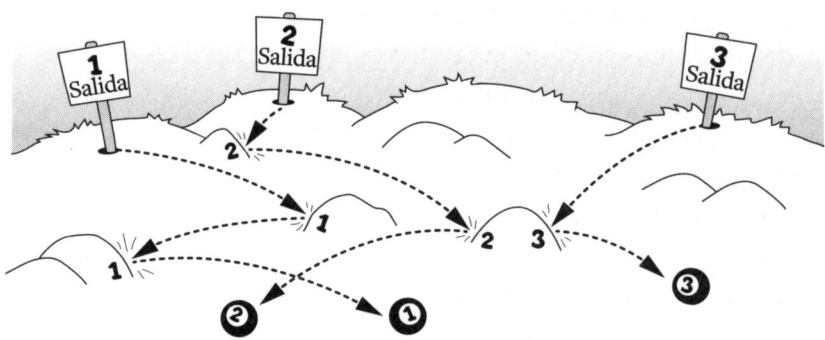

Esto implica «pulsar», «explorar» diversas configuraciones del relieve para hallar el óptimo global y evitar callejones sin salida.

Tras explorar la importancia del sueño para el cerebro y el cuerpo, podemos considerar cómo optimizar nuestros hábitos de sueño. En su regulación interactúan dos grandes fuerzas evolutivas. La primera es la calibración con el enorme cambio ambiental que se produce cada veinticuatro horas al caer la oscuridad: nuestro ritmo circadiano. La liberación de cortisol —nuestra hormona del estrés, que en condiciones normales asciende antes del amanecer— es un ejemplo de cómo el cuerpo se ajusta a ese ciclo. Otra hormona, con un patrón casi inverso, es la melatonina, que ayuda a regular el sueño indicando al cuerpo que es hora de relajarse y prepararse para el descanso. La melatonina es prácticamente nula durante el día; se eleva a última hora de la tarde, alcanza su pico en mitad de la noche y desciende de nuevo a cero con el amanecer. Esa elevación vespertina abre la ventana de oportunidad para el sueño. Es necesaria, pero no suficiente por sí sola. Por eso mucha gente cree que «no funciona» cuando la toma y no se duerme: ayuda, pero no es un hipnótico.

Además, necesitamos haber acumulado suficiente deuda de sueño. Se trata de uno de esos sistemas homeostáticos básicos de la lista de Maslow. No tenemos hambre justo después de comer: las hormonas que la activan se acumulan gradualmente y, cuando vuelven a alcanzar el umbral, se dispara de nuevo el apetito. Con el sueño ocurre algo similar: si ya estamos bien descansados, el organismo considera innecesario seguir durmiendo. Así, paradójicamente, parte del tratamiento del insomnio consiste en aumentar temporalmente la deuda de sueño —no dormir hasta tarde, no echar siestas y acostarse algo más tarde— para que el «hambre de sueño» se haya acumulado lo bastante como para vencer la ansiedad asociada al insomnio y propiciar el descanso. Recurrir a medicaciones nocturnas que, como la cafeína, no se han eliminado por la mañana genera somnolencia diurna, lo que a su vez lleva a consumir más cafeína u otros estimulantes matutinos que se arrastran hacia la noche siguiente y perpetúan el ciclo.

Otro gran cambio de los últimos doscientos años afecta a nuestras conductas y entornos circadianos. Pensemos en la melatonina, la hormona que facilita todos los procesos nocturnos: su liberación sigue un ritmo circadiano, asciende por la tarde y alcanza su pico durante la noche. Pero ese ritmo depende de la exposición a la luz; en concreto, de un golpe de luz azul por la mañana que ajuste el reloj interno y de la ausencia de esa misma luz por la tarde para que la melatonina pueda ascender y se abra la ventana de oportunidad para dormir.

Hemos visto cómo nuestras vías sensoriales detectan, se adaptan y se recalibran. Aunque buena parte de esa adaptación opera a largo plazo, también puede producirse en cuestión de segundos: dejamos de percibir un olor a los pocos minutos, y los fotorreceptores oculares modulan la cantidad de luz que transmiten según los niveles del entorno. Y lo hacen en un grado extraordinario: son capaces de detectar fotones individuales —una fracción de un lux, el equivalente a ver la llama de una vela a tres kilómetros en oscuridad absoluta— y de funcionar igualmente con los 120 000 lux de un día de verano.

Y, sin embargo, rara vez lo apreciamos. Una vida entre paredes nos priva de la potencia abrumadora de la luz natural. Al mismo tiempo, nos bombardea luz inadecuada a horas inadecuadas —pantallas, farolas LED, nuestras propias bombillas de techo—, lo que suprime la melatonina y retrasa el inicio del sueño.

Algunos especialistas en sueño sugieren comprar una caja de luz para reajustar nuestros ritmos. Pero mejor aún es salir a la calle y aprovechar la caja de luz gratuita del cielo. Hasta hace muy poco, cuando el sol se ponía, nos recogíamos; cuando salía, nos poníamos en movimiento. El ejercicio es, precisamente, otra de esas actividades para las que el sueño resulta muy beneficioso.

La mayoría de los casos de insomnio pueden resolverse con unas pocas medidas: comprender el concepto de vida media, limitar la ingesta de cafeína, mantener un horario rígido de despertar, acostarse solo cuando se tiene sueño —es decir, haber acumulado suficiente «hambre de dormir»— y hacer abundante ejercicio a diario, incluidas actividades al aire libre.

Aunque el sueño ayuda a recalibrar y optimizar las conexiones neuronales, otros mecanismos nos permiten sortear amenazas durante la vigilia. Uno de los más fundamentales es el dolor, un sistema mal calibrado en demasiadas personas del mundo moderno.

La evolución del dolor: de la supervivencia al sufrimiento

Del mismo modo que el sueño cumple funciones evolutivas esenciales, el dolor es otra adaptación fundamental que ha contribuido a garantizar nuestra supervivencia durante millones de años. De hecho, las alteraciones del sueño agravan habitualmente el dolor, pero el dolor en sí plantea un problema más amplio: ilustra con especial claridad cómo nuestros antiguos mecanismos de supervivencia pueden colisionar con la vida moderna. El dolor evolucionó como un sistema de alarma esencial que ayudaba a nuestros ancestros a detectar lesiones y huir de amenazas inmediatas. Sin embargo, en el mundo actual, ese sistema puede hiperactivarse o desajustarse, y atrapar a muchas personas en el dolor crónico, un fenómeno que exploraremos a continuación.

Yo «provoco dolor» a mis pacientes con regularidad. Bueno, no exactamente. Lo que hago de forma rutinaria es explorar la nocicepción —la capacidad de detectar estímulos potencialmente dañinos— mediante una «neuropunta» diseñada para ello. Se trata de un pequeño instrumento lo bastante puntiagudo como para que se perciba como punzante, pero no tanto como para perforar la piel ni dejar marca. Los neurólogos lo utilizamos para evaluar las vías nociceptivas, que transmiten «dolor» y temperatura. Entrecomillo «dolor» porque que se perciba como tal depende del contexto. Los nervios transmiten información que sirve de señal de aviso al cerebro, pero no todas las señales necesitan viajar a la misma velocidad. Los nervios que detectan el dolor conducen más lentamente que los encargados de transmitir información sobre la posición y el movimiento del cuerpo, porque el movimiento preciso y el equilibrio exigen una retroalimentación inmediata, mientras que un ligero retraso en la percepción del dolor resulta aceptable. Los nervios de conducción más rápida lo consiguen gracias a un mayor grosor y a un mejor aislamiento. Como se expuso en el capítulo 4, este diseño impone compromisos evolutivos: si todos los nervios estuvieran construidos para la velocidad, consumirían recursos excesivos y ocuparían demasiado espacio en el cuerpo. Los nervios nociceptivos, pues, asumen ese compromiso: son más finos y más lentos, y de ahí que tardemos un segundo en retirar la mano cuando tocamos algo inesperadamente caliente.

Todos procesamos constantemente sutiles sensaciones nociceptivas mientras ajustamos la postura para mantener la comodidad. No hacerlo en personas encamadas da lugar a úlceras por presión. Es posible que los cortes y moratones mucho mayores que sufrían nuestros antepasados calibraran sus sistemas del dolor de un modo distinto al que imponen nuestras vidas acolchadas. Y sus cuerpos se adaptarían en consonancia —recordemos lo expuesto sobre el cuerpo y el cerebro adaptativos—.

Cuando pincho a mis pacientes con la «neuropunta», por lo general, no reaccionan, porque su cerebro computa que el contexto es el de una consulta segura, con aviso previo del procedimiento y con un médico que intenta ayudar, no hacer daño. Los lóbulos frontales elaboran el mensaje junto con su contexto y envían una señal neutra a la amígdala, nuestra región integradora, clave en el procesamiento de emociones y la detección de amenazas. La amígdala aplica entonces esa señal recalibrada al estímulo sensorial que le llega.

Algo parecido le sucedió al australiano Lorimer Moseley. Caminando por el monte, notó un ligero pinchazo en el pie que apenas llegó a su consciencia, pues el cerebro lo identificó como el estímulo familiar de una ramita. Sin embargo, unos minutos después perdió el conocimiento y tuvo suerte de sobrevivir: en realidad había sido la mordedura de una serpiente. La siguiente vez que caminó por el monte y una ramita inocua generó un impulso idéntico en sus vías nociceptivas, la computación neuronal fue muy distinta: el pinchazo le resultó mucho más doloroso. Su cerebro, condicionado por la experiencia traumática previa, había recalibrado la interpretación de la misma señal sensorial para priorizar la cautela. Esta es una causa clave del dolor crónico. El profesor Moseley es experto en biología del dolor y supo replantear su interpretación. La mayoría de las personas, sin embargo, no lo hacen.

El dolor agudo es extremadamente útil —como la ansiedad—, y por eso hemos evolucionado para sentirlo. Existen casos raros de personas que nacen con una anomalía genética en los nervios nociceptivos periféricos que las hace insensibles al dolor. Como los hipofóbicos del tipo de Bobby, suelen morir jóvenes porque son muy propensas a las lesiones. La lepra afecta a nervios similares, y parte de la desfiguración que provoca se debe a las lesiones causadas por esa insensibilidad.

Pero el dolor crónico, como la ansiedad crónica, no es útil, y puede ser un producto de la sociedad moderna. Por ejemplo, millones de personas han quedado más discapacitadas de lo necesario porque les han dicho que sus radiografías muestran «degeneración» de la columna. En casi todos los casos, se trata de los cambios normales del envejecimiento. De hecho, comienzan cuando aún no somos tan mayores: a partir de los veinte años. Como los ladrillos envejecidos de una casa antigua, esos cambios no significan que la estructura sea defectuosa ni que esté a punto de derrumbarse.

Sin embargo, el paciente no lo sabe. Cuando gira el cuello y siente un dolor o un crujido, piensa que se ha producido más daño. Concluye que se está desmoronando y, en consecuencia, experimenta un dolor mayor. Deja de moverse para evitar más dolor y reducir el riesgo percibido y, como vimos en el capítulo 10, eso desencadena procesos adaptativos negativos, tanto en términos de plasticidad neuronal —que ahora «trabaja» en nuestra contra— como de debilitamiento de músculos y tejido conectivo. Uno de los beneficios de la fisioterapia es que, cuando el terapeuta moviliza las articulaciones del paciente, igual que cuando yo uso mi «neuropunta», el cerebro interpreta ese dolor como «seguro» y empieza a recalibrarse. Pero la mejor forma de recalibración se da cuando se activa toda la vía nerviosa: cuando es el propio paciente quien se mueve y el cerebro reaprende. El movimiento es medicina. Por desgracia, muchos acaban atrapados en una espiral descendente y toman paracetamol u opiáceos de forma regular, ambos sin beneficio demostrado en ensayos controlados con placebo para el dolor crónico, y con efectos secundarios significativos.

**Principio de la condición humana:
«Cuando la interpretación que hace el cerebro
de las señales sensoriales se desajusta, surgen trastornos
persistentes como el dolor crónico».**

Mensajes parecidos e igualmente poco útiles aparecen en muchas áreas de la medicina, aunque se ha avanzado hacia una comunicación más cuidadosa. Con todo, el acceso pleno a las historias clínicas expone a los pacientes a ingentes cantidades de datos. Nuestro cerebro, siempre a la busca de patrones, sumado a la interpretación sin límite que ofrece internet, puede convertir con facilidad hallazgos incidentales —resultados inesperados en pruebas rutinarias— en diagnósticos alarmantes y alimentar así una verdadera epidemia de ansiedad por la salud.

Más allá de la ansiedad individual, el problema se agrava por las estructuras de incentivos que la sociedad crea sin pretenderlo. El acceso a ciertos servicios o prestaciones puede depender de recibir un diagnóstico concreto, lo que aboca a la sobremedicalización: la tendencia a definir variaciones normales de la experiencia humana como trastornos médicos o a magnificar patologías menores. Aunque a menudo nace de buenas intenciones, puede reforzar pronósticos negativos y cronificar la discapacidad, propiciando en ocasiones dependencia y peores resultados a largo plazo.

Aunque la mayoría de las personas no llegará a desarrollar dolor crónico, las cefaleas representan una experiencia universal de un sistema de calibración cerebral que se desajusta. ¿Por qué la evolución nos ha legado esto? Como dolor agudo, la cefalea señala —igual que otros dolores— la posible necesidad de retirarnos; pero, salvo que haya alguien con el puño en alto delante de nosotros, ¿de qué nos retiramos? En realidad, la gran mayoría de las cefaleas, incluidas las llamadas tensionales, se sitúan en algún punto del espectro migrañoso. Más que una entidad aparte, reflejan la misma hipersensibilidad subyacente en las vías cerebrales de procesamiento del dolor, solo que en grados variables. Todo ello sugiere que las cefaleas quizá no cumplan siempre una función protectora clara en la vida moderna, sino que son la manifestación de un sistema de alarma hiperactivo que la evolución aún no ha afinado para nuestro entorno actual. En las migrañas, incluso un golpe relativamente trivial en la cabeza puede provocar dolor, como si el cerebro nos ordenase retirarnos de esa situación. Algunas personas son tan sensibles que hasta estímulos menores —un cambio de temperatura, por ejemplo— bastan para desencadenar un episodio. Uno de mis pacientes, con una forma genética de migraña, desarrollaba un aura del lenguaje —una hiperactividad cerebral localizada— con solo zambullirse en una piscina, o veía destellos luminosos al caer sobre la nieve.

Un rasgo característico de las migrañas es la aversión a la luz intensa, pero también la sensibilidad a los sonidos y los olores. Esos estímulos externos no son más intensos de lo habitual; sin embargo, el paciente los percibe como tales: se ha amplificado la ganancia de sus flujos sensoriales. Una sensibilidad análoga a estímulos sensoriales internos se observa con frecuencia en trastornos como el síndrome del intestino irritable y la fibromialgia. En una teoría que publiqué junto con Will Sedley y otros colegas, entre ellos Karl Friston —quien desarrolló buena parte de la teoría del procesamiento predictivo expuesta en el capítulo 3—, retomamos lo aprendido en el capítulo 4. El cerebro mantiene modelos del mundo que intenta optimizar. Si computa un rendimiento subóptimo en un área, sube el volumen de ese circuito, pero, al hacerlo, puede desajustar otro. Es como subir el volumen de un altavoz para captar un sonido débil y acabar con distorsión y acoples. Si se alcanza cierto umbral, se activan las vías del dolor. Y si el punto de ajuste eléctrico de nuestra corteza se desplaza lo suficiente, se cruza un precipicio y se desencadena el aura.

Lo relevante es que la vida moderna exige más de nuestro cerebro, y no es casual que las cefaleas «más planas» reciban el nombre de tensionales, dada su relación con el estrés. El exceso de cafeína y las alteraciones del sueño son otros desencadenantes habituales. Aunque nuestros antepasados sin duda padecieron cefaleas, la vida moderna parece agravarlas considerablemente: el aumento de peso, el abuso de analgésicos y la falta de ejercicio son factores de riesgo adicionales que favorecen la cronificación.

ESCAPAR DE LOS BUCLES DESADAPTATIVOS

La sociedad moderna nos atrapa a menudo en bucles de retroalimentación poco útiles que exacerban el dolor crónico y los trastornos del estado de ánimo. Cuando nos sentimos decaídos, nos retraemos de la vida social y dejamos de hacer ejercicio, precisamente las actividades que más nos beneficiarían. El pensamiento negativo impide reunir pruebas en contra, mientras que el rendimiento menguante confirma nuestra visión pesimista del mundo.

La adicción a las drogas constituye otro poderoso bucle de retroalimentación, intensificado por la vida moderna. Sustancias como la nicotina, los opiáceos y la cocaína secuestran los sistemas cerebrales naturales de recompensa, alerta y modulación del dolor.

El cerebro crea asociaciones entre el modo de consumo y la sensación gratificante, y acaba priorizando la droga sobre cualquier otra actividad. A medida que se desarrolla tolerancia, se necesitan dosis más altas, lo que acarrea «bajones» más intensos y un consumo creciente. Este ciclo suele desembocar en aislamiento social, pérdida de empleo y mayor dependencia, al convertirse la droga en la principal fuente de alivio.

Incluso el alcohol, pese a sus efectos más graduales, puede generar patrones nocivos. Aunque en dosis bajas reduce la ansiedad social —y quizá contribuyera en su día a la cohesión de los primeros grupos humanos gracias a la fruta fermentada—, las formas concentradas actuales se parecen poco a lo que consumían nuestros ancestros.

Estos ejemplos muestran cómo los entornos modernos pueden forzar los sistemas de calibración del cerebro más allá de su rango óptimo. Ya se trate de ansiedad, rumiación, dolor crónico o adicción, comprender estos mecanismos como sistemas forjados por la evolución que operan en contextos sin precedentes nos brinda la perspectiva necesaria para recalibrarlos y romper esos ciclos desadaptativos.

IMPLICACIONES PRÁCTICAS

El pánico es ansiedad acerca de los propios síntomas de la ansiedad, lo que genera una espiral rápida. Nuestra capacidad de analizar y reflexionar —una ventaja evolutiva— nos hace también más propensos a malinterpretar las sensaciones corporales. Reconocer este mecanismo es clave para romper el ciclo.

A corto plazo, si estás atrapado en la rumiación, conviene recurrir a distracciones neutras o agradables: quedar con un amigo, hacer ejercicio. Los atracones de comida y alcohol, en cambio, no ayudan. A largo plazo, se trata de dedicar un tiempo acotado a resolver los problemas concretos y, si es necesario, cambiar tu entorno o replantear tus metas.

La atención plena también resulta útil y se distingue de la rumiación en algo fundamental: consiste en observar los pensamientos sin «engancharse» a ellos, y advertir cómo la cascada mental puede girar en círculo. Poco a poco empezamos a percibir esos pensamientos como pequeñas exhalaciones de actividad neuronal, desprovistas de emoción intrínseca. Si identificamos los componentes concretos que disparan sus reacciones en cadena, podemos cuestionar su veracidad, el peso que debemos atribuirles o incluso si merece la pena «entrar en el juego». A esto se lo denomina a veces reestructuración cognitiva.

La exposición gradual a aquello que tememos, en lugar de evitarlo, ayuda a reentrenar el cerebro y reduce la ansiedad con el tiempo.

Si te sientes ansioso, hay pequeños cambios cotidianos que pueden ayudarte: evitar la cafeína o dejar de leer las noticias, por ejemplo.

Para dormir bien, vigila el consumo de cafeína y ten presente su vida media. Mantén un horario fijo de despertar, aborda las preocupaciones que te activan antes de acostarte, métete en la cama solo cuando hayas acumulado suficiente «hambre de sueño», cuida la exposición a la luz y haz abundante ejercicio.

Una fuente habitual de ansiedad y malestar es la sensación de que el mundo no es justo: que se nos infravalora, se nos trata mal o que otros medran a nuestra costa. Ahondaremos en la base evolutiva de todo ello en el próximo capítulo.

CAPÍTULO 13

EL CEREBRO EQUITATIVO

Empecemos con una escena familiar. Florence tiene siete años. Ve a su madre partir una galleta por la mitad y se alegra cuando le da una de las mitades. Pero esa alegría dura poco. Su madre le entrega la otra mitad a su hermano pequeño, Eddie, y Florence estalla: «Pero esa mitad parece más grande. ¡No es justo!». Monta una rabieta. Su madre piensa que Florence exagera; pone los ojos en blanco y se dice que pronto superará esas niñerías.

La madre de Florence solo tiene razón a medias. Es cierto que estas rabietas son raras en la edad adulta —aunque no inexistentes—, pero esa mentalidad nos acompaña toda la vida. Siempre nos preocupa la justicia, la inequidad y la desigualdad, y en este capítulo indagaremos por qué. También veremos cómo mantenernos satisfechos en un mundo que fomenta la comparación y la competencia a una escala mucho mayor de aquella para la que estamos evolutivamente preparados.

Hemos hablado mucho de metas, pero ¿por qué una misma meta a veces nos hace felices y otras nos deja insatisfechos, tristes o incluso enfadados? En parte, por nuestras expectativas, y esta noción de expectativa enlaza con el agravio que perciben Florence y Eddie. El sentido de lo justo es consustancial a la vida en sociedad, decisivo para nuestro bienestar psicológico y omnipresente en el discurso político. Y lo crucial es que nuestro juicio sobre si algo es «justo» se mide siempre en relación con el entorno inmediato, como demuestra el coeficiente de Gini, el indicador de desigualdad social. Oscila entre 0 (igualdad perfecta) y 1 (desigualdad perfecta). Los más pobres de un país rico pueden vivir mejor que los acomodados de uno pobre, pero no serán más felices. Nuestras condiciones globales resultan irrelevantes si las inmediatas nos parecen injustas.

DEFINIR LA JUSTICIA

Primero, ¿qué quiero decir con «justo»? ¿Significa «merecido»? En ese caso, ¿cómo decidimos si «merecemos» nuestros genes, nuestros padres o nuestro código postal? Para algunos, la justicia se mide por la desigualdad; para otros, por la inequidad. En el ámbito académico, se define desigualdad como la situación en que los resultados difieren, e inequidad como aquella en que los resultados no se corresponden con las aportaciones relativas del individuo. Esto plantea preguntas sobre la capacidad real de cada individuo para aportar, habida cuenta de los factores tanto genéticos como ambientales. La justicia es un concepto distinto de ambos y supone una evaluación conforme a un estándar. Pero ¿al estándar de quién? Para desentrañar este problema —y las emociones y cogniciones que lleva aparejadas—, debemos considerar una vez más cómo ha evolucionado nuestro cerebro y qué pretendía lograr en un mundo premoderno.

Nuestro sentido de lo justo se vincula estrechamente a la capacidad de cooperar y, por tanto, a nuestro éxito evolutivo. Cooperamos con familiares cercanos porque nuestros genes son lo bastante similares y el retorno de ese esfuerzo es una mayor probabilidad de transmitir los propios: un proceso conocido como «selección de parentesco». Podemos cooperar con otros, más distantes genéticamente, porque el sacrificio a corto plazo reporta ganancia a largo plazo mediante la reciprocidad: esperamos que después hagan lo mismo por nosotros. Y podemos cooperar con quienes son aún más distintos genéticamente porque juntos logramos algo que ninguno conseguiría por sí solo, con beneficio inmediato para ambas partes. Esto se denomina «mutualismo».

270

Para que la cooperación funcione necesitamos ser capaces de reconocer resultados inequitativos y de motivar a los demás para que nos ofrezcan el mayor beneficio posible. Ya hemos visto cómo se manifiesta esto en los capítulos 6 y 7: queremos ser percibidos favorablemente por los demás, mantener nuestra posición en el grupo y nos esforzamos por recibir validación y maximizar nuestro estatus. Nuestra propensión al engaño es alta, y lo era especialmente en tiempos remotos, cuando la escasez de alimento y el riesgo constante de depredación convertían la autopreservación en una prioridad aún mayor. Pero esas tendencias se contrarrestan con las emociones negativas que experimentamos cuando engañamos: culpa, remordimiento, miedo. Y, aunque tales emociones no son exclusivas de los humanos, nuestros sofisticados lóbulos frontales las magnifican y prolongan, pues nos permiten proyectarlas hacia el futuro y anticipar las consecuencias a largo plazo del engaño, como el daño reputacional y el castigo del grupo. Esa capacidad de simular mentalmente resultados futuros ayuda a frenar los impulsos de engaño y a sostener la cooperación en las sociedades humanas.

Medir la justicia en acción

Los estudios más célebres sobre la percepción de justicia en humanos derivan del «juego del dictador». En este experimento, un individuo (el «proponente») decide cómo repartir un recurso entre él mismo y un receptor. El receptor es pasivo: se limita a recibir lo que le den. De media, el proponente asigna alrededor del 20 % del recurso —normalmente dinero— al receptor, en lugar del 0 % esperable de un maximizador económico racional. Esto indica que, incluso cuando está en juego el beneficio personal, instintos sociales más profundos influyen en nuestras decisiones. La necesidad, forjada por la evolución, de mantener vínculos sociales y evitar la expulsión del grupo hace que quedarse con todo genere culpa, mientras que compartir —aunque sea mínimamente— funciona como señal de justicia y ayuda a sostener las relaciones.

En una variante conocida como el «juego del ultimátum», el receptor puede rechazar la oferta, en cuyo caso, ninguno de los dos recibe nada. En estas condiciones, las ofertas suelen rondar el 40 %. Por debajo de ese nivel, el receptor tiende a rechazar para castigar al proponente, aun a costa de perder también. No obstante, existen marcadas diferencias entre culturas, lo que sugiere que la sociedad y las personas de nuestro entorno ejercen una influencia considerable.

Este equilibrio entre justicia e interés propio recuerda a la curva de Laffer en economía, según la cual existe un tipo impositivo óptimo que maximiza la recaudación total. Si los impuestos son demasiado altos, desincentivan la actividad económica; si son demasiado bajos, no generan fondos públicos suficientes. Algo similar ocurre en la cooperación social: si alguien recibe sistemáticamente demasiado poco, puede reducir su esfuerzo o retirarse por completo. Del mismo modo, en el «juego del ultimátum», los proponentes deben encontrar el grado justo de generosidad para maximizar su propio beneficio. Este principio opera en especies muy diversas y modela el modo en que se mantiene la cooperación.

Se han realizado experimentos similares con otros animales, en especial el trabajo de Sarah Brosnan y Frans de Waal con monos capuchinos.[62] Dos monos sentados uno junto al otro, separados por un panel de metacrilato, deben realizar una tarea y canjear una ficha por comida. Ambos intercambiarán encantados la ficha por pepino... hasta que uno ve a su compañero empezar a recibir uvas, lo que desata auténticos berrinches.* Esto se ha interpretado como aversión a la inequidad. El mono B recibe más que el A —un trozo más grande de la galleta— y ¡eso no es justo! De hecho, Brosnan y de Waal observaron que los monos ardilla se enfadan cuando reciben menos de lo esperado, tanto en comparación con lo que obtiene su vecino (efecto de inequidad) como con lo que se les había hecho esperar (efecto de contraste). Sin embargo, no les importa salir beneficiados respecto al otro y son muy poco propensos a rechazar una oferta en la que reciben más de lo previsto.

Los humanos somos singulares en un aspecto: a veces rechazamos distribuciones desiguales incluso cuando nos favorecen más que a la otra persona. Sin embargo, esa tendencia a rechazar ofertas injus-

---

* Busca en internet «two monkeys were paid unequally» para ver un vídeo breve.

272

tas que nos benefician disminuye cuando la interacción es privada y anónima. Esto indica que la gestión de la reputación desempeña un papel importante: no queremos que parezca que aprobamos la injusticia o que sacamos provecho de ella, aunque eso suponga sacrificar un beneficio material considerable. El coste social de parecer cómplices de la injusticia puede pesar más que ventajas materiales notables.

Principio de la condición humana:
«Nos molesta más la desigualdad de lo que apreciamos la igualdad, sobre todo cuando percibimos que somos nosotros quienes reciben menos».

Se ha observado una aversión a la inequidad similar en muchas especies. Los perros parecen mostrar conductas que recuerdan a los celos cuando sus dueños prestan atención a otro perro: mayor agitación, demandas de atención e incluso intentos de interponerse físicamente cuando el dueño interactúa con un perro de peluche o con otro perro real. Del mismo modo, cuando dos perros realizan la misma tarea pero reciben recompensas distintas, el que obtiene la menor suele mostrarse reacio a seguir participando. Los córvidos, como los cuervos y los grajos, también muestran sensibilidad a la distribución de recursos: las aves desfavorecidas manifiestan frustración o se niegan a participar cuando perciben inequidad. Aunque menos estudiados que los primates o los perros, otros mamíferos sociales como ratas y caballos presentan igualmente indicios de sensibilidad a la justicia.

Otros animales, al igual que los humanos, no ofrecen cero, pero tampoco reparten al 50 %. Pueden ser colaborativos, pero no comunistas. El mono que recibe uvas no cede la mitad al otro, del mismo modo que un niño al que le dan una galleta no suele partirla en dos mitades iguales con su hermano. Lo cerca que se llegue del 50 % depende de varios factores. Nuestro estado fisiológico interno influye poderosamente en las prioridades generales del cerebro, de modo que, si estamos hambrientos, no rechazaremos un bocado desigual. Los animales esperan —o al menos aceptan— menos de otro al que saben en una posición más fuerte, aunque solo hasta cierto punto.

Cuando la cooperación se rompe

Existe un equilibrio entre la explotación jerárquica, el fomento de la cooperación y la posibilidad de hacer trampas. Si en los experimentos de las uvas se separa a los dos monos capuchinos con un panel que solo tiene una pequeña mirilla para confirmar la presencia del otro, la prosocialidad disminuye. Pensemos también en los babuinos macho, mucho más grandes que las hembras y capaces de imponer su dominio sin dificultad.

Frans de Waal describió cómo Pat, una babuina del Brookfield Zoo, cerca de Chicago, aprendió a coger y manejar una vara larga para procurarse comida. Para lograrlo, Pat colaboraba con un babuino macho, Peewee, y juntos podían acceder a zonas de la jaula que antes quedaban fuera de su alcance. Al principio, Peewee compartía la mitad de lo obtenido. Pero, a medida que la cooperación se afianzaba, Peewee iba cediendo menos. La parte de Pat acabó en un 15 %. Quizá ese fuera el suelo por debajo del cual ella habría dejado de ayudar por completo: el umbral del «algo es mejor que nada». La curva de Laffer de los babuinos.

Por supuesto, que alguien acepte una parte menor del botín no significa que le guste ni que no le afecte. Frans de Waal describió a una chimpancé a la que se recompensaba en una prueba cognitiva con leche y pasas.[63] Cuando se dio cuenta de que sus compañeras la observaban a distancia, rechazó las recompensas y gesticuló hacia ellas; solo reanudó el experimento cuando también a ellas les dieron algo. Quizá temía que sus compañeras la rechazaran al volver con ellas tras la prueba, porque los riesgos de infringir las reglas de reparto son altos.

Nótese que todo lo anterior trata de inequidad, no de desigualdad. Un aspecto interesante que se desprende de estas observaciones del comportamiento animal es que la parte de un recurso que se espera compartir guarda relación con la cantidad de esfuerzo percibido que han invertido todas las partes. El simple hecho de repartir alimentos de forma desigual no genera la misma reacción que dar una cantidad desproporcionada respecto al trabajo realizado. Para provocar la respuesta se necesita una tarea que exija esfuerzo: el mono debe sentir que recibe menos de lo que merece.

En el experimento de tirar de la bandeja, dos monos deben trabajar juntos: cada uno tira de una cuerda para acercar una bandeja de comida. Normalmente, ambos reciben recompensa. Pero, cuando se modifica el montaje para que solo uno —el «CEO»— obtenga la comida, surge una dinámica interesante. El «CEO» tiende a compartir más cuando el peón colabora, pero, si acapara sistemáticamente demasiado, el peón empieza a negarse a participar, lo que revela unas expectativas de equidad similares a las de la cooperación humana. Subyace la percepción de que esfuerzo y compensación deben ir ligados. Ahora bien, ¿cómo se valora el esfuerzo? Resulta mucho más difícil juzgar cuánto trabaja alguien desde fuera. La imagen es mucho más precisa si realizamos la tarea codo con codo: nuestras capacidades de imitación nos proporcionan una medida más ajustada del esfuerzo que hace nuestro compañero.

RETOS MODERNOS: LA EQUIDAD A PRUEBA

Esto plantea un problema de primer orden para la sociedad moderna. La sensación de inequidad deteriora las relaciones e influye en el esfuerzo futuro, igual que los capuchinos se niegan a colaborar con un compañero que sistemáticamente acapara más de lo que le corresponde. Y como resulta tan difícil calibrar el esfuerzo real del otro —o su ausencia— cuando ya no vivimos en pequeños grupos donde el trabajo es físico y visible, el potencial de frustración es enorme. Del mismo modo que nuestro mono monta en cólera cuando recibe pepino en vez de uvas, nos irritamos cuando otros cobran más, reciben beneficios o elogios, y somos incapaces de evaluar el esfuerzo que quizá revelase por qué esa diferencia es «justa».

La cosa se complica aún más si adoptamos una perspectiva a largo plazo. Los monos integran los resultados de múltiples interacciones al decidir si cooperan, de un modo semejante a nuestro «registro de reputación»: el cómputo mental que llevamos de cómo nos han tratado los demás. Hoy mantenemos infinidad de relaciones transaccionales puntuales, carecemos de reciprocidad sostenida con un mismo individuo y el trabajo se ha vuelto intelectual e invisible. La disposición a actuar con justicia —o a hacer trampas—, así como el grado en que sentimos el sufrimiento ajeno y queremos aliviarlo, guardan una relación estrecha con nuestra proximidad a esa persona y con nuestra capacidad de visualizar el beneficio. Esto resulta problemático en la sociedad moderna, porque la cooperación se gestiona en gran medida a través del Estado, mediante un intercambio distante de dinero a través del sistema fiscal. Como señalábamos más arriba, resulta mucho más difícil valorar con precisión el esfuerzo ajeno desde la distancia.

Nuestra reputación y la visibilidad del esfuerzo son cruciales, porque sin ellas recurrimos a las estrategias más primitivas del reino animal para asegurarnos recursos. Decidimos llegar antes a la comida —la llamada competencia por explotación (*scramble competition*)— o desplazar a otros de ella —competencia por interferencia (*contest competition*)—. Las peleas entre clientes en los supermercados por barras de pan y papel higiénico durante los problemas de abastecimiento provocados por la covid muestran lo rápido que los humanos podemos regresar a conductas primitivas y egoístas cuando los recursos escasean. En tiempos remotos, ese comportamiento habría sido duramente reprimido, porque la supervivencia de cada individuo dependía directamente de su grupo. Si maltratabas a otros en tu pequeña tribu cohesionada, podías ser expulsado y quedarte sin acceso a los recursos compartidos y a la protección del grupo.

Sin embargo, en las sociedades modernas de gran escala, las consecuencias del mal comportamiento suelen ser más difusas y tardías. Aunque te pelees con otros clientes o acapares recursos durante una crisis, seguirás recibiendo prestaciones, atención sanitaria y otros apoyos sociales. La escala y el anonimato de la vida moderna hacen que interactuemos a diario con desconocidos a los que quizá no volvamos a ver, en lugar de con un grupo reducido de individuos interdependientes.

La equidad evolucionó para sostener la cooperación en grupos pequeños, con miembros estables y reciprocidad directa. Pero, en sociedades vastas, dotadas de amplias redes de protección social, prestaciones garantizadas y resultados cada vez más individualizados, la lógica evolutiva de la equidad puede cortocircuitarse. El matón del supermercado no sufre consecuencias sociales inmediatas porque su supervivencia no depende directamente de la buena voluntad de los clientes con los que se pelea. El problema, claro está, es que, si demasiada gente empieza a comportarse así, todo el edificio cooperativo de la sociedad comienza a resquebrajarse.

En cierto sentido, la sociedad moderna afronta una paradoja de la equidad: nuestra cooperación a gran escala y nuestros valores igualitaristas ponen los beneficios de la vida en sociedad al alcance de todos, pero esa misma universalidad puede socavar los incentivos ancestrales para comportarse con justicia. Sin bucles de retroalimentación claros que vinculen esfuerzo y recompensa, la frustración y la percepción de injusticia pueden ir en aumento, debilitando la cohesión social. Hacer frente a esta paradoja es uno de los grandes retos de la vida social y política actual.

Una consecuencia importante es cómo interpretamos el éxito y el fracaso. La buena suerte puede ser genética, depender del código postal o de los padres que nos hayan tocado. Sin embargo, a menudo se percibe como resultado del mérito individual, reflejo de lo profundamente arraigada que está la idea de sociedad meritocrática en nuestra cosmovisión. Esta percepción tiene contrapartidas notables: quienes ganan suelen asumir que su éxito es exclusivamente obra suya, mientras que, a la inversa, se tiende a considerar que los menos afortunados son responsables de su desgracia y merecen su destino.

Cuando somos bebés, aunque los grandes premios de la vida quedan lejos, nuestros mecanismos motivacionales básicos siguen activos, orientados a obtener no dinero ni fama, sino la atención necesaria para sobrevivir, como se expuso en el capítulo 6. También aquí interviene la equidad. Los hermanos mayores muestran a menudo signos de angustia —o de celos— cuando ven a sus padres prestar más atención al pequeño. Y esa reacción se produce aunque el mayor siga recibiendo mucha atención, lo que indica que la angustia obedece a la diferencia relativa, no a la cantidad absoluta de atención recibida.

INEQUIDAD Y DESAJUSTE EXPECTATIVA-RECOMPENSA

Hay, sin embargo, una gran salvedad en todo lo que hemos comentado. ¿Se trata realmente de aversión a la inequidad? ¿O más bien del desajuste entre expectativa y recompensa que exploramos antes? ¿Estamos condicionados a esperar un trato, una asignación o una dosis de afecto concretos y, cuando no llegan, nos alteramos? El psicólogo Jan Engelmann y sus colegas lo demostraron con elegancia mediante una adaptación del experimento de compartir comida con monos: la comida podía ser distribuida por una máquina o por un humano, con o sin un mono vecino presente.[64] Descubrieron que, cuando la comida la repartía una máquina en lugar de un humano, los monos se molestaban mucho menos y rara vez rechazaban el alimento inferior. Los monos no asociaban la máquina con su modo habitual de recibir comida y, por tanto, cualquier alimento que recibiesen les llegaba como una sorpresa y lo aceptaban sin mayor problema. Así pues, la clave está en la expectativa de lo que creen que va a ocurrir, más que en el resultado objetivo. Esta hipótesis de la decepción social encaja bien con lo que aprendimos en el capítulo 3 sobre cómo nuestro cerebro fija metas y sobre cómo es el desajuste en el avance hacia esas metas lo que genera decepción. Los monos están acostumbrados a que los alimenten de cierta manera, a recibir cierta cantidad en relación con los demás. Es posible que se trate, de hecho, de una distribución igualitaria, al menos calibrada por el esfuerzo. Pero las dinámicas sociales influyen de tal modo que no existe una expectativa absoluta e inherente de reparto al 50 %, y si la comida la suministra una máquina nueva, las predicciones basadas en la experiencia se atenúan considerablemente.

Estudios similares con niños indican que no es el nivel absoluto de un reparto lo que causa disgusto, sino su significado social subyacente, que, de nuevo, se reduce a la expectativa. Jan Engelmann y Michael Tomasello sostienen que los niños aceptan distribuciones desiguales si sienten que se los trata con igual respeto, que son igual de merecedores y que el proceso ha sido justo.[65] ¿Había justificación para que el otro recibiera más, porque había hecho más o tenía una necesidad distinta? De ser así, es más probable que el reparto desigual se acepte.

Principio de la condición humana:
«Lo que exigimos es igualdad de trato,
no necesariamente de reparto».

Un problema grave de la sociedad moderna es que a la gente no solo le preocupa la desigualdad de resultados, sino también la percepción de injusticia en los procesos que conducen a ellos. Cuando se tiene la sensación de que el sistema está amañado, de que existe injusticia procedimental o de que otros progresan gracias a ventajas inmerecidas, el resentimiento crece y la cohesión social se erosiona. Nuestro desajuste entre expectativa y recompensa no se aplica únicamente a estos procesos sociales, sino también a las expectativas básicas de poseer ciertos bienes y alcanzar determinadas metas —ya sea una casa, una pareja o un título—. La sociedad crea esas expectativas, y no podemos desaprenderlas.

Es cierto, por supuesto, que una marea creciente levanta todos los barcos, pero la expectativa de a qué altura debe flotar el nuestro importa igual. Los más pobres de un país rico pueden poseer hoy más que los más adinerados de hace cien años —al menos en lo que respecta al equipamiento del hogar—. Pero la diferencia es que alguien de hace un siglo no podía sentirse decepcionado por cosas cuya existencia ni siquiera conocía. Hoy, la conciencia de lo que tienen los demás es ineludible. No podemos volver a un tiempo en que ignorábamos todo lo que ahora tenemos, ni vivir ajenos a todas esas cosas nuevas y relucientes que otros poseen y nosotros no. Y con el ritmo implacable de la innovación, poseer el modelo «más nuevo» solo satisface fugazmente, hasta que aparece algo mejor. Un cambio de perspectiva podría ser un remedio muy oportuno. Podríamos ponernos en la piel de Abraham Lincoln o del emperador Nerón e imaginar cómo reaccionarían si les mostráramos un iPhone «viejo», una nevera o un coche. O, como dijo Rory Sutherland, experto en ciencias del comportamiento y vicepresidente de Ogilvy:

Imagina que le muestras tu vida a Luis XIV. Casi todo le asombraría. Te ofrecería la mitad de Gascuña por tu tele de pantalla plana. Incluso conducir un coche de veinte años le encantaría. El Palacio de Versalles consumía más agua que la ciudad de París, y aun así la limpieza de tu suministro le dejaría boquiabierto, como también tu váter con cisterna. Casi todo lo que hay en Amazon le maravillaría, salvo la ropa, sorprendentemente sosa. Es muy posible que una lasaña recalentada a toda prisa en el microondas fuera lo mejor que hubiera comido en su vida, y te robaría los zapatos por lo cómodos que son. Sin embargo, se iría con una pregunta que le quemaría por dentro: «¿Cómo puede alguien dueño de una riqueza inconmensurable vivir en una casa tan cutre?». En todo, salvo en la vivienda y en las oportunidades sexuales, tu vida es mejor que la suya.[66]

Aunque es una reflexión útil, pone de relieve una de las mayores inequidades de la sociedad moderna: el acceso a la vivienda y, en particular, a la tierra. Como escribió Martin Wolf en el *Financial Times*: «El suelo bajo mi casa ha aumentado enormemente de valor en las últimas décadas. Yo no hice nada para ganarlo. Fue resultado de los esfuerzos de todos los que contribuyeron a hacer de Londres una ciudad más rica».[67] Cuando la gente ve que el valor de la propiedad se dispara sin esfuerzo alguno de los propietarios —mientras otros trabajan cada vez más solo para poder costearse una vivienda básica—, se activan nuestros detectores de equidad más profundos.

Si reunimos estas observaciones, aunque la globalización y los avances económicos y tecnológicos implican que los pobres de hoy cuentan con muchos más bienes materiales —televisores, teléfonos inteligentes, coches— que incluso los ricos de hace cincuenta o cien años, esos progresos también desplazan nuestras expectativas y nuestra idea de lo que es justo. Los bienes modernos no solo mejoran nuestras vidas, sino que redefinen los criterios con los que juzgamos qué es justo y qué sentimos que merecemos. Como hemos visto, el bienestar está estrechamente vinculado a la fijación de metas y a nuestra capacidad para alcanzarlas. El problema es que las metas modernas se desplazan sin cesar y resultan cada vez más inalcanzables: las de nuestros antepasados eran inmediatas y finitas, pero la vida moderna nos bombardea constantemente con nuevas aspiraciones.

Si aprendemos de la sociedad el conjunto de metas deseables —una casa, una carrera, vacaciones— y no las alcanzamos, nuestro cerebro no puede borrar sin más la exposición a esos deseos. Las redes sociales han multiplicado drásticamente esa exposición y han exacerbado los sentimientos de injusticia. El flujo constante de momentos estelares, cuidadosamente seleccionados, de la vida de nuestros iguales puede sesgar nuestra percepción de lo que es «normal» o «justo» e incrementar la insatisfacción pese a las mejoras objetivas en nuestras propias circunstancias. Si hubieras nacido en el siglo XXI pero, en una comunidad aislada, sin conexión con el mundo exterior, esas metas nunca habrían entrado en tu mente y la melancolía del fracaso nunca se habría activado. Pero la gran mayoría estamos expuestos, y la necesidad instintiva de equidad de nuestro cerebro —el mismo impulso que nos lleva a rastrear la desigualdad con indicadores como el coeficiente de Gini— se impone a cualquier cálculo económico racional. El genio del Gini, desde luego, ya ha salido de la botella.

Implicaciones prácticas

Cuando te sientas removido por la falta de algo, imagínate como Luis XIV, Julio César o Pedro Picapiedra, que vivieron con muchas menos comodidades de las que hoy damos por sentadas.

Si te sientes frustrado por las diferencias en los resultados, pregúntate cuánto entiendes realmente el proceso, el contexto y el esfuerzo de la persona con la que te comparas. Pregúntate qué intenta lograr tu cerebro al hacer esa comparación y piensa de verdad si quieres amargarte por algo sobre lo que apenas tienes control.

Nuestro cerebro está programado para comparar, lo que convierte en especialmente delicados los temas de salarios y ascensos. Si te sientes mal pagado, pregúntate: ¿me habría satisfecho este resultado si no hubiera visto lo que recibieron los demás? Esa simple pregunta puede ayudar a reajustar expectativas y a reducir la decepción innecesaria.

Cuando lidies con percepciones de injusticia de otros —ya sean tus hijos, tus empleados o tus amigos—, recuerda que esos sentimientos tienen raíces evolutivas profundas. En lugar de desestimar-los por «infantiles» o «irracionales», reconoce que nuestro cerebro está diseñado para ser muy sensible al trato relativo, y procura abordar las preocupaciones de fondo.

Ya tenemos una buena panorámica de cómo se construye la función cerebral, qué pretende conseguir desde una perspectiva evolutiva y dónde suele fallar. Pero para ganar de verdad perspectiva sobre cómo vivir mejor —trabajando con las funciones y prioridades básicas de nuestro cerebro—, debemos ir más allá de preguntas como «¿Por qué reacciono así?» o «¿Qué me motiva?». Debemos profundizar en los fundamentos mismos de nuestro sentido del yo. Hay que preguntarse de dónde surge ese «yo».

Capítulo 14

EL CEREBRO SIN EGO

Las imágenes de Mo se estaban comentando en la sesión de neurorradiología: «Tumor invasivo que infiltra el quiasma y se extiende en sentido rostrocaudal con cambios necróticos». Traducido: la parte de su cerebro situada unos cinco centímetros por detrás de la parte alta de la nariz —y las zonas circundantes— había sido reemplazada por un tumor. Para Mo, la noticia fue trágica, pero en términos científicos resulta también muy reveladora. Mo experimentó cambios en sus sensaciones corporales a causa del tumor —se le deterioró la visión periférica y empezó a sufrir cefaleas—, pero la localización de la masa hizo que no se viera afectada su cognición global. No hubo cambios en su sentido del yo ni sintió que «Mo» hubiera dejado de existir. Entonces, ¿de dónde viene «Mo», si no de esa zona del cerebro entre los ojos y por encima de la nariz?

¿Te has encontrado alguna vez en casa tras un viaje largo en coche sin recordar el trayecto? ¿O has cogido el móvil decenas de veces sin decidirlo conscientemente? Estas experiencias cotidianas insinúan algo profundo sobre nuestro cerebro: en realidad no hay un «tú» tomando decisiones desde un centro de control. Sin embargo, nos parece indudable que debe haberlo. Al fin y al cabo, cuando cerramos los ojos y pensamos, ¿no sentimos la consciencia instalada en algún lugar detrás de los ojos, contemplando nuestros pensamientos como si fueran una película?

El caso de Mo cuestiona esa intuición. Pese a un tumor que destruyó la misma región donde la mayoría imagina que reside su «yo», Mo siguió siendo Mo: su sentido del yo, su personalidad, su consciencia permanecieron intactos. Su caso nos abre una ventana a una de las preguntas más fascinantes de la neurociencia: ¿dónde está exactamente ese «yo» que todos sentimos que existe?

Hasta ahora hemos recorrido el desarrollo cerebral en sentido ascendente, desde la estructura básica hasta la complejidad. Hemos visto cómo esa complejidad se organiza en capas que permiten un flujo constante de información: del entorno al sistema nervioso, de ahí a la salida motora y de vuelta al entorno. Pero ¿en qué lugar de esa arquitectura reside el «yo»? ¿Dónde está el conductor tras el volante? ¿En qué estadio de complejidad apareció? Cuando se nos pregunta, la mayoría nos percibimos como una singularidad situada unos cinco centímetros por detrás de la parte alta de la nariz. Si nuestro «yo» estuviera al volante, ese es el lugar donde lo situaríamos. Sin embargo, como mostrará este capítulo, esa fantasía del «asiento del conductor» es pura ilusión.

La anatomía del ego

En consulta, a menudo tengo la imagen del cerebro del paciente abierta en la pantalla mientras hablo con él. Se produce un contraste fascinante: aquí está la persona interactuando conmigo en una conversación rica, compartiendo sus esperanzas y sus miedos, mientras en mi pantalla veo la estructura física que genera toda esa experiencia. La desconexión puede resultar chocante. La imagen no muestra ningún centro de mando, ninguna región especial donde resida la consciencia; solo una intrincada red de vías neuronales.

Prueba este experimento mental: la próxima vez que converses con alguien, imagina que miras más allá de sus ojos, hacia la compleja actividad neuronal que bulle dentro del cráneo. En lugar de una persona única tomando decisiones, imagina miles de millones de neuronas disparándose en patrones moldeados por la evolución, los genes y la experiencia vital. Como veremos, no es un mero ejercicio intelectual.

Veamos juntos una resonancia magnética. Si dirigimos la atención hacia ese supuesto asiento del conductor, unos cinco centímetros por detrás de la parte alta de la nariz, descubriremos que allí no hay nada. Cerca de esa zona, algunos haces de fibras nerviosas que llevan señales de los ojos hacia la parte posterior del cerebro cruzan al lado opuesto, pero no son más que eso: haces de cables, como los de internet, a medio camino entre la central y la casa. No hay procesamiento alguno, nada especial más allá del conducto de uno entre muchos conjuntos de cables. El caso de Mo resulta particularmente revelador porque, pese a la destrucción de la región con la que la mayoría asocia intuitivamente su sentido del yo —la zona «cinco centímetros por detrás de la parte alta de la nariz»—, ese sentido permaneció intacto.

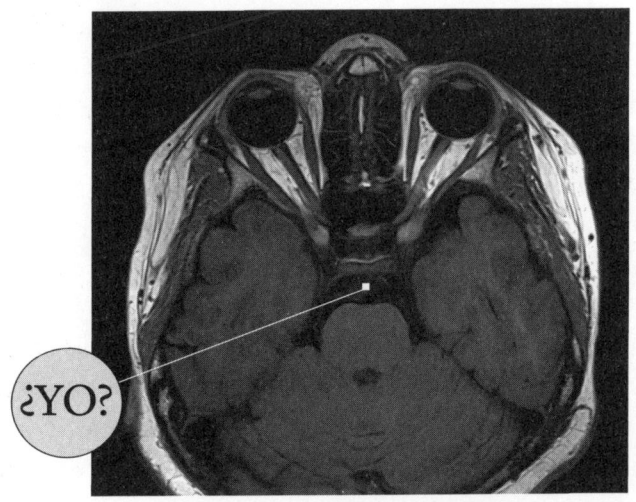

Corte transversal de RM (con el líquido en negro)
que muestra la zona donde solemos situar el «yo».
En realidad, ahí solo hay líquido cefalorraquídeo.

¿Por qué asociamos este punto con nuestro sentido del «yo»? Tiene cierta lógica intuitiva. Tenemos dos ojos y, si prolongamos hacia atrás las líneas de visión de cada globo ocular hasta el punto donde se cruzan, acabamos vagamente en algún lugar por detrás de la parte alta de la nariz, por debajo de las órbitas. Pero ese no es nuestro centro, el lugar donde reside nuestro «yo».

Si seguimos las vías visuales, la información pasa de la retina a la corteza occipital, situada justo en la parte posterior del cerebro. Así que, si hubiera que localizar dónde existe el «yo» desde una perspectiva visual, sería más lógico señalar el área occipital. Su destrucción conllevará una pérdida de visión correspondiente, según el lugar exacto y la cantidad de tejido lesionado. Y no se trataría solo de ver negro: en función de la zona afectada, una persona podría ni siquiera ser consciente de que ha perdido la visión. Esto es la anosognosia: la ignorancia del propio déficit. Para otros sentidos existen vías similares, aunque distintas. Véase la ilustración de la página siguiente.

Para cada sentido, rasgos específicos —como la velocidad de los objetos en la visión o el tono en la audición— se procesan por separado en regiones distintas antes de integrarse para dar forma a la salida motora. Pero en ningún momento existe un lugar único donde todo converja en un «yo» unificado que tome decisiones. No hay un punto central donde toda esa información se reúna, ninguna «esencia» entronizada en la cúspide de la jerarquía que lo controle todo. Lo que experimentamos como «yo» no es una ilusión en el sentido de algo irreal, sino una propiedad emergente de muchos sistemas en interacción, como una sinfonía sin director. Aunque la experiencia se perciba fluida, no hay un decisor central: solo el flujo de actividad neuronal moldeando nuestras acciones. Que creamos que lo hay, y que está detrás de los ojos, quizá refleje que vivimos en un mundo dominado por la visión. Alguien ciego de nacimiento, cuyo mundo esté dominado por el sonido, podría —me atrevo a especular— percibir su centro a medio camino entre los oídos. Eso no es más ilusorio que situar el «yo» detrás de los ojos.

Claro que aquí hay una paradoja: pedirte que observes la ausencia de un «tú» exige sentarse atrás y observar al observador. Es difícil y requiere mucha práctica; de hecho, dudé si incluirlo en el libro. Pero resulta tan liberador y práctico que, aunque solo podamos intuir vagamente que puede ser así, merece la pena intentarlo. No hay un mirador, solo el acto de mirar. No hay un oyente, solo el acto de oír. No hay un pensador, solo el acto de pensar.

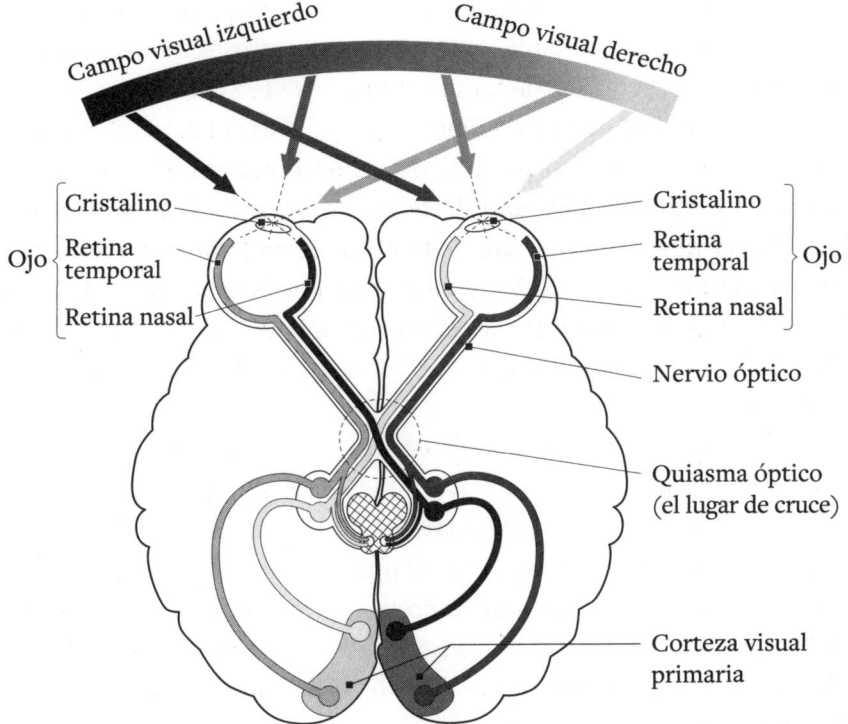

Campo visual izquierdo

Campo visual derecho

Cristalino

Ojo { Retina temporal

Retina nasal

Cristalino

Retina temporal } Ojo

Retina nasal

Nervio óptico

Quiasma óptico
(el lugar de cruce)

Corteza visual
primaria

Representación de las vías visuales: la luz captada por cada ojo se cruza en
el quiasma óptico y viaja hasta la corteza occipital, en la parte posterior
del cerebro. Es allí donde se procesa nuestra experiencia visual, no donde
intuitivamente situamos el «yo».

Estas ideas conectan de lleno con lo que hemos explorado en capítulos anteriores. Recordemos la ausencia de ansiedad de Bobby en el
capítulo 12 y lo expuesto sobre la equidad en el capítulo 13. Cuando
nos preocupamos por el futuro o nos sentimos agraviados por un
trato injusto, puede parecer que hay un «yo» singular que experimenta esos estados. Pero comprender que no existe un «yo» central —solo redes de actividad neuronal que responden a amenazas o
inequidades percibidas— puede ayudarnos a relacionarnos de otro
modo con esas experiencias. En lugar de ser un yo que está ansioso,
podemos reconocer la ansiedad como un patrón de actividad cerebral que surge y se disipa, como nubes que cruzan el cielo.

Disolución del yo

Es posible vislumbrar este estado sin ego a partir de una comprensión profunda de la neurología —y, con suerte, leyendo este libro—, o a través de la atención plena, o mediante el fenómeno de la disolución del ego, que es uno de los focos principales de la investigación moderna con psicodélicos. Existen varios tipos de atención plena. Algunos son básicamente formas de práctica de la concentración, centradas en la respiración o en dirigir la atención a una parte concreta del cuerpo. Otra consiste en observar los pensamientos sin involucrarse en ellos. Pero si logras ir un paso más allá y reconocer que el propio acto de observar también es solo un pensamiento, habrás adquirido una herramienta poderosísima.

Aplicar esta perspectiva en tiempo real puede resultar aún más revelador. En mitad de una conversación, intenta desplazar tu consciencia: imagina la maquinaria neuronal tras los ojos, mirando a través de la máscara. Puede cambiar radicalmente tu experiencia de la interacción. En lugar de comunicarte con un «yo» unificado, estarás contemplando una intrincada sinfonía de patrones neuronales moldeados por la evolución y la experiencia, una perspectiva que puede transformar el modo en que te relacionas contigo y con los demás. También puede ser útil pensar en los estados cambiantes de nuestro cerebro como si fueran el tiempo meteorológico. El clima es un sistema dinámico, en constante cambio por la combinación de fuerzas predecibles y caóticas. Algunos cambios —como la transición del día a la noche— siguen un ritmo regular, igual que los patrones estructurados del desarrollo humano. Otros, como tormentas repentinas o erupciones volcánicas, son impredecibles, más parecidos a las complejas interacciones que moldean el comportamiento humano en el mundo moderno.

Es fundamental entender que no nos enfadamos con el tiempo. Una tormenta puede molestarnos, incluso ponernos en peligro, pero no nos lo tomamos como algo personal. No vemos una tormenta como si «eligiera» fastidiarnos el picnic. Sin embargo, cuando las acciones de otra persona nos causan malestar, tendemos a responder de otro modo: nos sentimos agraviados. Esto se debe a que, como hemos visto, hemos desarrollado ciertas reacciones emocionales para moldear la conducta dentro de los grupos. Pero, si reconocemos que las acciones humanas, como los fenómenos meteorológicos, emergen de una interacción intrincada de fuerzas —biología, entorno, historia—, quizá nos resulte más fácil dar un paso atrás, desapegarnos y responder con mayor claridad.

Este cambio de perspectiva no significa excusar una conducta indeseable, del mismo modo que no ignoramos una tormenta que se avecina. Pero sí sugiere otro tipo de respuesta: en lugar de reaccionar con un impulso «antiguo» de nuestro cerebro, podemos centrarnos en comprender las causas y, cuando sea posible, crear las condiciones que propicien mejores resultados.

De todo ello se desprende la sensación de que cada uno de nosotros recorre un camino, y de que ese camino es producto de cuanto nos ha precedido y del entorno presente. Esta perspectiva refuerza el perdón hacia los demás, pero, lejos de volvernos pusilánimes, nos hace también más firmes a la hora de influir en el entorno y en quienes nos rodean.

Esta forma de observar y conceptualizar a los demás —como nada más que una multitud de señales que se cruzan— puede resultar estimulante, y plantea otra pregunta interesante: ¿cómo sé que yo soy yo y no tú? Parece disparatado, pero hagamos un experimento mental. Supongamos que llevo un casco de realidad virtual conectado a cámaras en tus gafas, de modo que veo exactamente lo que tú ves, mires adonde mires, gires adonde gires. Imaginemos un micrófono en ti y unos auriculares en mí. Vayamos más allá y añadamos sensores de presión en tu cuerpo y transductores en el mío, para que yo pueda sentir la posición de tus articulaciones y las sensaciones asociadas exactamente como tú las sientes. Estaríamos recibiendo estímulos sensoriales idénticos.

Llevémoslo más lejos e igualemos la salida motora. Pongamos electrodos en mi cuero cabelludo o, mejor aún, microelectrodos finísimos en la superficie de mi cerebro que recojan las señales eléctricas correspondientes a una instrucción de movimiento y las transmitan a estimuladores eléctricos en nuestros músculos.[*]

---

[*] Esto no es descabellado. Es real. Al menos en su forma básica. Varios equipos de investigación han empezado a utilizar parches de electrodos de alta precisión sobre el cerebro, conectados a los músculos, en pacientes que presentan un bloqueo

Para ilustrar aún más la fluidez del yo, ampliemos el experimento. Imagina que mis estímulos sensoriales ya no proceden de mi propio cuerpo, sino enteramente del tuyo. ¿Dónde me percibo entonces? ¿Sigue el «miniyo» —el *locus* percibido del «yo»— cinco centímetros por detrás de la parte alta de mi nariz, o se ha desplazado detrás de la tuya?

Podemos ir un paso más allá: en lugar de recibir información de una cámara en tus gafas, ¿y si mi cerebro procesara datos sensoriales de múltiples fuentes, varias perspectivas integradas en una sola experiencia? Aunque suene extraño, no dista tanto de lo que ya hace el cerebro. Como vimos en el capítulo 4, la información visual no se transmite pasivamente desde los ojos a una pantalla interna. Lo que hace el cerebro es extraer, filtrar y ponderar distintos elementos —movimiento, contornos, profundidad— a lo largo de múltiples niveles de procesamiento entre la retina y la corteza. En nuestro experimento mental se aplica el mismo principio, solo que a mayor escala: los datos sensoriales procedentes de distintos individuos se ponderarían según su relevancia, del mismo modo que nuestro cerebro pondera sus propios flujos sensoriales en competencia.

La misma lógica se extiende al control motor. Si mis estímulos sensoriales pudieran agruparse desde múltiples fuentes, ¿por qué no podría mi salida motora ir más allá de mi propio cuerpo e influir en las acciones de otros? Las señales motoras de mi cerebro podrían conectarse no solo a mis músculos, sino a los tuyos —o incluso a los de varias personas—, ponderando cada movimiento en función de distintos factores. Puede sonar inverosímil, pero, como vimos en capítulos anteriores, nuestro propio cerebro ya toma decisiones motoras de un modo distribuido similar, integrando múltiples estímulos antes de ejecutar una acción.

Esto demuestra, además, que el sentido del «yo», cristalizado en un punto único de mi cabeza, no es algo real, sino una sensación que surge en función de dónde se encuentran los estímulos y las respues-

---

entre ambos —como tras un ictus o una enfermedad de la motoneurona— para permitirles algunos movimientos básicos. Imaginemos que esta tecnología se vuelve exponencialmente más sofisticada.

tas, de dónde tiene sentido que el «yo» se sitúe. Esta comprensión —
que la noción de «yo» no es un absoluto, sino más bien una concentración de flujos dentro de una red de influencia más amplia— abre
una ventana de conexión con el entorno, de un modo al que muchos
llegan por otra vía: la espiritualidad. Y con ella suele llegar una mayor humildad, una sensación de paz y una consciencia más profunda
de nuestra continuidad con el medio.

    ¿Cómo se traduce esto en la vida real? Imagina que estás en una
discusión acalorada. Estás seguro de tener razón. La otra persona,
igual de convencida. La frustración crece: ¿por qué no puede ver la
verdad? Ahora, haz una pausa y pregúntate: ¿quién está decidiendo
aferrarse a tu opinión con tanto empeño? ¿En qué lugar de tu cerebro
reside esa decisión? Y lo mismo vale para el otro.

    La realidad es que no hay un «yo» único eligiendo tus creencias ni
conduciendo tus pensamientos, solo una red cambiante de patrones
neuronales moldeada por la genética, la experiencia y el contexto. Lo
mismo se aplica a la persona con la que discutes. Reconocer esto no
hace irrelevantes las opiniones, pero sí puede cambiar el modo en
que nos relacionamos con los demás. Ahora bien, aquí hay también
una trampa lingüística. La idea de que el «yo» —al menos como conductor unificado al volante— no existe resultará ajena a la mayoría.
Pero, incluso si aceptamos este argumento, sería absurdamente im-
práctico cambiar nuestra forma de hablar. En cierto modo, no difiere
de cómo hablamos de la propia evolución. A menudo decimos que
la evolución «diseñó» el cerebro, cuando en realidad su estructura
emergió a través de innumerables pequeños cambios moldeados por
presiones de selección a lo largo del tiempo: la evolución no tiene
intención ni dirección.

    Todos usamos «yo» y «nosotros» porque el lenguaje lo exige; de
hecho, el lenguaje y la cognición evolucionaron así porque resultaba útil: reforzar una percepción de identidad ayudó a coordinar
conductas, vínculos sociales y decisiones. No estoy sugiriendo que
sustituyamos «yo» por «los procesos neuronales distribuidos en este
cerebro decidieron teclear estas palabras». El reto no es abandonar la
idea de «yo», sino refinarla: comprender que lo que llamamos el yo

no es una entidad singular, sino un proceso fluido y dinámico inscrito en una red de influencias más amplia.

Pilotos automáticos y redes de reflejos

Janine tiene tendencia a deambular por la noche desde la infancia. Se mueve como un fantasma del dormitorio a la cocina, se prepara un sándwich, quizá le da un bocado, antes de despertarse lo justo para orientarse y volver a la cama. El automatismo de una parasomnia.

Marie alucina un olor penetrante; después experimenta algo extraño, la sensación de que el momento presente ya ha ocurrido —déjà vu—, antes de empezar a masticar sin tener nada en la boca y a pellizcar la costura de su falda. Los automatismos que acompañan a la pérdida de consciencia en una crisis del lóbulo temporal.

En los automatismos, como su nombre indica, los pacientes ejecutan movimientos y realizan tareas —a veces muy complejas— fuera de su control. Esto ocurre sobre todo en crisis epilépticas originadas en los lóbulos temporales del cerebro, pero también puede darse en migrañas y otros procesos patológicos que afectan a la misma zona. Uno de los fenómenos asociados es la sensación de haber visto algo antes (*déjà vu*). Otros fenómenos del lóbulo temporal incluyen la sensación más amplia de haber experimentado algo que en realidad no se ha vivido (*déjà vécu*) y sus opuestos (*jamais vu* y *jamais vécu*), lo que pone de manifiesto el vínculo entre la memoria —falsa o real— y la apropiación de una situación.

Yo, como todos, puedo conducir en medio del tráfico —sortear rotondas y semáforos, cambiar de carril, elegir la ruta correcta— sin recordar lo que he hecho. Al llegar a mi destino, mi mente está ocupada con otros pensamientos.

En muchísimas de nuestras acciones, el procesamiento cerebral se produce fuera de la consciencia. Como ya se ha señalado, a veces llegamos tras un viaje largo sin ser conscientes de las maniobras concretas que hicimos, y del mismo modo podemos caminar entre multitudes o pedalear por rutas familiares sin reparar en las acciones que nos llevaron hasta allí. ¿Hemos estado inconscientes? O pensemos en un procedimiento médico que fue doloroso y angustioso, pero al que siguió un bolo de benzodiacepina intravenosa que nos dejó con escaso recuerdo de toda la experiencia.

Comparemos el arco reflejo —del golpe en el tendón bajo la rótula a la patada de la pierna— con la rumiación enojosa, las múltiples consideraciones y la serie calculada de acciones de nuestro cerebro para el control de impulsos. Entre ambos extremos la diferencia es solo de grado: el número de neuronas implicadas y la complejidad del circuito. Y si el sencillo circuito de estímulo-respuesta del reflejo rotuliano y los múltiples nidos complejos del cerebro son extremos opuestos de un espectro, entre ambos existe toda una escala de grises.

¿Qué importa más: el yo que recuerda —cómo evocamos y construimos narrativas sobre nuestras experiencias—, tal como lo describió Daniel Kahneman, o el yo que experimenta —cómo nos sentimos momento a momento—?[68] ¿Pesa más la angustia del instante que el modo en que después reflexionamos sobre lo ocurrido, en que juzgamos nuestra vida en su conjunto? Si se le pregunta a alguien, casi siempre priorizará el yo que recuerda, nuestras reflexiones sobre lo vivido. Pero ¿es eso lo que realmente impulsa nuestra experiencia, instante a instante?

Pensemos en un bebé sometido a una circuncisión de la que no conservará memoria alguna del dolor. O en la inmensa cantidad de experiencias infantiles formativas que no recordamos conscientemente y que, sin embargo, nos moldean. Son preguntas difíciles, pero, si despojamos las abstracciones, parece que el yo que experimenta —lo que ocurre en el momento— es lo fundamental. Con todo, el yo que recuerda no es irrelevante: construye las narrativas que elaboramos sobre nuestras vidas y ayuda a guiar a nuestros yoes futuros. Nuestros recuerdos cincelan las trayectorias que seguimos e influyen en decisiones, metas y expectativas. En ese sentido, nuestro presente está siempre moldeado por la impronta de las experiencias pasadas y por las fuerzas evolutivas que han configurado el modo en que anticipamos el futuro y existimos como un yo coherente a lo largo del tiempo.

Ahora podemos ver cómo la flecha del tiempo actúa como un organillero: tu cerebro es el organillo, con su cilindro de púas preprogramado, y produce la melodía que tu consciencia se limita a escuchar. Cambiar la música es posible, pero difícil. Comprender la naturaleza profundamente codificada y automática de la actividad cerebral debería hacernos más indulgentes con nuestras propias acciones, y también con las de los demás. Aunque a veces pueda volvernos más pesimistas sobre nuestra capacidad de cambiar con rapidez —o de cambiar en absoluto—, estos conocimientos sobre la ausencia de un yo unificado pueden resultar transformadores.

IMPLICACIONES PRÁCTICAS

Aprender a disolver el ego puede liberarnos de la ilusión de un yo centralizado. Es una herramienta poderosísima para regular emociones y afrontar los grandes acontecimientos de la vida. Te permitirá desactivar con rapidez situaciones estresantes y volverte más magnánimo, más en paz contigo y con el mundo.

Reconoce la influencia de los procesos inconscientes en la toma de decisiones y en la conducta. En lugar de pensar «estoy enfadado» o «estoy ansioso», prueba a anotar «aparece enfado» o «hay ansiedad». Ese sutil cambio puede crear una distancia valiosa respecto a las emociones abrumadoras.

En vez de fustigarte por los malos hábitos, reconócelos como patrones aprendidos de actividad neuronal que pueden reconfigurarse poco a poco mediante nuevas experiencias y nuevos entornos.

Cuando alguien actúe de un modo que te moleste, intenta ver su conducta como algo que surge del estado de su cerebro. Eso no significa aceptar comportamientos dañinos, pero puede ayudarte a responder con más eficacia: con calma en vez de escalada, o fijando un límite más claro sin personalizar el conflicto.

Y recuerda: la vida es un juego que juegan nuestros genes, y nosotros —seamos lo que seamos— somos a nuestra vez jugados por ellos. El mensaje de este libro es que, en última instancia, estamos a merced de nuestros genes, cuya norma es la propagación, y que de ahí ha surgido una serie de conductas. No somos individuos con control pleno, sino parte de un flujo mayor. Si lo comprendemos, podemos aprovecharlo. Donde no podamos, aceptemos el flujo y disfrutemos del viaje.

Si algo revela este libro es que comprender cómo funciona nuestro cerebro primitivo constituye la clave para desenvolvernos en la vida moderna. En el capítulo final reuniremos todo lo expuesto y mostraremos cómo las ideas exploradas pueden aplicarse en el día a día para favorecer un mejor pensamiento, mejores decisiones y mayor bienestar en un mundo que nunca se concibió para el cerebro que tenemos.

Conclusión

EL CEREBRO DE ALTO RENDIMIENTO

L as ideas del capítulo anterior sobre la naturaleza ilusoria del yo son profundas y pueden cambiar radicalmente nuestra forma de enfocar la vida. Sin embargo, para prosperar de verdad no solo es necesario un cambio de perspectiva, sino también estrategias prácticas para el día a día. Este último capítulo trata sobre la aplicación: cómo podemos utilizar lo que hemos aprendido a lo largo de este libro para tomar mejores decisiones, mejorar la función cerebral y moldear nuestro bienestar de forma que se ajuste al modo en que nuestro cerebro ha evolucionado para funcionar.

Movimiento, motivación y salud mental

Empezamos este libro con la idea de que nuestro propósito último es la persistencia de la especie, lograda mediante la reproducción. A la evolución no le interesa nuestra felicidad, solo la propagación de nuestro ADN. De ahí manan todas nuestras conductas y emociones: de la persecución de metas a la necesidad de conexión social. Reconocer este imperativo fundamental nos permite replantear nuestras prioridades y tomar decisiones acordes con nuestra naturaleza más profunda.

El movimiento y la consecución de objetivos desempeñan un papel central en nuestro bienestar. Nuestro cerebro está diseñado para recompensar el progreso: libera dopamina mientras avanzamos hacia una meta. Para aprovechar al máximo esos flujos conviene llenar la vida de objetivos alcanzables que proporcionen una sensación continua de logro. Descomponer las grandes aspiraciones en hitos más pequeños, celebrar las pequeñas victorias y ofrecernos una valoración regular y personalizada nos mantiene motivados y comprometidos. Incorporar actividad física a la rutina diaria garantiza un flujo regular de dopamina y mejora el ánimo y la resiliencia.

Cuando nuestro progreso se estanca, corremos el riesgo de caer en la melancolía o la depresión. El cerebro evalúa continuamente nuestros esfuerzos e intenta desconectarse cuando los costes parecen superar los beneficios. Para contrarrestar esa tendencia a la retirada conviene fijar metas realistas, dividir los objetivos a largo plazo en pasos abordables, valorar el progreso en términos relativos y celebrar los avances graduales. Procura rodearte de personas, ideas y entornos que fomenten el crecimiento y la capacidad de adaptación.

Al afrontar retos, es importante reconocer las limitaciones de nuestros procesos cognitivos. El cerebro alberga interpretaciones, no verdades absolutas, moldeadas por modelos predictivos y sesgos. Reconocer la incertidumbre y admitir la maleabilidad de nuestras creencias es signo de una mente sofisticada y adaptable. Cuando lidiemos con problemas complejos, hacer pausas que permitan reinicios inconscientes puede sacar a la luz ideas nuevas. Reflexionar periódicamente sobre cómo se forman y evolucionan nuestros pensamientos ahonda en el autoconocimiento y nos capacita para tomar decisiones más conscientes.

El poder de la influencia social

Nuestras elecciones, sin embargo, están profundamente influidas por quienes nos rodean. Como criaturas sociales, tenemos una tendencia innata a copiar a los demás, lo que moldea nuestras conductas, nuestras preferencias e incluso nuestro sentido del yo. Si comprendemos esas influencias sociales, podemos inmunizarnos contra las menos útiles y, al mismo tiempo, cultivar entornos que favorezcan cambios positivos.

Dar ejemplo con las acciones deseadas, hacer visible nuestro compromiso y aprovechar el poder de las interacciones cara a cara puede generar un efecto dominó de transformación. Si reconocemos nuestro papel como referentes dentro de nuestros círculos, podremos ejercer esa influencia con intención e integridad.

Íntimamente ligada a la influencia social está nuestra necesidad de validación y estatus. Nuestro cerebro está diseñado para buscar aprobación y establecer nuestro lugar en la jerarquía social. Para mantener una autoestima saludable es importante cultivar fuentes diversas de sentido y logro, de modo que ningún aspecto de la vida se vuelva definitorio. Si vinculamos las acciones positivas con recompensas sociales y priorizamos iniciativas que fomenten el orgullo y la contribución, podremos elevarnos a nosotros mismos y a nuestras comunidades. Y si recordamos que los entornos nos moldean mediante bucles de retroalimentación complejos, podremos crear de forma activa contextos que alimenten el crecimiento y el bienestar.

Desenvolvernos en las dinámicas sociales implica también lidiar con emociones intensas como la ira y el resentimiento. Cuando amenazamos el estatus de alguien o alteramos la armonía del grupo, las consecuencias pueden ser graves. Si ofrecemos vías para tender puentes de nuevo, podemos mitigar el daño y fomentar la comprensión. Si reconocemos la ira como señal de una amenaza percibida, podremos abordar las causas de fondo y encontrar formas más saludables de comunicarnos y colaborar. Mantenernos atentos a la «tiranía de los primos» —la marea ascendente de normas y conclusiones colectivas del grupo— nos permite pensar con sentido crítico y cuestionar las morales impuestas.

Nuestras historias personales

Del mismo modo que nos moldean nuestros entornos sociales presentes, también lo hacen las experiencias del pasado. Desde los primeros años absorbemos conductas, creencias y expectativas modeladas por quienes nos rodean, y grabamos patrones profundos en nuestro cerebro maleable. Reconocer la influencia de esas experiencias formativas nos permite cultivar una mayor consciencia de nosotros mismos y más compasión hacia los demás. Y a medida que seguimos creciendo y evolucionando, rodearnos de perspectivas diversas y de oportunidades de aprendizaje mantiene nuestra mente flexible y adaptable.

La tendencia de nuestro cerebro a detectar diferencias y a categorizar, afinada por la evolución, también moldea nuestras percepciones y preferencias. Desde los conceptos de atractivo hasta las elecciones de consumo, la familiaridad y las normas sociales desempeñan un papel poderoso. Si reconocemos lo fluidas que son esas preferencias, podremos ampliar de forma consciente nuestra apreciación de la belleza y del valor. Ser conscientes de cómo señales sutiles —el estatus, la novedad— influyen en nuestros deseos nos capacita para tomar decisiones más deliberadas, acordes con nuestras necesidades y valores reales.

En el viaje vital, la notable capacidad de adaptación del cerebro es tanto un regalo como una vulnerabilidad. Nuestras estructuras neuronales se recalibran constantemente en función de nuestras conductas y experiencias, con implicaciones de gran alcance para nuestra salud y nuestra felicidad. Si adoptamos un estilo de vida rico en estimulación física, mental y social, podremos mantener una función óptima del cerebro y del cuerpo, así como la resiliencia, a lo largo de los años. Comprender adecuadamente las señales corporales nos permite calibrar las actividades, equilibrar desafío y recuperación y ampliar poco a poco nuestros límites.

Aun mientras buscamos la mejora personal, debemos lidiar con las complejidades del control de impulsos y la vulnerabilidad.

Nuestro cerebro no es una *tabula rasa*, sino un tapiz intrincado tejido con predisposiciones genéticas, influencias ambientales y experiencias vitales. Entrenar los lóbulos frontales para intervenir pronto, interrumpiendo las respuestas reflejas antes de ejecutarlas, es una habilidad que puede fortalecerse con la práctica. Gestionar la exposición a estímulos desencadenantes —sustancias, consumo de medios— y reconocer el efecto de estados alterados como la intoxicación en nuestra conducta nos permite crear contextos más seguros y protectores para nosotros y para quienes nos rodean.

La interacción entre biología y entorno se ilumina aún más al abordar los retos de la ansiedad, la rumiación y las alteraciones del sueño. Muchos de los patrones de pensamiento negativos y bucles cognitivos que nos aquejan son subproductos comprensibles del modo en que ha evolucionado nuestro cerebro, hoy en conflicto con las exigencias de la vida moderna. Si cultivamos la atención plena —la capacidad de observar los pensamientos sin enredarse en ellos—, podremos tomar distancia de esos ciclos y apreciar con más facilidad cómo está funcionando el cerebro. Frente a la ansiedad, la exposición gradual a situaciones temidas y la reestructuración cognitiva pueden reconfigurar nuestros sistemas de detección de amenazas. Cuidar la higiene del sueño —regular la cafeína, establecer horarios de despertar fijos, desactivar preocupaciones, acompasar nuestros horarios a los ciclos naturales de luz y dar prioridad a la actividad física— sienta las bases de un descanso reparador.

La búsqueda de equidad es otro impulso humano fundamental, profundamente arraigado en nuestro cerebro social. Hipersensibles a las disparidades y prontos a crisparse ante la injusticia percibida, nos movemos en paisajes complejos de cooperación y competencia. Sin embargo, nuestras reacciones suelen estar más moldeadas por comparaciones relativas que por realidades objetivas. Si reconocemos nuestras vulnerabilidades innatas y contextualizamos nuestras experiencias en el marco amplio de la historia, podremos hallar mayor perspectiva y resiliencia. Aunque no puede ignorarse el efecto acumulado de las inequidades sociales, centrarse en fomentar la igualdad de respeto y de oportunidades —más que la paridad perfecta de resultados— concuerda mejor con nuestras tendencias más profundas. Si cuestionamos nuestras suposiciones, procuramos comprender el contexto y la contribución de los demás y canalizamos nuestras energías hacia cambios significativos, podremos convertir la indignación justa en acción constructiva.

La sobrecarga cognitiva del mundo moderno

Sin alfabetización, no tendríamos ninguno de los inventos de nuestro mundo moderno, ni la carga de mensajes desafiantes. Ante una lesión aguda, física o psicológica, el humano prehistórico quizá descansaba brevemente, pero luego tenía que levantarse y seguir adelante. No existía la opción de retirarse ni de esperar terapias modernas como la cognitivo-conductual. La acción era el tratamiento: el movimiento, la interacción social y el retorno a las tareas cotidianas proporcionaban el reajuste psicológico que hoy llamamos «activación conductual». El sueño habría sido mucho mejor, sin luces que nos mantuvieran despiertos, sin ordenadores que nos distrajeran, sin un flujo constante de noticias inquietantes que nos tuvieran preocupados. Nos levantaríamos y nos pondríamos en marcha justo con la subida del cortisol, nos mantendríamos físicamente activos cada día y alcanzaríamos metas factibles, con una dieta de alimentos de digestión lenta que evitara los picos y valles de glucosa que desajustan la calibración alimentaria del cerebro.

Nuestro cerebro es intrínsecamente vulnerable porque el entorno moderno es muy distinto de aquel para el que evolucionó. Expresamos frustración por las emociones negativas que experimentamos, pero conviene recordar que a la evolución no le importa nuestra felicidad, solo nuestra capacidad para transmitir los genes. La evolución es enrevesada y compleja. El cerebro funciona como un todo, no como módulos discretos. Nuestro anhelo de que «A produce B y se cura con C» es comprensible, pero se trata de una simplificación que no refleja cómo está estructurado el cerebro ni cómo opera la evolución. En contrapartida, esto significa que podemos emprender acciones positivas con múltiples efectos beneficiosos.

En cada momento, nuestro cerebro ejecuta cálculos de fondo y evalúa metas potenciales: ¿respondemos a un correo, cogemos un tentempié o miramos el móvil? Estas elecciones pueden parecer espontáneas, pero están moldeadas por mecanismos evolutivos profundos. A diferencia de nuestros antepasados, cuyos desencadenantes eran sobre todo inmediatos y vinculados a la supervivencia, los humanos modernos vivimos constantemente bombardeados por estímulos complejos y en competencia, lo que dificulta centrarse y priorizar. Como vimos en el capítulo 2, las acciones potenciales se codifican en nuestras neuronas. En cada momento, a cada acción posible se le asigna un valor en función de la relevancia de la meta y de si merece la pena activarla para alcanzarla. Este cálculo interno, esta codificación de valor, integra el estímulo externo entrante con el conocimiento acumulado, el procesamiento previo relativo a ese estímulo.

Pensemos ahora en nuestra vida diaria. Entramos en el salón y encontramos una carta de Hacienda. Incluso antes de decidir conscientemente abrirla, el cerebro ya la ha procesado como una tarea que requiere atención. Es una «meta latente»: algo inacabado que merodea en segundo plano a la espera de acción. Decidamos abordarla de inmediato o dejarla a un lado, su mera presencia ha activado un proceso mental de sopesar prioridades y decidir si actuar. Luego salimos a la calle y, sea la hora que sea, recibimos el estímulo de una oferta de comida que amplifica el nivel subyacente de apetito que ya tuviéramos. Después abrimos el correo electrónico y nos encontramos la cuenta personal llena de múltiples gestiones propias de la vida moderna: formularios que rellenar, elecciones que tomar, innumerables análisis y decisiones.

Nos recuerdan constantemente tareas pendientes a corto y largo plazo. ¿Cuál abordar primero? ¿Cuántas se mantienen en paralelo en la cabeza? Vamos de una meta a otra, estresados porque nos recuerdan sin cesar que hay tareas pendientes en las que no avanzamos. Comparémoslo con el entorno para el que evolucionó nuestro cerebro. En la sabana o en el bosque, las distracciones eran pocas y las señales de acción estaban mucho más acotadas en el espacio y en el tiempo.

GESTIONAR LAS DISTRACCIONES MODERNAS

Hemos visto algunas soluciones para ayudarnos a manejar la vida moderna. La primera es eliminar en lo posible las señales sensoriales distractoras vinculadas a metas latentes. Nuestro acceso a los medios digitales es lo peor en este sentido. Pero, incluso ante una mesa llena de papeles, aunque podamos ordenar prioridades y crear una pila que oculte todo salvo la tarea en curso, la exposición a otras metas latentes resulta inevitable.

Para gestionar esas señales distractoras, podemos aplicar lo aprendido en capítulos anteriores sobre cómo procesa el cerebro la información y prioriza las acciones. Recordemos: nuestras neuronas calculan constantemente el valor esperado de las acciones posibles, y las más relevantes o apremiantes son las que desencadenan la conducta real. Si reconocemos conscientemente esos cálculos cuando se producen —si advertimos el tirón de un estímulo concreto o el runrún de una tarea sin terminar—, podemos tomar cierta distancia. Eso nos permite redirigir la atención de forma más deliberada, en lugar de dejarnos arrastrar por cada impulso o recordatorio. Con la práctica, desarrollamos la capacidad de reconocer esas señales sin convertirnos en sus esclavos.

Poner por escrito todas las tareas latentes —al menos aquellas de las que somos conscientes—, especialmente cuando las preocupaciones nos dan vueltas en la cabeza, también ayuda, de forma similar a apilar los papeles en la mesa para que solo una tarea quede a la vista. Esa externalización libera al cerebro de tener que sostenerlo todo en la memoria de trabajo. La técnica resulta particularmente útil para quienes tienen dificultades para conciliar el sueño —el llamado insomnio de inicio—, al que suele contribuir la activación que provoca el exceso de tareas sin resolver. Vuelca tus preocupaciones en el papel.

Estudios de caso en optimización cerebral

En última instancia, el objetivo de este libro no es solo aportar conocimiento, sino capacitar: comprender qué ha intentado hacer la evolución con nuestro cerebro, ofrecer herramientas para el cambio autodirigido y ayudarnos a liberarnos de los vaivenes de las circunstancias y de los dictados de nuestra mente inconsciente para así poder construir conscientemente vidas acordes con nuestra naturaleza más profunda y nuestras aspiraciones más nobles.

Ante un reto, una desdicha o una frustración, espero que ahora puedas preguntarte repetidamente «¿por qué?» e ir pelando capas hasta llegar a ese impulso nuclear de persistencia. Ese nivel de comprensión no es posible en las breves interacciones de una consulta de neurología, pero este libro ofrece el espacio necesario para ir más allá del consejo superficial y dotarte de herramientas con las que sacar el máximo partido a tu propio cerebro. Para dar vida a estas ideas, he seleccionado algunos casos que muestran cómo aplicar estos conocimientos puede transformar vidas reales: la prueba de que comprender nuestro cerebro no es un ejercicio académico, sino una herramienta para lograr cambios tangibles.

Melissa, una profesional del marketing de 32 años, acudió por problemas de concentración, dolores de cabeza y tics corporales. Tomaba antidepresivos desde hacía casi una década y lidiaba con estrés laboral, agravado por la iluminación fluorescente de su oficina. Al indagar más, quedó claro que su largo trayecto al trabajo, la falta de actividad física y el escaso sentido de propósito en su empleo contribuían tanto a sus síntomas como a una insatisfacción general con la vida. Le irritaba especialmente tener que apoyar la palma en un sensor como parte del ritual de fichar a la entrada y a la salida, sumado al mayor control electrónico durante la jornada.

Esto me recordó un chiste de Dave Allen en su último programa para la BBC, en 1990, donde señalaba lo absurdo de nuestras vidas regidas por el reloj: despertarnos, trabajar, comer, dormir… todo gobernado por el reloj. Y después de décadas de obediencia, ¿cuál es tu recompensa al jubilarte? Un reloj.

Estaba claro que los problemas de Melissa eran multifactoriales y se retroalimentaban. Los tics resultaban más llamativos por la tardenoche. Obedecían a una combinación de efectos secundarios de los antidepresivos —cuya dosis se había aumentado para contrarrestar un estado de ánimo persistentemente bajo— y de la estimulación nicotínica del vapeo, que usaba como automedicación para concentrarse. Su dificultad para concentrarse, a su vez, se debía tanto a las cefaleas crónicas como al bajo estado de ánimo, que la llevaba a una rumiación persistente. Desde una perspectiva puramente médica, para desbloquear la situación era necesario un tratamiento específico de la cefalea, pero tendría más probabilidades de funcionar si también mejoraban el sueño, el ejercicio y el estrés general, de modo que sabía que debíamos accionar varios resortes en paralelo, aunque ella pensara inicialmente que el fármaco para la cefalea era la clave de la transformación.

Tras explicarle que los síntomas de abstinencia eran distintos de una recaída, que podían mitigarse con una reducción muy gradual de los antidepresivos y que el consumo de nicotina contribuía a su nerviosismo, propusimos reducir la ingesta de ambas sustancias con la mínima alteración posible, para permitir que su cerebro se reajustara.

En paralelo, trabajamos en establecer una rutina de sueño regular —con una hora fija de despertar y un ritual de desconexión— y en aumentar poco a poco la actividad física: primero con ejercicios suaves, para ir avanzando hacia actividades más vigorosas conforme mejoraran la energía y la resistencia. Hablamos también del efecto de su entorno laboral en su salud y su bienestar. Si priorizaba un trayecto más corto y un puesto más estimulante, aunque implicara un salario menor, Melissa podría liberar tiempo y energía para actividades que le aportaran verdadero sentido y satisfacción, como apuntarse a un gimnasio o a un grupo de *running*.

A medida que ponía en práctica los cambios, fueron creciendo su confianza y su sentido de agencia. Finalmente decidió mudarse a una zona con vivienda más asequible, lo que le permitió lograr un mejor equilibrio entre trabajo y vida personal y dedicar más tiempo a aficiones y relaciones significativas.

Sus cefaleas, los problemas de concentración y los tics eran síntomas de una insatisfacción vital más amplia. Una vez abordada esa insatisfacción, Melissa pudo dejar los preventivos para la cefalea y hoy, salvo un tratamiento agudo ocasional para alguna migraña esporádica, está libre de medicación.

Edward, director de 48 años de una empresa que fabrica piezas especializadas para motores de combustión, acudió preocupado por su memoria. Había perdido el coche en un aparcamiento, había extraviado las llaves varias veces y después olvidó el PIN, lo que le hizo temer la enfermedad de Alzheimer, que había afectado a su abuelo. Aunque el examen neurológico y las pruebas cognitivas resultaron normales, tenía la tensión arterial muy elevada y reconocía depender del café para ali-mentar su exigente jornada y del alcohol para desconectar por la noche.

En el caso de Edward, la clave fue ayudarlo a comprender que se trataba de síntomas normales, especialmente para alguien con su estilo de vida. Era un ejemplo típico de «olvidar recordar» —no llegar a consolidar bien la memoria debido a las distracciones y la sobrecarga mental— más que de olvidar lo ya almacenado, como ocurre en el alzhéimer.

En su lugar, exploramos pasos positivos para situarle en una posición mucho mejor, tanto ahora como, sobre todo, de cara al futuro. El momento era especialmente propicio porque la mediana edad ofrece una oportunidad única para cuidar la salud cerebral de las décadas venideras. Aunque es cierto que los cambios cerebrales sutiles ligados al envejecimiento empiezan antes de lo que la mayoría cree —con herramientas diagnósticas que ya detectan signos precoces en muchos adultos hacia los cincuenta—, este conocimiento resulta liberador. Significa que podemos actuar cuando más importa. Es como el mantenimiento de un coche: las revisiones periódicas y la conducción cuidadosa desde el principio redundan en mejor rendimiento y mayor longevidad que esperar a que los problemas se hagan evidentes. Nuestro cuerpo y nuestro cerebro siguen principios similares. Sí, todos acumulamos cambios celulares con el tiempo, desde mutaciones menores hasta sutiles alteraciones cognitivas, pero comprender el proceso nos permite ser proactivos en lugar de reactivos. No somos observadores pasivos del envejecimiento, sino participantes activos que lo moldean.

Necesitaremos recurrir a los lóbulos frontales para poner todo esto en perspectiva y acometer los grandes cambios que modifican el curso de la enfermedad —que, por fortuna, son en buena medida los mismos para todos los cuadros, ya se trate de la salud cerebral, el cáncer o los problemas cardiacos—. Probablemente no necesitabas este libro para saberlo, pero quizá te facilite ponerlo en práctica.

En vez de pensar en términos de enfermedad o preenfermedad, podemos pensar en mejora y gestión de riesgos. El mecánico no te dice que tu coche «está enfermo» porque el aceite esté más negro que cuando era nuevo. Simplemente lo cambia a su debido tiempo. Algunos añaden aditivos a la gasolina para arañar un poco más de longevidad, aunque conducir con más sensatez surte mucho más efecto (si bien no es tan divertido).

Volviendo a Edward: aunque podía tranquilizarle diciéndole que no tenía alzhéimer en ese momento, se estaba exponiendo a un riesgo mayor de cara al futuro, algo que podíamos abordar con medidas prácticas. Lo primero era su hipertensión crónica, alimentada en parte por el estrés incesante. Consumía además mucho café, que lo aceleraba, aumentaba su sensación de ansiedad y dificultaba el sueño, de modo que se automedicaba con alcohol. Pero, cuando los niveles de alcohol caen durante la noche, se produce un rebote simpático adrenérgico que provoca un sueño de mala calidad y alimenta la hipertensión, todo ello agravado por el aumento de peso.

También indagamos en los factores estresantes de fondo que contribuían a la ansiedad y a las alteraciones del sueño de Edward. La amenaza inminente que los vehículos eléctricos suponían para su negocio, sumada a su empeño en asegurar un fondo de jubilación sólido, lo habían llevado a asumir una carga de trabajo insostenible. En última instancia, Edward solo podría reducir su estrés crónico y mejorar su salud general si replanteaba sus prioridades y adoptaba un enfoque más equilibrado entre trabajo y vida personal. Mi objetivo era aprovechar su miedo al alzhéimer para impulsar esos cambios.

Juntos elaboramos un plan que incluía ejercicio regular —prescrito por mí como si fuera una receta, para que se sintiera legitimado a reservar ese tiempo en su jornada—; una reducción gradual de cafeína y alcohol, y algunas claves cognitivas. Pero lo fundamental fue que Edward revaluó también sus metas vitales: identificó lo realista y lo que estaba bajo su control, y se centró más en el autocuidado y la vida familiar. Su jubilación será más feliz y más larga como resultado, tenga el tamaño que tenga su plan de pensiones.

Por último, está Bob, a quien diagnosticamos la enfermedad de Parkinson a los 75 años. Al comunicarle el diagnóstico, mantuvo una actitud notablemente positiva y quiso implicarse de forma activa en el cuidado de su salud. Quería saber cómo evolucionarían las cosas y qué podía hacer para presercar sus capacidades al máximo y aprovechar los años que le quedaban.

Apoyándonos en los principios expuestos, trazamos un plan integral para maximizar el bienestar físico, mental y emocional de Bob. Nos centramos en cuatro áreas clave: ejercicio, conexión social, compromiso cognitivo y gestión global del estilo de vida.

Para respaldar la función motora y la forma física general, diseñamos un programa variado que incluía entrenamiento dinámico del equilibrio (como zumba o clases de baile), fortalecimiento del core (con actividades como yoga o pilates), trabajo de fuerza y cardio de intensidad moderada a alta (como ciclismo o natación). Le dije que era inevitable que sufriera caídas; de hecho, casi todo el mundo las sufre al envejecer. Así que la estrategia era doble: reducir el riesgo de caídas y, si se producían, reducir el riesgo de lesión. El objetivo era preservar al máximo su capacidad para ejecutar movimientos correctores rápidos y automáticos ante un tropiezo a medida que envejeciera —por ejemplo, al pisar mal en una acera o al girar—.

Diseñamos un plan que pusiera a prueba su cuerpo desde ya con movimientos similares, para que cuando llegaran los tropiezos tuviera menos probabilidades de lesionarse. Algunos pacientes se apuntan a clases de baile, aprenden zumba, kickboxing o kárate. Bob optó por la navegación y corría por el barco zarandeado por el mar. Esto también ayudó con el segundo elemento, el trabajo del core, que otros consiguen con yoga. A veces les digo a los pacientes que es como cotizar a su pensión motora: ir acumulando reservas para el futuro. Su equilibrio puede estar bien ahora, pero, dentro de diez o quince años, un mejor equilibrio y unos huesos más fuertes podrían evitar que un tropiezo menor se convierta en una caída y en una fractura de cadera, que en personas mayores puede desembocar en hospitalización, ingreso en residencia o incluso la muerte.

Aun así, las caídas llegarán, de modo que la tercera actividad eran las pesas. Ya hemos visto cómo el cuerpo se adapta a aquello a lo que se lo expone. Los ejercicios de empuje de piernas y brazos en el gimnasio fortalecen huesos, ligamentos y músculos, de manera que, al caer sobre los brazos extendidos o recibir una fuerza inesperada en la cadera, la probabilidad de fractura es menor.

Luego está el ejercicio aeróbico. Como con los fármacos, hay una relación dosis-respuesta. Y para obtener el máximo beneficio en cuanto a la modificación del curso del párkinson hay que hacer mucho: entrar en la zona de intensidad moderada a alta, con pulso elevado, sudor y demasiado jadeo como para hablar. Tengo pacientes que nunca habían hecho ejercicio hasta los sesenta, con sobrepeso, pero que, tras el diagnóstico, se han motivado tanto que han alcanzado la forma suficiente para correr medias maratones con regularidad. Bob hacía esquí de fondo en invierno y bicicleta el resto del año. Estas actividades no solo fortalecían los órganos efectores del cerebro —músculos, huesos, ligamentos—, sino que también promovían adaptaciones en las vías neuronales que regulan el equilibrio, la coordinación y los reflejos, lo que subraya la profunda interconexión entre cerebro y cuerpo.

Dada la importancia de las conexiones sociales para el bienestar y la resiliencia emocional, normalmente habría explorado la necesidad de cultivar y mantener relaciones significativas que amortiguaran los retos del envejecimiento. Como habrás adivinado, con Bob no hizo falta. Sí hablamos, no obstante, de una consecuencia del conocido dicho: «Las neuronas que se activan juntas se conectan juntas». Las neuronas que están conectadas juntas también mueren juntas. Se aprecia en la demencia, donde la propagación de la pérdida celular, de la muerte neuronal, sigue un patrón que refleja el modo en que se han formado las conexiones entre neuronas durante la vida. Una explicación es que proteínas nocivas se desplazan por esas vías establecidas y dañan las células vecinas. Otra es que, al morir una neurona, deja de sostener a las que están conectadas con ella, lo que las vuelve más vulnerables a su vez. Estos conocimientos subrayan la importancia de activar regiones cerebrales diversas mediante el aprendizaje continuo y la estimulación mental —nuevas aficiones, idiomas o juegos cognitivos— para construir resiliencia neuronal.

Vi a Bob hace poco en su revisión rutinaria en la consulta de párkinson, justo después de cumplir noventa años. Dejó de navegar hace un tiempo porque su equilibrio ya no era el mismo y habría sido injusto para la tripulación. También se mudó a un chalet de una sola planta, anticipándose a un declive funcional: lo hizo cuando aún podía adaptarse y establecerse en una nueva comunidad. Seguía montando en bicicleta eléctrica. Quizá una de las cosas más valiosas que hace es acudir a nuestro grupo de recién diagnosticados para inspirar a otros, para contagiar su optimismo.

Aunque Bob se sitúe en un extremo del espectro, y aunque los genes y la suerte desempeñen sin duda un papel clave en la longevidad, nuestro entorno y nuestras elecciones de vida moldean ese recorrido, hasta el punto de que, cuando diagnostico a un paciente con párkinson, sospecho que algunos vivirán más que si no lo hubieran desarrollado. Esto es especialmente cierto para el paciente medio —alguien con poca forma física de base que aún no ha pensado en prepararse para la vejez—. ¿La razón? Una vez que les explico la biología, perciben que es «el último tren» y se motivan mucho más para cuidar su salud a largo plazo: adoptan rutinas de ejercicio, cambios dietéticos y cuidados médicos proactivos. Mientras tanto, muchas personas «sanas», al no sentir amenaza inmediata, no toman medidas preventivas hasta que es demasiado tarde.

Para todos nosotros, poner en práctica cambios similares no exige una reforma vital radical. Como invertir pronto en una pensión y ver los efectos del interés compuesto, pequeños pasos constantes pueden producir grandes mejoras con el tiempo. Recordemos: el objetivo no es solo añadir años a la vida, sino vida a los años. Las historias inspiradoras de pacientes como Bob demuestran que, con el enfoque adecuado, podemos prosperar a cualquier edad. Ya sea en la treintena, equilibrando estrés y ambición, o en la setentena, cuidando la salud y la longevidad, se aplican los mismos principios básicos. Si comprendemos la naturaleza de nuestro cerebro, ganamos capacidad para orientar la vida hacia caminos más plenos.

Idea final: prosperar durante toda una vida

A lo largo de este libro hemos explorado cómo un cerebro moldeado por millones de años de evolución lidia con las exigencias de la vida moderna. Hemos visto que instintos que en otro tiempo aseguraban la supervivencia pueden hoy generar frustración, estrés o algo peor en entornos desajustados. Pero también hemos descubierto herramientas —conocimientos sobre cómo se procesa la información, se toman decisiones y se impulsan conductas— que nos permiten trabajar con estos mecanismos primitivos, no contra ellos. Comprender la verdadera naturaleza del yo, las fuerzas que moldean nuestras elecciones y la maleabilidad de la mente abre nuevas posibilidades. Con ese conocimiento, podemos configurar nuestros entornos, hábitos y perspectivas de modo que nos permitan no solo sobrevivir, sino prosperar. Al fin y al cabo, de eso se trata: de adaptar una herramienta antigua a un mundo que esa herramienta nunca imaginó.

APÉNDICE

MÁS ALLÁ DEL CEREBRO

Este libro ha explorado cómo nuestro cerebro crea nuestra experiencia del mundo, moldeada por la evolución y por los entornos que habitamos. Aunque el foco se ha mantenido en la neurociencia y el comportamiento humano, me gustaría dar un paso atrás y reflexionar sobre algo más amplio: las preguntas más profundas sobre la consciencia, la existencia y nuestro lugar en el universo. Lo que sigue es especulación personal, un intento de trazar conexiones entre biología, física y filosofía.

Desde el principio he sostenido que la vida se define no por lo que es, sino por lo que hace: persistir. La esencia de los seres vivos no es su composición física, sino la continuidad de su forma mediante la replicación. La paradoja del barco de Teseo —en la que se reemplazan todas las piezas de un barco con el tiempo y, sin embargo, sigue siendo el mismo barco— capta esta idea con elegancia. Lo que importa no es el material original, sino el patrón que se preserva. La vida es igual: una expresión temporal de un proceso perdurable, un hilo continuo tejido en la trama misma de la existencia.

En el penúltimo capítulo exploré la idea de que nuestro sentido del yo —la sensación de que «yo» existo como entidad distinta dentro de mi cabeza— es una ilusión que se genera en el punto de máxima transición entre el estímulo sensorial y la respuesta motora.

Sentimos que estamos «ahí» porque ese es el epicentro donde se produce el cambio: donde emergen las decisiones, donde lo potencial se convierte en acción. Pero aquella reflexión versaba sobre dónde está la consciencia, no sobre qué es.

La sencillez del mundo

La luz entra en el ojo. Las ondas sonoras llegan al oído. Desde el punto de vista físico, son señales de una simplicidad asombrosa. Los fotones portan frecuencia y amplitud; el sonido, presión y tono. No llevan marca de distancia, ni música inherente, ni significado inscrito. Tanto si la luz ha rebotado en una mano cercana como en una estrella lejana, los fotones son idénticos. El sonido de una voz al otro lado de la habitación, como onda, no difiere del susurro en tu oído.

Y, sin embargo, no experimentamos el mundo como una masa amorfa. Vemos un paisaje. Oímos una frase.

Esta es la gran magia del cerebro: no simplemente recibir el mundo, sino construir un rico estado interno a partir de señales externas mínimas y permitir que ese estado se despliegue, influya en el mundo y actúe sobre él.

Es en la transición entre lo recibido y lo formado —esa onda en la interfaz entre la simplicidad entrante y la complejidad estratificada— donde quizá surja la consciencia. No como mera recepción de información ni como integración de partes preexistentes, sino como emergencia espontánea de un patrón nuevo en el límite de la transformación. Y quizá no sea solo la onda en sí, sino su evolución —el modo en que se transforma y se transmite— lo que da lugar a la experiencia consciente. En lugar de que la consciencia sea el intento del cerebro de minimizar el error de predicción del capítulo 3, aquí la desviación misma se convierte en la señal consciente.

Sea la presencia de la desviación o el incremento de esa desviación lo que más importe, el cerebro es quien lo hace posible. No somos observadores de la onda. Somos su despliegue. No en el fotón. No solo en la corteza. Sino en la interfaz. El destello que se produce cuando una señal simple se encuentra con un sistema interpretativo estratificado y en evolución: no la mera complejidad de los bucles corticales recursivos, sino el nacimiento de una nueva trayectoria. No un alma. No un yo. Sino un patrón de desviación respecto al estado por defecto. El florecimiento de la complejidad. Así, la consciencia no es algo que poseamos, sino algo que surge cuando las condiciones confluyen: una onda que pasa a través de nosotros, nunca nuestra.

Los humanos no somos los únicos seres vivos con circuitos complejos de estímulo-respuesta, ni mucho menos. Lo que nos distingue no es una diferencia de clase, sino la mayor amplitud de la desviación entre estímulo y respuesta: un despliegue más rico de complejidad. Entre las estructuras conocidas, el cerebro humano genera la onda más rica —en especial, la corteza—, donde vastas redes trabajan para resolver la ambigüedad, rellenar huecos y tomar decisiones. La consciencia no es la luz encendida tras los ojos. Es el frente ondulante en la cresta de la interpretación. El filo agudo del devenir. No estás viendo la onda. Eres la onda. Parte de un tejido complejo por el que se despliegan ondas.

La complejidad adicional del cerebro humano implica que, a diferencia de un arco reflejo simple, es menos probable que siga un curso predecible y determinista. Pero ¿cómo genera un sistema semejante desviación?

Si acercamos mucho la lente, incluso el universo es incierto. La mecánica cuántica nos muestra que, a escalas diminutas, las partículas no existen como puntos fijos, sino como nubes de probabilidad que colapsan solo al interactuar. La mayoría de los sistemas evolucionan por su trayectoria más probable. Pero, en ocasiones, se desvían.

Quizá la consciencia no sea una fuerza mística, sino la huella emergente de esa improbabilidad, allí donde la red universal se ha desviado más del estado por defecto. Cuanto mayor es la desviación, o cuanto más crece, más profunda se hace la experiencia consciente. Puede que los humanos no tengamos el monopolio de la consciencia, pero quizá generemos ondas de una complejidad singular en el tejido cósmico.

Pensemos en cómo se plasma esto en la vastedad del espacio. La mayoría vivimos bajo cielos con contaminación lumínica que oculta la galaxia, y es fácil olvidar nuestro lugar en la historia cósmica. Y, sin

315

embargo, hoy sabemos que las moléculas que hacen posible la vida —compuestos autorreplicantes— se encuentran en meteoritos, de modo que deben existir por todo el espacio. La vida no es exclusiva de la Tierra: formamos parte de un proceso que con toda probabilidad se repite por el cosmos. Los mismos principios que moldearon la vida aquí —la persistencia de patrones, la emergencia de complejidad, la danza entre estabilidad y cambio— operan en todas partes.

PERSPECTIVA FINAL: HALLAR SENTIDO EN LA INMENSIDAD

Es fácil sentirse pequeño al contemplar la escala del universo. Pero quizá sea al revés. Si la consciencia es una onda en el tejido de la realidad, entonces nuestros pensamientos, nuestras acciones, nuestra propia consciencia forman parte de algo vasto y continuo.

Estamos aquí, fugazmente, como parte de ese despliegue en curso. No comandamos el patrón. Somos el patrón. No dirigimos la onda. Somos la onda. El cerebro en evolución no es la fuente de esa onda, sino su amplificador: el gran catalizador de desviación, complejidad y experiencia. Es el borde donde el cambio se convierte en vida y la vida se vuelve consciente de sí misma.

Cuando te sientas desbordado por el ritmo de la vida moderna o cuestiones tu lugar en este mundo complejo, recuerda esta perspectiva: la vida es efímera, sí, pero también está profundamente conectada. La muerte no es un final, sino un retorno: la disolución de un patrón temporal que se reintegra en el flujo de la existencia. Lejos de empequeñecernos, esta perspectiva puede resultar liberadora. Estamos aquí, por un tiempo, como parte de una historia mucho mayor —una que comenzó mucho antes que nosotros y continuará mucho después—. Y eso, quizá, baste.

Este libro no existiría sin la perspicacia, la generosidad y el tiempo que muchas personas me brindaron desinteresadamente.

Estoy especialmente agradecido a quienes comentaron borradores o atendieron mis numerosas preguntas: Riadh Abed, Beth Anderson, Cameron Anderson, Stuart Baker, Don Boyd, David Boyle, Tony

Buckle, Mike Catt, Brian Douglas, Imogen Edmundson, Angeleen Fleming, Philippa Griffiths, Tim Griffiths, Joe Guadagno, Bill Harris, Peter Howitt, Cathleen Kappes, Leif Kennair, David Kennard, Tamar Makin, Randolph Nesse, David O'Regan, Michael Scheier, Wolfram Schultz, Will Sedley, Nick Silver y Joe Zammit-Lucia. Mi gratitud especial es para Robin Dunbar, que ha sido extraordinariamente generoso con su tiempo y sus ideas: he aprendido muchísimo de él.

Estoy inmensamente agradecido al equipo de Headline por su ayuda —en especial a mi editor, Joe Thomas, cuyo entusiasmo inquebrantable y profunda implicación han dado forma a esta criatura extraña y ambiciosa mucho más de lo que suele hacer un editor—. Y a mi agente, Andrew Gordon, que reconoció su potencial desde el principio y la condujo al hogar adecuado. Agradezco también a Phil English y Andriy Achyn su ayuda con las ilustraciones del libro.

A lo largo de los años he tenido la fortuna de conversar con muchas personas —colegas y amigos, pero también simples conocidos— que me retaron, inspiraron o enseñaron de maneras que quizá ni siquiera advirtieron. Si tu nombre no aparece y debería, lo siento. Sin duda he omitido algunas de las voces más formativas. De otras he tenido sencillamente la suerte de aprender por el camino.

Mi agradecimiento especial es para los numerosos pacientes que he atendido a lo largo de décadas. Sus vidas y sus luchas han aportado no solo el sustrato humano de este libro, sino muchos de sus hallazgos más reveladores.

El libro abarca un amplio abanico de ideas y se nutre de disciplinas en las que no reclamo una pericia formal. Es inevitable que haya errores. Pido disculpas por ello y doy la bienvenida a correcciones o sugerencias —sobre todo si llegan con amabilidad—. Si no te inclinas por ese tono, ¿me permites sugerirte que releas los capítulos sobre estatus, crítica y nuestras tendencias emocionales más indómitas? Este libro, como todos, se construye sobre lo que vino antes. El conocimiento es el resultado de incontables pequeños pasos dados por tantísimas personas a lo largo de cientos de generaciones, cada una aportando su fragmento al conjunto. Esta es mi pequeña contribución a esa historia en evolución.

LECTURAS RECOMENDADAS

Capítulo 1. El cerebro de la continuidad

KNOLL, A. H. (2021). *A Brief History of Earth: Four Billion Years in Eight Chapters*. New York: Harper.

SHARMA, D., Czégel, D., Lachmann, M. *et al.* (2023). «Assembly theory explains and quantifies selection and evolution», *Nature*, 622, pp. 321-328.

Capítulo 2. El cerebro motivador

KLINGER, E. (1977). *Meaning and Void: Inner Experience and the Incentives in People's Lives*. Minneapolis: University of Minnesota Press.

LITTLE, B. R. (1983). *Personal Project Pursuit: Goals, Action, and Human Flourishing*. Mahwah (Nueva Jersey): Lawrence Erlbaum Associates.

Capítulo 3. El cerebro melancólico

CARVER, C. S. y Scheier, M. F. (2001). *On the Self-Regulation of Behavior*. Cambridge: Cambridge University Press.

GILBERT, P. (2009). *The Compassionate Mind*. Londres: Constable & Robinson.

NESSE, R. (2019). *Good Reasons for Bad Feelings: Insights from the Frontier of Evolutionary Psychiatry*. Nueva York: Dutton.

Capítulo 4. El cerebro primitivo

CLARK, A. (2023). *The Experience Machine*. Londres: Pelican.

HARRIS, B. (2022). *Zero to Birth: How the Human Brain Is Built*. Princeton (Nueva Jersey): Princeton University Press.

Kahneman, D. (2011). *Thinking, Fast and Slow*. Nueva York: Farrar, Straus and Giroux.

Capítulo 5. El cerebro imitador

Centola, D. (2018). *How Behavior Spreads: The Science of Complex Contagions*. Princeton (Nueva Jersey): Princeton University Press.

Dawkins, R. (1976). *The Selfish Gene*. Oxford: Oxford University Press.

Gladwell, M. (2000). *The Tipping Point: How Little Things Can Make a Big Difference*. Nueva York: Little, Brown.

Lamontagne, A. y Gaunet, F. (2023). *Revealing Behavioral Synchronization in Humans and Other Animals: Why Individuals Mirror Others*. Cham (Suiza): Springer Nature.

Capítulo 6. El cerebro de la validación

Aronson, E. (2018). *The Social Animal*. Nueva York: Worth.

Christakis, N. A. y Fowler, J. H. (2009). *Connected: The Surprising Power of Our Social Networks and How They Shape Our Lives*. Nueva York: Little, Brown.

Cialdini, R. B. (2006). *Influence: The Psychology of Persuasion*. Nueva York: Harper Business.

Storr, W. (2021). *The Status Game: On Social Position and How We Use It*. Londres: William Collins.

Capítulo 7. El cerebro de la influencia

Barrett, L. F. (2017). *How Emotions Are Made: The Secret Life of the Brain*. Nueva York: Houghton Mifflin Harcourt.

Christakis, N. A. (2019). *Blueprint: The Evolutionary Origins of a Good Society*. Nueva York: Little, Brown Spark.

De Waal, F. (2005). *Our Inner Ape*. Nueva York: Riverhead Books.

De Waal, F. (2013). *The Bonobo and the Atheist*. Nueva York: W. W. Norton.

Dunbar, R. (2022). *Friends: Understanding the Power of Our Most Important Relationships*. Londres: Little, Brown.

Dunbar, R. (2010). *How Many Friends Does One Person Need? Dunbar's Number and Other Evolutionary Quirks*. Londres: Faber & Faber.

Etkin, A., Büchel, C. y Gross, J. J. (2011). «The neural bases of emotion regulation», *Nature Reviews Neuroscience*, 12(11), pp. 802-814.

LINDQUIST, K. A., Wager, T. D., Kober, H. *et al.* (2012). «The brain basis of emotion: A meta-analytic review», *Behavioral and Brain Sciences*, 35(3), pp. 121-143.

PANKSEPP, J. (1998). *Affective Neuroscience: The Foundations of Human and Animal Emotions*. Nueva York: Oxford University Press.

Capítulo 8. El cerebro extendido

STERLING, P. (2020). *What Is Health? Allostasis and the Evolution of Human Design*. Cambridge (MA): MIT Press.

Capítulo 9. El cerebro diferenciador

DEHAENE, S. (2009). *Reading in the Brain: The Science and Evolution of a Human Invention*. Nueva York: Viking.

RAMACHANDRAN, V. S. (2010). *The Tell-Tale Brain: A Neuroscientist's Quest for What Makes Us Human*. Nueva York: W. W. Norton.

RHODE, D. L. (2010). *The Beauty Bias: The Injustice of Appearance in Life and Law*. Nueva York: Oxford University Press.

Capítulo 10. El cerebro adaptable

DOIDGE, N. (2007). *The Brain That Changes Itself*. Nueva York: Viking.

LIEBERMAN, D. (2013). *The Story of the Human Body: Evolution, Health, and Disease*. Nueva York: Pantheon.

Capítulo 11. El cerebro secuenciador

CAMILLERI, M., Rockey, J. y Dunbar, R. (2023). *The Social Brain: The Psychology of Successful Groups*. Londres: Atlantic Books.

EAGLEMAN, D. (2011). *Incognito: The Secret Lives of the Brain*. Nueva York: Pantheon.

KANDEL, E. R. (2018). *The Disordered Mind: What Unusual Brains Tell Us About Ourselves*. Nueva York: Farrar, Straus and Giroux.

SAPOLSKY, R. (2017). *Behave: The Biology of Humans at Our Best and Worst*. Nueva York: Penguin Press.

Capítulo 12. El cerebro calibrador

GIGERENZER, G. (2014). *Risk Savvy: How to Make Good Decisions*. Nueva York: Viking.

HARI, J. (2022). *Stolen Focus: Why You Can't Pay Attention – and How to Think Deeply Again.* Londres: Bloomsbury.

SAPOLSKY, R. (2004). *Why Zebras Don't Get Ulcers.* Nueva York: Holt Paperbacks.

VAN der Kolk, B. (2014) *The Body Keeps the Score: Brain, Mind, and Body in the Healing of Trauma.* Nueva York: Viking.

Capítulo 13. El cerebro equitativo

CORNING, P. (2011). *The Fair Society: The Science of Human Nature and the Pursuit of Social Justice.* Chicago: University of Chicago Press.

DE Waal, F. (2016). *Are We Smart Enough to Know How Smart Animals Are?* Nueva York: W. W. Norton.

HAIDT, J. (2012). *The Righteous Mind: Why Good People Are Divided by Politics and Religion.* Nueva York: Pantheon.

Capítulo 14. El cerebro sin ego

BURTON, R. (2008). *On Being Certain: Believing You Are Right Even When You're Not.* Nueva York: St. Martin's Press.

HARRIS, S. (2012). *Free Will.* Nueva York: Free Press.

Conclusión. El cerebro de alto rendimiento

GAWANDE, A. (2014). *Being Mortal: Medicine and What Matters in the End.* Nueva York: Metropolitan Books.

NOTAS

[1] Citado en Diógenes Laercio, *Vidas y opiniones de los filósofos ilustres*, libro IX.

[2] Salamone, J. D. y Correa, M. (2002). «Motivational views of reinforcement: Implications for understanding the behavioral functions of nucleus accumbens dopamine», *Behavioural Brain Research*, 137(1-2), pp. 3-25.

[3] Olds, J. y Milner, P. (1954). «Positive reinforcement produced by electrical stimulation of septal area and other regions of rat brain», *Journal of Comparative and Physiological Psychology*, 47(6), pp. 419-427.

[4] Heath, R. G. (1963). «Electrical self-stimulation of the brain in man», *American Journal of Psychiatry*, 120(6), pp. 571-577.

[5] Carver, C. S. y Scheier, M. F. (1998). *On the Self-Regulation of Behavior*. Cambridge: Cambridge University Press.

[6] Klinger, E. (1977). *Meaning and Void: Inner Experience and the Incentives in People's Lives*. Mineápolis: University of Minnesota Press.

[7] Little, B. R. (2006). *Personal Project Pursuit: Goals, Action, and Human Flourishing*. Mahwah (Nueva Jersey): Lawrence Erlbaum Associates.

[8] Bowlby, J. (1969). *Attachment and Loss: Volume 1, Attachment*. Londres: Hogarth Press.

[9] Berke, J. D. (2018). «What does dopamine mean?», *Nature Neuroscience*, 21(6), pp. 787-793.

[10] Csikszentmihalyi, M. (1990). *Flow: The Psychology of Optimal Experience*. Nueva York: Harper & Row.

[11] Klinger, E. (1975). «Consequences of commitment to and disengagement from incentives», *Psychological Review*, 82(1), pp. 1-25.

[12] Heckhausen, J., Wrosch, C. y Fleeson, W. (2001). «Developmental regulation before and after a developmental deadline: The sample case of "biological clock" for childbearing», *Psychology and Aging*, 16(3), pp. 400-413.

[13] Seligman, M. E. P. y Maier, S. F. (1967). «Failure to escape traumatic shock», *Journal of Experimental Psychology*, 74(1), pp. 1-9.

[14] Kahneman, D. y Tversky, A. (1979). «Prospect theory: An analysis of decision under risk», *Econometrica*, 47(2), pp. 263-291.

[15] Wegner, D. M., Schneider, D. J., Carter, S. R. y White, T. L. (1987). «Paradoxical effects of thought suppression», *Journal of Personality and Social Psychology*, 53(1), pp. 5-13.

¹⁶ Kahneman, D. (2011). *Thinking, Fast and Slow*. Londres: Penguin.

¹⁷ De Waal, F. B. M. (2001). *The Ape and the Sushi Master: Cultural Reflections of a Primatologist*. Nueva York: Basic Books.

¹⁸ Dawkins, R. (1976). *The Selfish Gene*. Oxford: Oxford University Press.

¹⁹ Masserman, J. H., Wechkin, S. y Terris, W. (1964). «Altruistic behavior in rhesus monkeys», *American Journal of Psychiatry*, 121(6), pp. 584-585.

²⁰ Christakis, N. A. y Fowler, J. H. (2007). «The spread of smoking in a large social network», *New England Journal of Medicine*, 357(4), pp. 370-379.

²¹ Plutarco (2001). *Moralia: Volumen VIII*. Cambridge (Massachusetts): Harvard University Press.

²² Glaeser, E. L., Sacerdote, B. y Scheinkman, J. A. (1996). «Crime and social interactions», *Quarterly Journal of Economics*, 111(2), pp. 507-548.

²³ Kremer, M. y Levy, D. M. (2008). «Peer effects and alcohol use among college students», *Journal of Economic Perspectives*, 22(3), pp. 189-206.

²⁴ Cialdini, R. B., Reno, R. R. y Kallgren, C. A. (1990). «A focus theory of normative conduct: Recycling the concept of norms to reduce littering in public places», *Journal of Personality and Social Psychology*, 58(6), pp. 1015-1026.

²⁵ Deaner, R. O., Khera, A. V. y Platt, M. L. (2005). «Monkeys pay per view: Adaptive valuation of social images by rhesus macaques», *Current Biology*, 15(6), pp. 543-548.

²⁶ Schjelderup-Ebbe, T. (1922). «Beiträge zur Sozialpsychologie des Haushuhns», *Zeitschrift für Psychologie*, 88, pp. 225-252.

²⁷ Hobson, E. A. y DeDeo, S. (2015). «Social feedback and the emergence of rank in animal society», *PLOS Computational Biology*, 11(9), p. e1004411.

²⁸ Elder, G. H. y Clipp, E. C. (1988). «Wartime losses and social bonding: Influences across 40 years in men's lives», *Psychiatry: Interpersonal and Biological Processes*, 51(2), pp. 177-198.

²⁹ Smith, A. (1759). *The Theory of Moral Sentiments*. Edimburgo: A. Millar.

³⁰ Ludwig, E. (1926). *Napoleon*. Londres: G. P. Putnam's Sons.

³¹ Tourish, D. (2013). *The Dark Side of Transformational Leadership: A Critical Perspective*. Londres: Routledge.

³² De Waal, F. B. M. (1982). *Chimpanzee Politics: Power and Sex Among Apes*. Nueva York: Harper & Row.

³³ J. B. S. Haldane, citado en Smith, J. M. (1989). *Did Darwin Get It Right? Essays on Games, Sex and Evolution*. Londres: Chapman and Hall.

³⁴ Dunbar, R. (2021). Friends: Understanding the Power of our Most Important Relationships. Londres: Little, Brown.

³⁵ Holt-Lunstad, J., Smith, T. B. y Layton, J. B. (2010). «Social relationships and mortality risk: A meta-analytic review», *PLOS Medicine*, 7(7), p. e1000316.

³⁶ Santini, Z. I., Koyanagi, A., Tyrovolas, S., Mason, C. y Haro, J. M. (2015). «The association between social relationships and depression: A systematic review», *Journal of Affective Disorders*, 175, pp. 53-65; Kuiper, J. S., Zuidersma, M., Oude Voshaar, R. C., Zuidema, S. U., Van den Heuvel, E. R., Stolk, R. P. y Smidt, N. (2015). «Social relationships and risk of dementia: A systematic review and meta-analysis», *Ageing Research Reviews*, 22, pp. 39-57.

³⁷ Baumeister, R. F. y Leary, M. R. (1995). «The need to belong: Desire for interpersonal attachments as a fundamental human motivation», *Psychological Bulletin*, 117(3), pp. 497-529.

³⁸ Godlee, F. (2014). «GMC is "traumatising" unwell doctors and may be undermining patient safety, Gerada says», *BMJ*, 348, p. g3396. Entre 2005 y 2013, 114 médicos murieron mientras estaban siendo investigados por el General Medical Council (GMC), según datos obtenidos mediante una solicitud de acceso a la información por parte de la Medical Protection Society. En el mismo periodo, hubo aproximadamente 1.440 muertes laborales en el Reino Unido en total.

³⁹ Aristóteles (c. 350 a. C.). *Ética a Nicómaco*. Traducido por T. Irwin (1999). Indianápolis: Hackett Publishing Company.

⁴⁰ Singer, T., Seymour, B., O'Doherty, J., Kaube, H., Dolan, R. J. y Frith, C. D. (2004). «Empathy for pain involves the affective but not sensory components of pain», *Science*, 303(5661), pp. 1157-1162; Singer, T., Seymour, B., O'Doherty, J. P., Stephan, K. E., Dolan, R. J. y Frith, C. D. (2006). «Empathic neural responses are modulated by the perceived fairness of others», *Nature*, 439(7075), pp. 466-469; Takahashi, H., Kato, M., Matsuura, M., Mobbs, D., Suhara, T. y Okubo, Y. (2009). «When your gain is my pain and your pain is my gain: Neural correlates of envy and schadenfreude», *Science*, 323(5916), pp. 937-939.

⁴¹ Wilson, M. y Daly, M. (1985). «Competitiveness, risk taking, and violence: The young male syndrome», *Ethology and Sociobiology*, 6(1), pp. 59-73.

⁴² DeWall, C. N. y Bushman, B. J. (2011). «Social acceptance and rejection: The sweet and the bitter», *Current Directions in Psychological Science*, 20(4), pp. 256-260.

⁴³ Mischel, W., Ebbesen, E. B. y Zeiss, A. R. (1972). «Cognitive and attentional mechanisms in delay of gratification», *Journal of Personality and Social Psychology*, 21(2), pp. 204-218.

⁴⁴ Taylor, R. (2011). «Reversal of type 2 diabetes: Normalisation of beta cell function in association with decreased pancreas and liver triacylglycerol», *Diabetologia*, 54(10), pp. 2506-2514; Véase también Lean, M. E. J., Leslie, W. S., Barnes, A. C., Brosnahan, N., Thom, G., McCombie, L., Peters, C., Zhyzhneuskaya, S., Al-Mrabeh, A., Hollingsworth, K. G., Rodrigues, A. M., Rehackova, L., Adamson, A. J., Sniehotta, F. F., Mathers, J. C., Ross, H. M., McIlvenna, Y., Stefanetti, R., Trenell, M., Welsh, P., Kean, S., Ford, I., McConnachie, A., Sattar, N. y Taylor, R. (2018). «Primary care-led weight management for remission of type 2 diabetes (DiRECT): An open-label, cluster-randomised trial», *Lancet*, 391(10120), pp. 541-551.

⁴⁵ Christakis, N. A. y Fowler, J. H. (2007). «The spread of obesity in a large social network over 32 years», *New England Journal of Medicine*, 357(4), pp. 370-379.

⁴⁶ Una popular paráfrasis de la filosofía del devenir de Heráclito, inspirada en sus fragmentos y referida por Platón en el Crátilo (402a).

⁴⁷ Schmandt-Besserat, D. (1996). *How Writing Came About*. Austin (Texas): University of Texas Press.

⁴⁸ Imagen de cerebro de fondo adaptada de brainfacts.org de la Society for Neuroscience.

⁴⁹ Wilmer, J. B., Germine, L., Chabris, C. F., Chatterjee, G., Williams, M., Loken, E., Nakayama, K. y Duchaine, B. (2010). «Human face preferences are specific and varied: Evidence from a large sample of twins», *Current Biology*, 20(2), pp. 162-166.

⁵⁰ Ticini, L. F., Rachman, L., Pelletier, J. y Dubal, S. (2014). «Enhancing aesthetic appreciation by priming canvases with actions that match the artist's painting style», *Frontiers in Human Neuroscience*, 8, p. 391.

⁵¹ Hubel, D. H. y Wiesel, T. N. (1959). «Receptive fields of single neurons in the cat's striate cortex», *Journal of Physiology*, 148(3), pp. 574-591.

⁵² Eriksson, P. S., Perfilieva, E., Björk-Eriksson, T., Alborn, A. M., Nordborg, C., Peterson, D. A. y Gage, F. H. (1998). «Neurogenesis in the adult human hippo-campus», *Nature Medicine*, 4(11), pp. 1313-1317.

⁵³ Boldrini, M., Fulmore, C. A., Tartt, A. N., Simeon, L. R., Pavlova, I., Popos-ka, V., Rosoklija, G. B., Stankov, A., Arango, V., Dwork, A. J., Hen, R. y Mann, J. J. (2018). «Human hippocampal neurogenesis persists throughout aging, angiogene-sis correlates with immature neurons», *Cell Stem Cell*, 22(4), pp. 589-599.e5.

⁵⁴ Spalding, K. L., Bergmann, O., Alkass, K., Bernard, S., Salehpour, M., Hutt-ner, H. B., Boström, E., Westerlund, I., Vial, C., Buchholz, B. A., Possnert, G., Mash, D. C., Druid, H. y Frisén, J. (2013). «Dynamics of hippocampal neurogenesis in adult humans», *Cell*, 153(6), pp. 1219-1227.

⁵⁵ Cowan, M., Yin, T., Nakamichi, N., Loewinger, G., Maynard, K. R., Lanz, T. A., Kim, S. y Martinowich, K. (2022). «Imaging neurogenesis in the adult brain: Current challenges and future directions», *NeuroImage*, 258, p. 119362.

⁵⁶ Maguire, E. A., Gadian, D. G., Johnsrude, I. S., Good, C. D., Ashburner, J., Frackowiak, R. S. y Frith, C. D. (2000). «Navigation-related structural change in the hippocampi of taxi drivers», *PNAS*, 97(8), pp. 4398-4403.

⁵⁷ Kühn, S., Gleich, T., Lorenz, R. C., Lindenberger, U. y Gallinat, J. (2014). «Playing Super Mario induces structural brain plasticity: Gray matter changes re-sulting from training with a commercial video game», *Molecular Psychiatry*, 19, pp. 265-271.

⁵⁸ Nesse, R. M. (2004). «Cliff-edged fitness functions and the persistence of schizophrenia», *Behavioral and Brain Sciences*, 27(6), pp. 862-863.

⁵⁹ Aristóteles (c. 350 a. C.). *Retórica*, libro II.

⁶⁰ Nesse, R. M. (2019). *Buenas razones para los malos sentimientos: Una nueva mirada a la psiquiatría desde la evolución.* Londres: Allen Lane; Nesse, R. M. (2022). «Social situations shape social emotions that benefit genes», *Evolutionary Studies in Imaginative Culture*, 6(1), pp. 41-47.

⁶¹ Mineka, S., Keir, R. y Price, V. (1980). «Fear of snakes in wild and labora-tory-reared rhesus monkeys (Macaca mulatta)», *Animal Learning & Behavior*, 8(4), pp. 653-663.

⁶² Brosnan, S. F. y De Waal, F. B. M. (2003). «Monkeys reject unequal pay», *Nature*, 425(6955), pp. 297-299.

⁶³ De Waal, F. B. M. (2016). *¿Somos lo bastante inteligentes como para entender la inteligencia de los animales?.* Londres: Granta.

⁶⁴ Engelmann, J. M., Haux, L. M. y Herrmann, E. (2021). «Monkeys' reluctance to accept unequal rewards depends on the source of the inequality», *Biology Letters*, 17(4), p. 20210036.

⁶⁵ Engelmann, J. M. y Tomasello, M. (2019). «Children's sense of fairness as equal respect», *Trends in Cognitive Sciences*, 23(6), pp. 454-463.

⁶⁶ Sutherland, R. (2024). «Louis XIV would envy your life», *Spectator*, 27 de abril. Disponible en: https://www.spectator.co.uk/article/louisxivwouldenvy your-life/ (Consultado el 8 de marzo de 2025).

⁶⁷ Wolf, M. (2021). «A wealth tax is the least bad way to fund the UK state», *Financial Times*, 26 de enero. Disponible en: https://www.ft.com/content/36c1f6c9 d0384e6ab9fa39e5237ef6b5 (Consultado el 5 de mayo de 2025).

⁶⁸ Kahneman, D. (2011). *Thinking, Fast and Slow.* Londres: Penguin.

ÍNDICE ORIENTADO A SITUACIONES

Una guía para localizar las secciones del libro más relevantes según tus problemas, emociones o circunstancias, con un recordatorio de las estrategias clave.

Ansiedad y estrés

«No consigo frenar mis pensamientos acelerados», 248-253
Reconoce la rumiación como algo poco útil. Observa los pensamientos sin alimentarlos: considéralos señales pasajeras, no órdenes.

«No puedo dejar de revivir recuerdos traumáticos», 242-245
Las experiencias nuevas y seguras enseñan al cerebro que esos recuerdos pertenecen al pasado, no al presente.

«Me paraliza la incertidumbre», 247-248
La incertidumbre activa los circuitos de amenaza; nuestros lóbulos frontales ideadores amplifican los «y si…». Reconocerlo ayuda a contenerla, y la exposición gradual enseña seguridad.

«Me preocupo a todas horas», 245-248
La preocupación es el detector de humos del cerebro con la sensibilidad demasiado alta; pequeños experimentos seguros ayudan a recalibrarla.

«Tengo ataques de pánico o miedos repentinos», 76-77, 251-252, 266-267
El pánico suele ser el *miedo al miedo*; rompe el vínculo entre sensaciones corporales y pensamientos catastróficos.

«Me preocupan los efectos a largo plazo del estrés», 51-54, 239-240, 306-308
El estrés crónico reconfigura el cerebro y el cuerpo, pero muchos de sus efectos son reversibles con las intervenciones adecuadas.

Toma de decisiones, concentración y exceso de análisis

«No consigo concentrarme», 42-45, 185-186
La atención funciona como un foco: los distractores la secuestran si no filtramos de forma deliberada.

«No dejo de darle vueltas y de dudar de mí», 215-217, 248-250
El exceso de simulación mental se disfraza de progreso: fija un umbral de decisión, acota el tiempo y actúa.

«Me abruma el exceso de información», 301-304
La memoria de trabajo se satura con rapidez; protege tu espacio mental: filtra lo que entra y vuelca los pensamientos en el papel.

«Tomo decisiones impulsivas de las que luego me arrepiento», 227-233
Evita las sustancias y las situaciones que te ponen en riesgo; ejercita el «botón de pausa» de tu lóbulo frontal.

«La tecnología me secuestra», 47, 128-130
Los dispositivos explotan bucles de recompensa; rediseña las señales y las rutinas para recuperar tu autonomía.

Estado de ánimo bajo y emociones

«No consigo soltar el fracaso o el arrepentimiento», 54-62
Cuando una meta deja de ser viable, abandonarla es adaptativo: libera energía para apuestas mejores.

«Me enfado y contraataco», 77-78, 147-150
La represalia satisface impulsos ancestrales de controlar a otros, pero perpetúa los ciclos de conflicto.

«Siento culpa o vergüenza por decisiones pasadas», 145-147, 270-271
La culpa es una señal de error social; comprenderlo ayuda a reconstruir la autoestima tras una transgresión.

«Estoy de bajón», 54-55, 58-62
El estado de ánimo refleja metas bloqueadas o pérdida de conexión: reorientar una u otra puede elevarlo.

«Lucho contra la depresión o el desánimo persistente», 54-59, 61-64
La depresión aparece cuando la persistencia se topa con metas inalcanzables; plantéate abandonar esos objetivos y volcarte en otros nuevos y factibles.

«Siento que mis emociones se descontrolan», 145-147, 236-238
Las emociones son predicciones difusas entre el cerebro y el cuerpo; observarlas y nombrarlas ayuda a recuperar las riendas.

Autoestima y comparación

«Ya no sé quién soy», 171-173, 290-292
La identidad es una construcción dinámica: se reescribe conforme cambian el contexto y la etapa vital.

«Siento que valgo solo por mis logros», 120-128
Alinea tus metas con valores nucleares, no solo con la validación externa, y asegúrate de que sean factibles.

«Siento envidia cuando otros triunfan», 277-281
La envidia es una alarma ancestral sobre la equidad y las amenazas al estatus; reconocerla como señal reduce su poder.

«Las comparaciones en redes me hacen infeliz», 47, 128-131, 133
Las redes sociales aceleran los juegos de estatus ancestrales; poner límites deliberados y comprenderlo reduce el daño.

«No dejo de compararme y siento que nunca estaré a la altura», 58-60, 122-130, 133-134, 180-183
Las comparaciones de estatus en grupos pequeños favorecieron la supervivencia; en un mundo globalizado erosionan el bienestar: reduce tu círculo de comparación.

«Me preocupa cuánto me determinan mis genes», 159, 299-301
Los genes crean predisposiciones, pero el entorno y las decisiones siguen teniendo un peso enorme.

«Soy constantemente duro conmigo mismo», 123-126, 288-289
Las oportunidades de autoestima hoy son más exigentes: aprende a construir fuentes de valoración más amables y deliberadas.

Conexión social y soledad

«Me siento abandonado o temo que me dejen de lado», 120-122, 140-142
La alarma de exclusión es un instinto de supervivencia; reconocerla como señal primitiva y no como un reflejo de la realidad le resta fuerza.

«Me siento solo, incluso rodeado de gente», 138-142
Pertenecer depende de la profundidad de los lazos, no de su número.

«Me preocupa no poder afrontar la pérdida de mi pareja», 140-143
El apego exagera la pérdida imaginada; nos adaptamos mejor de lo que prevemos, sobre todo si contamos con redes de apoyo sólidas.

«Estoy obsesionado con lo que piensan los demás», 122-125, 288-289
La ansiedad por el estatus es un eco de nuestra dependencia ancestral del grupo; diversificar las fuentes de autoestima afloja su dominio.

«Mis relaciones están estancadas o tensas», 140-142, 274-277
La reciprocidad y la equidad sostienen los vínculos; los desequilibrios percibidos en esfuerzo y recompensa los corroen: saca a la luz las dinámicas.

Hábitos, adicciones y cambio de conducta

«No consigo romper malos hábitos», 109, 112
No luches contra el hábito; sustituye el bucle de señal-respuesta por uno mejor.

«No mantengo los hábitos nuevos», 45-47, 112, 115, 172
La retroalimentación regular y visible sostiene la persistencia; haz que el progreso resulte evidente y gratificante.

«Me preocupa que la publicidad y las marcas me manipulen», 179-181, 185-188
Los publicistas explotan sesgos evolucionados hacia la novedad, la familiaridad y el estatus; tomar consciencia rompe el hechizo.

«Lucho con conductas compulsivas o adictivas (alcohol, tabaco, redes sociales, juego)», 109, 112, 228-233, 265-267
Las adicciones secuestran la señal de aprendizaje de la dopamina; identifica los desencadenantes y busca vías más saludables de obtener recompensa.

Motivación y productividad

«No consigo empezar nada», 39-41, 61-62
La motivación va de la mano de la acción; acerca la línea de salida con un primer paso diminuto y fácil.

«Me quedo vacío tras alcanzar una gran meta», 40-42
El cerebro recompensa la persecución, no la llegada; ten preparado el siguiente objetivo.

«Empiezo fuerte y me desinflo», 37-40, 45-46
La dopamina recompensa el progreso; asegura victorias tempranas y mantén un flujo de hitos intermedios para sostener el impulso.

Crianza e infancia

«¿Estoy perjudicando a mis hijos?», 67-68, 164-166
Los niños copian más lo que haces que lo que dices: da ejemplo de la conducta que quieres ver.

«¿Cómo crío seres humanos resilientes y amables?», 243-245, 275-281
La resiliencia crece con la equidad, la coherencia y retos adecuados a cada edad.

«Me preocupa el desarrollo cerebral de mi hijo», 164, 198-199
La evolución ha hecho robusto el desarrollo cerebral. Procura variedad de estímulos, oportunidades para explorar y buenos referentes.

«Mi hijo tiene explosiones emocionales que no puedo manejar», 121, 214-215, 269-270
Los lóbulos frontales maduran más despacio en los niños; las rabietas son señales crudas de metas bloqueadas: tu calma les enseña a encontrar la suya.

«Mi hijo tiene problemas de autoestima o se compara con sus iguales», 119-124
La jerarquía entre iguales se vive con intensidad en la juventud, pero no determina el futuro; una base segura en casa y entre amigos construye resiliencia.

Salud física y cerebral

«No duermo bien», 252-255, 258-260
El sueño lo gobiernan el ritmo circadiano y la presión de sueño; los estimulantes permanecen en el organismo más de lo que creemos.

«Siempre tengo dolor», 260-265
Los mapas del dolor pueden reescribirse; el movimiento y la reinterpretación cambian la lectura que el cerebro hace del cuerpo.

«Me preocupa la demencia o el alzhéimer», 201-206, 306-311
El mantenimiento del cerebro depende de los hábitos de vida, no solo de los genes y la suerte.

«Me preocupan los problemas de salud ligados al estilo de vida (peso, diabetes, sedentarismo)», 160-164, 205-206
Nuestros apetitos evolucionados chocan con la abundancia moderna; ajustar el entorno resulta más eficaz que el mero autocontrol.

Transiciones vitales y sentido

«Siento que necesito cambiarme de arriba abajo», 171-173, 294-295
La «historia de ti» está siempre en revisión: puedes reescribirla de forma consciente.

«Me siento impotente ante los problemas globales o políticos», 132-134, 224-225
Nuestro cerebro evolucionó para grupos pequeños, no para sistemas vastos; la acción directa y local restaura la sensación de control.

«Estoy atravesando un gran cambio vital», 47-49, 56-57, 172-174
Las redes neuronales necesitan exposiciones repetidas para adaptarse; la turbulencia precede a la estabilidad.

Vida moderna y sociedad

«Me hieren la mezquindad o la polarización en redes», 130-133, 153-155
Las señales tribales alimentan la agresión digital; tomar distancia y limitar la exposición devuelve la perspectiva.

«Me preocupan la desigualdad, la justicia o la fractura social», 149-153, 270-277
La equidad sostiene la cooperación; cuando se vulnera, la confianza se desmorona.

«Me preocupa el efecto de la IA o la tecnología», 47, 129-132, 221
Las herramientas pueden ir por delante de los cerebros que las manejan; la previsión y los contrapesos deben evolucionar a la par.

«Las redes sociales arruinan mi salud mental», 127-131, 142-144
Los bucles en línea explotan la atención y el estatus; cuida lo que le das de comer a tu mente.

Entender a los demás

«Quiero influir de forma positiva en otros», 115-117, 134, 298-299
La influencia se propaga con visibilidad, coherencia y reciprocidad: da ejemplo de lo que quieres amplificar.

«Quiero comprender por qué las ideas se difunden y "se hacen virales"», 109-111
La viralidad surge cuando la atención compartida, la resonancia emocional y el contagio social alcanzan un punto de inflexión.

«¿Por qué la gente se porta mal?», 147-150, 223-227
Las amenazas al estatus, la presión del grupo y los pensamientos en bucle pueden imponerse a la moral consciente, sobre todo bajo el efecto de sustancias.

«¿Por qué todo el mundo está tan crispado?», 130-133, 147-150, 153-155, 276-277
La dinámica dentro/fuera del grupo genera conflictos que la razón por sí sola no disuelve; la experiencia compartida y la rendición de cuentas reconstruyen la confianza.

Este libro se terminó de imprimir
en el mes de marzo de 2026
en Liberdúplex, S.L.